6

素数とゼータ関数

小山 信也 著

新井 仁之・小林 俊行・斎藤 毅・吉田 朋広 編

共立講座 数学の輝き

共立出版

刊行にあたって

　数学の歴史は人類の知性の歴史とともにはじまり，その蓄積には膨大なものがあります．その一方で，数学は現在もとどまることなく発展し続け，その適用範囲を広げながら，内容を深化させています．「数学探検」，「数学の魅力」，「数学の輝き」の3部からなる本講座で，興味や準備に応じて，数学の現時点での諸相をぜひじっくりと味わってください．

　数学には果てしない広がりがあり，一つ一つのテーマも奥深いものです．本講座では，多彩な話題をカバーし，それでいて体系的にもしっかりとしたものを，豪華な執筆陣に書いていただきます．十分な時間をかけてそれをゆったりと満喫し，現在の数学の姿，世界をお楽しみください．

「数学の輝き」

　数学の最前線ではどのような研究が行われているのでしょうか？　大学院にはいっても，すぐに最先端の研究をはじめられるわけではありません．この第3部では，第2部の「数学の魅力」で身につけた数学力で，それぞれの専門分野の基礎概念を学んでください．一歩一歩読み進めていけばいつのまにか視界が開け，数学の世界の広がりと奥深さに目を奪われることでしょう．現在活発に研究が進みまだ定番となる教科書がないような分野も多数とりあげ，初学者が無理なく理解できるように基本的な概念や方法を紹介し，最先端の研究へと導きます．

編集委員

まえがき

　本書は「素数定理」と「算術級数定理」の解説を主な目的としている．
　素数定理とは，古来から存在する問いかけ「素数はどれだけたくさんあるか」に対する一つの答えである．人類は，19世紀の後半にそれに到達した．その答えは「素数の個数」を「ゼータ関数の零点」という複素数列で正確に表すもので，現代数学の金字塔の一つとされている．素数定理は，現在もなお，整数論を学ぶ学生・院生が習得すべき必須事項の一つになっている．
　もう一つの主題である「算術級数定理」は素数定理の変形版であり，「ある種の形をした素数がどれだけたくさんあるか」を論じた定理である．たとえば「一の位が3であるような素数」（10で割って3余る素数）や，「下二桁が33であるような素数」（100で割って33余る素数）が無限個あるという事実などが，算術級数定理が含む内容である．
　これら二つの定理は，あまたある数学の定理の中でも，以下に述べるようなきわめて稀な特徴を持っており，このことが素数の重要性を物語っている．その特徴は，次の三つに要約される．

特徴1　素数という素朴な対象を追究した研究であり，研究の歴史は紀元前に遡ること．
特徴2　問題の素朴さに比べ，定理の証明はやや高度であり，解析学や複素関数論など，現代の大学の課程で学ぶ標準的な数学をフルに用いてようやく証明されること．
特徴3　未解明な謎が残っていること．リーマン予想に代表される「ゼータ関数の零点の謎」は，過去150年以上にわたり現代数学の中心的な研究テーマであり続けてきたが，最先端の研究でもなお，その多くが未解決であること．

私は，これらの特徴を踏まえ，各章の執筆に当たり以下の点を配慮した．

(A) 大学の教養課程程度の数学的素養を持つ読者が，素数定理以前の研究の歴史を概観し，素朴な興味を満たすことができること．（→ 第1章）
(B) 専門の数学を学び始めた学生・院生，または他分野の研究者が，複素関数論などの大学で学ぶ基礎的な数学の応用例として，基礎事項を振り返りながら素数定理を概観できること．（→ 第2章～第5章）
(C) 整数論の研究を志す者が，新たな研究成果を得られるような，正しい指針を得られること．（→ 第6章）

第1章では(A)を実現するため，複素関数論を用いずに証明される「チェビシェフの粗い素数定理」を解説し，同時に「n番目の素数の大きさ」や「素数定理に対数が現れる理由」など，素朴な意味で興味深く，かつ直感的に理解可能な事項の解説を行った．これらは主として19世紀中盤までになされた研究の解説である．

第2章と第3章では(B)の実現を目指し，大学の課程で学ぶ数学のうちで素数とゼータ関数の研究に必要な事項や技法をまとめ，それらを用いてゼータ関数の基本的な性質を紹介した．この部分は19世紀後半から20世紀中盤までに確立された理論の解説である．それらを用い，第4章，第5章で素数定理と算術級数定理をそれぞれ証明した．どちらの定理も19世紀に証明されたものである．

さらに，(C)を実現するために，第6章において，リーマン予想の最先端研究が見出した「深いリーマン予想」を紹介した．リーマン予想がかくも長い期間にわたって未解決である背景に，予想に対する我々の認識不足があったのではないか，という反省がある．リーマン予想で「非零」としていた部分を，少し強い意味に修正し「オイラー積の収束」に置き換えると，リーマン予想が合理的に言い換えられる．本書ではこの言い換えを導入し「オイラー積収束予想」と名付けた．すると，自然な考察から，オイラー積収束予想の主張は中途半端であり，収束域をもう少し先まで突き詰めるべきだと実感する．こうして「深いリーマン予想」に至る．

本書が，純粋に素数を愛する一般の読者から，新たな真実の発見を目指す最先端の研究者の卵たちまで，多くの人々のもとに届くことを願っている．そしてそれが，ゼータの世界の奥深さを人類が継承するための一助となり，次世代の新たな数学を拓くきっかけになれば，私は幸せである．

2015 年 6 月　　　著者

目　次

まえがき iii

記号索引 ix

第1章　素数に関する初等的考察 1
　1.1　素数と素数の逆数和の無限性　*1*
　1.2　素数の占める割合が0%であること　*13*
　1.3　n 番目の素数の大きさ（粗い素数定理）　*18*
　1.4　素数の逆数の和の増大度　*31*
　1.5　素数定理に対数が現れる理由　*34*
　1.6　特定の形の素数　*37*
　1.7　算術級数定理の初等的考察　*39*
　1.8　オイラーの定数　*44*

第2章　ゼータ研究の技法 46
　2.1　実数上の複素数値関数　*46*
　2.2　オイラー・マクローリンの方法　*58*
　2.3　無限積の基本　*64*
　2.4　ガンマ関数　*72*
　2.5　ポアソンの和公式　*100*
　2.6　アーベルの総和法　*106*
　2.7　二重級数の基礎　*109*
　2.8　メビウス反転公式　*116*

第3章　リーマン・ゼータの基本 119
　3.1　絶対収束域　*119*

- 3.2 絶対収束域外のディリクレ級数　*123*
- 3.3 絶対収束域外のオイラー積　*129*
- 3.4 解析接続（初等的方法）　*137*
- 3.5 解析接続（積分表示）　*143*
- 3.6 関数等式　*149*
- 3.7 特殊値（正の整数）　*153*
- 3.8 特殊値（0または負の整数）　*156*
- 3.9 ゼータ関数の位数とアダマール積　*158*

第4章　明示公式と素数定理　... *164*
- 4.1 臨界領域　*164*
- 4.2 非自明零点の個数　*165*
- 4.3 解析接続できない例　*179*
- 4.4 明示公式と素数定理　*185*

第5章　ディリクレの素数定理　... *199*
- 5.1 ディリクレ L 関数とは　*199*
- 5.2 絶対収束域 $(\mathrm{Re}(s) > 1)$ と右半平面 $(\mathrm{Re}(s) > 0)$　*206*
- 5.3 解析接続と関数等式　*212*
- 5.4 指標付き明示公式とディリクレの素数定理　*221*

第6章　深いリーマン予想　... *237*
- 6.1 リーマン予想を支持する結果（ボーア・ランダウの定理）　*237*
- 6.2 オイラー積の収束　*245*
- 6.3 素数定理の誤差項との関連　*252*
- 6.4 $\zeta(s)$ の深いリーマン予想　*268*

参考文献　... *281*

あとがき　... *283*

索　引　... *287*

記号索引

B_n	p.63	$\psi(x)$	p.20
$B_n(x)$	p.62	$\psi_0(x)$	p.185
$B(s,t)$	p.72	$\psi(x, N, a)$	p.225
$\check{C}_\delta$	p.254	$\psi(x, \chi)$	p.221
$c(\nu)$	p.253	$\psi_0(x, \chi)$	p.221
δ	p.253	ρ	p.160
δ_χ	p.231	$S(t)$	p.253
$E_0(\chi)$	p.223	$S(T)$	p.175
$\widehat{f}$	p.100	$S(T, \chi)$	p.230
$\Gamma(s)$	p.72	$T(x)$	p.20
γ	p.45	θ	p.253
$\widehat{h}$	p.48	$\theta(x)$	p.20
$\mathrm{li}(x)$	p.194	Θ	p.189
$L(s, \chi)$	p.200	Θ_N	p.235
$\widehat{L}(s, \chi)$	p.213	$\vartheta(x)$	p.149
$\mu(n)$	p.116	$\widetilde{\vartheta}(x)$	p.149
$M(f)$	p.48	$\vartheta(x, \chi)$	p.212
$N(T)$	p.165	$\widetilde{\vartheta}(x, \chi)$	p.212
$N(T, \chi)$	p.230	$\vartheta_1(x, \chi)$	p.212
$\nu_p(m)$	p.20	$\widetilde{\vartheta}_1(x, \chi)$	p.212
$\varphi(n)$	p.16	$\zeta(s)$	p.64
$\pi(x)$	p.15	$\widehat{\zeta}(s)$	p.150
$\pi(x, N, a)$	p.225	$\zeta_{にせ}(s)$	p.181
		$\xi(s)$	p.158

第1章 ◇ 素数に関する初等的考察

1.1 素数と素数の逆数和の無限性

自然数でちょうど2個の正の約数を持つものを**素数**と呼ぶ．1は，1という1個の正の約数しか持たないから素数ではない．2は，1と2というちょうど2個の正の約数を持つから素数である．3も同様に素数である．4は，1と2と4という3個の約数を持つから素数ではない．同様にして，5は素数だが6は素数でない．

2以上の自然数は必ず1と自分自身を約数に持つので，それ以外に正の約数がないことが，素数であるということだ．1と自分自身を**自明な約数**と呼べば，素数とは「自明でない約数を持たない自然数」であるといっても良い．

素数を小さい方から並べると，

2, 3, 5, 7, 11, 13, 17, 19, 23, 29, 31, 37, 41, 43, $\cdots$

となる．この列がどこまで続くのか，すなわち素数がどれだけたくさんあるかという問題は，古くからあった．実際，紀元前にユークリッドによって次の定理が知られていた．

定理 1.1　素数は無数にたくさん存在する．

証明　任意の有限個の素数から，新しい素数を構成できることを示す．任意の n 個の素数 p_k $(k=1,2,3,\ldots,n)$ があるとき，自然数 $N = p_1 \cdots p_n + 1$ は，p_k $(k=1,2,3,\ldots,n)$ のどれで割っても1余るから，p_k $(k=1,2,3,\ldots,n)$ は N の素因子ではない．よって，N は p_k $(k=1,2,3,\ldots,n)$ 以外の素因子を持つ．　∎

素数が無数に存在するというこの結論は，決して自明でないことに注意すべ

きである.「自然数が無数にあるのだから,その構成要素である素数もまた無数にあるに決まっている」と考えるのは,論理的に間違っている.仮に素数が有限個しかなかったとしても,その組み合わせ方は無数に存在するので,結果として得られる自然数は無数にある.そうやってすべての自然数が尽くされる可能性は,容易に排除できないという事実を,まずはじめに肝に銘じなくてはならない.

2, 3, 5 の 3 個の素数だけですべての自然数を表せるはずがないとわかるのは,7 や 11 など,2, 3, 5 で表せない素数を実際に知っているからであって,具体例を用いずに論理だけでそれを示そうとすれば,最低でもユークリッドと同程度の証明が必要となる.このことは,全貌が見渡せないくらい多数の素数,たとえば 1 万個の素数がある状況を考えればわかる.1 万個ともなれば,容易に想像できる程度の自然数はすべてそれらの素数の組み合わせで尽くされてしまう.そのようにしてすべての自然数が尽くされてしまう可能性は,容易には排除できない.1 万 1 個目の素数の存在は,決して自明ではない.

もう一点,注意しておくと,上の定理の証明は,背理法ではない.この証明を背理法と称する文献をよくみかけるが,それは突き詰めれば誤りであると筆者は思う.確かに,上の証明は「素数が全部で n 個しかなかったとする」という仮定で始め,$(n+1)$ 個目の素数の存在を示し仮定との矛盾を導いている.背理法とは「結論を否定して矛盾を導くこと」であるから,その意味ではこの証明も背理法と呼べる.

しかし,もし背理法の意味が単にそういうことなら,世の中のすべての証明は背理法と呼べてしまう.どんな証明であれ,最初に結論を否定する仮定を置き,その後に直接法で普通に証明を行えば,仮定が否定され矛盾が生ずるからである.背理法と直接法の違いは,仮定と結論が単に矛盾するか否かではなく,どのように矛盾するかという点にある.直接法で証明できることを,わざわざ背理法の形で示すのはナンセンスであろう.

定理 1.1 の証明を改めて振り返れば,証明の根幹は「新しい素数を構成したこと」にある.その構成は,与えられた素数たち以外の素因子を持つような N を実際に発見することによって実現した.その着想は,素数が 2, 3, 5 の 3 個

だけでない事実を，7や11という新たな素数を実際にみることで理解したのと同じである．背理法とは，たとえば「素数が全部で有限個しかない」との仮定から「内角の和が190°であるような三角形が構成できた」のように全く無関係な矛盾した結論が得られるような証明である．そうではなく「新たな素数の存在」という結論に至ったのであれば，それこそが今示したい事実そのものなのである．

したがって，この証明は背理法ではない．新たな素数の「直接構成法」とでも呼ぶべきものだろう．

さて，これで素数が無数に存在することはわかったが，「素数はどれだけたくさんあるか」に対する答えは，これで終わりではない．有限の数に大小がいろいろあるのと同様，無限にも大小がある．素数は，自然数の集合の中でどれくらいの割合を占めるのだろうか．

この問に対する完全な解答は未解明であり，それはゼータ関数の謎や，リーマン予想という現代数学最大ともいわれる未解決問題に直結している．

素数の個数がどれくらい大きな無限大か，その解明に向けて初めて進展を得たのはオイラーだった．オイラーは，素数の逆数の和が無限大であることを証明した．数式で表せば次のようになる．

$$\frac{1}{2}+\frac{1}{3}+\frac{1}{5}+\frac{1}{7}+\frac{1}{11}+\frac{1}{13}+\frac{1}{17}+\frac{1}{19}+\cdots = \infty.$$

この定理の価値を理解するには，逆数の和に関する基本を知っておく必要がある．そこで，「自然数の s 乗の逆数の和」を次式のように置く．ただし，s は 1 より大きな実数とする．この関数は，次章でゼータ関数（リーマン・ゼータ関数）として扱う関数（の変数を実数に制限したもの）である．

$$\begin{aligned}\zeta(s) &= 1+\frac{1}{2^s}+\frac{1}{3^s}+\frac{1}{4^s}+\frac{1}{5^s}+\frac{1}{6^s}+\frac{1}{7^s}+\frac{1}{8^s}+\cdots \\ &= \sum_{n=1}^{\infty}\frac{1}{n^s}.\end{aligned} \quad (1.1)$$

$\zeta(s)$ が収束することは，次の定理からわかる．

以降，本書では，記号「$\sim$」を用いる．これは

$$f(x) \sim g(x) \quad (x \to \infty) \quad \Longleftrightarrow \quad \lim_{x \to \infty} \frac{f(x)}{g(x)} = 1$$

によって定義される．

定理 1.2

(1) 級数 (1.1) は $s > 1$ において収束し，$s \leq 1$ において発散する．
(2) $s = 1$ のときの級数 (1.1) の部分和の挙動は以下の通りである．

$$\sum_{n < x} \frac{1}{n} \sim \log x \quad (x \to \infty).$$

証明 はじめに (1) を示す．正の実数 t に対し，t 以上の最小の整数を n と置く．$n - 1 < t \leq n$ であり，$s \geq 0$ ならば $n^{-s} \leq t^{-s} < (n-1)^{-s}$ が成り立つ．$s > 1$ のとき，

$$\zeta(s) = \sum_{n=1}^{\infty} \frac{1}{n^s} = 1 + \sum_{n=2}^{\infty} \frac{1}{n^s}$$

$$\leq 1 + \int_1^{\infty} \frac{1}{t^s} dt = 1 + \left[\frac{t^{1-s}}{1-s} \right]_1^{\infty}$$

$$= 1 + \frac{1}{s-1} = \frac{s}{s-1}.$$

よって，級数 (1.1) は収束する．

$s \leq 1$ のときに発散することを示すには，$s = 1$ の場合に発散することを証明すればよいので，(2) を示せば十分である．以下，(2) を示す．

$$\sum_{n < x} \frac{1}{n} = 1 + \sum_{2 \leq n < x} \frac{1}{n} \leq 1 + \int_1^x \frac{1}{t} dt$$

$$= 1 + \left[\log t \right]_1^x = 1 + \log x.$$

一方，$(t+1)^{-1} \leq n^{-1}$ が成り立つから，

$$\sum_{n<x} \frac{1}{n} \geq \int_0^{x-1} \frac{1}{t+1} dt = \Big[\log(t+1)\Big]_0^{x-1} = \log x.$$

以上より，

$$\log x \leq \sum_{n<x} \frac{1}{n} \leq 1 + \log x$$

であるから，はさみうちの原理により

$$\lim_{x \to \infty} \frac{\sum_{n<x} \frac{1}{n}}{\log x} = 1$$

が成り立つ． ∎

今，私たちは，素数が自然数全体の中でどれくらい大きな無限大を占めるかを知りたい．定理 1.2 を踏まえると，自然数の様々な無限部分集合に対し，逆数の和を計算することで無限の中の大小を比較することができる．以下に 3 つの例を挙げる．

例 1.1（べき乗数） 無限等比級数の和の公式により，

$$1 + \frac{1}{a} + \frac{1}{a^2} + \frac{1}{a^3} + \frac{1}{a^4} + \cdots = \frac{1}{1 - \frac{1}{a}} = \frac{a}{a-1} \quad (a > 1).$$

例 1.2（平方数） 次の結果は，より簡潔に $\zeta(2) = \frac{\pi^2}{6}$ とも書ける（定理 1.3）．

$$1 + \frac{1}{2^2} + \frac{1}{3^2} + \frac{1}{4^2} + \frac{1}{5^2} + \frac{1}{6^2} + \frac{1}{7^2} + \frac{1}{8^2} + \cdots = \frac{\pi^2}{6}.$$

例 1.3（素数） 定理 1.4 で示すように，

$$\frac{1}{2} + \frac{1}{3} + \frac{1}{5} + \frac{1}{7} + \frac{1}{11} + \frac{1}{13} + \frac{1}{17} + \frac{1}{19} + \cdots = \infty.$$

例 1.1 は「a のべき乗」の形をした自然数たちについて，それらの逆数の和を計算したものである．これは無限等比級数であり，和の計算は高校数学の範囲でできる．ここからわかることは，自然数全体の中で，a のべき乗として表されるものは，「無数に存在するとはいえ非常に少ない」ということである．それは，定理 1.2 でみた $\zeta(1)$ の値としての無限大のうち，a のべき乗の占める割合が有限（具体的には $\frac{a}{a-1}$）であるからである．無限のうちの有限部分しか占めないのであるから，非常に少ないといえる．

例 1.2 はオイラーによる著名な結果であり，1600 年代から 1700 年初頭に「バーゼル問題」と呼ばれた当時の有名な未解決問題への解答を与えている．バーゼルとはスイスの地名で，その時代に世界をリードする数学者であったベルヌーイらが活躍した場所である．その頃，ベルヌーイら多くのトップレベルの数学者たちがこぞってこの値を求めようと取り組んだが，誰一人として結果を得ることができなかった．そんな中でまだ無名だった若きオイラーが，突然に $\frac{\pi^2}{6}$ という驚くべき結果を得たのだった．この値が円周率 π を用いて表されるとは，誰も予想していなかった．この定理は数学界から驚嘆と賞賛をもって受け入れられ，天才オイラーの衝撃的なデビューを飾った[1]のである．

以下に，例 1.2 を定理の形で述べる．証明は，より一般の $\zeta(2k)$ ($k = 1, 2, 3, \ldots$) を求める形で定理 3.20 にて行うので，ここでは省略する．

定理 1.3

$$\zeta(2) = 1 + \frac{1}{2^2} + \frac{1}{3^2} + \frac{1}{4^2} + \frac{1}{5^2} + \frac{1}{6^2} + \frac{1}{7^2} + \frac{1}{8^2} + \cdots = \frac{\pi^2}{6}.$$

以上で，例 1.1，例 1.2 によって，べき乗数ならびに平方数が自然数全体の中で占める割合は，逆数の和が自然数全体で無限大になるうちの有限部分しか占めないという意味で，小さいことがわかった．これに比べると，例 1.3 が顕著な性質であることがわかる．素数の逆数の和は，無限大である．すなわち，素数が自然数全体の中で占める割合は，べき乗数や平方数に比べると，かなり大

---

[1] 当時の状況は文献 [27] に詳しい．

きいということになる．例 1.3 を，次の定理として証明付きで再録する．

定理 1.4（オイラー）

$$\frac{1}{2} + \frac{1}{3} + \frac{1}{5} + \frac{1}{7} + \frac{1}{11} + \frac{1}{13} + \frac{1}{17} + \frac{1}{19} + \cdots = \infty.$$

証明 この証明には，オイラーが発見した有名な「ゼータ関数のオイラー積表示」

$$\sum_{n=1}^{\infty} \frac{1}{n^s} = \prod_{p:\,素数} \left(1 - p^{-s}\right)^{-1} \qquad (s > 1) \tag{1.2}$$

を用いる．本書では (1.2) の証明を定理 3.3 で与える．ここでは，(1.2) が成り立つ理由を直感的に理解できる程度に簡単に説明しておく．

(1.2) の右辺はすべての素数にわたる積である．素数 p に関する部分は，無限等比数列の和の公式から

$$\left(1 - p^{-s}\right)^{-1} = 1 + \frac{1}{p^s} + \frac{1}{p^{2s}} + \frac{1}{p^{3s}} + \frac{1}{p^{4s}} + \cdots$$

となる．これらをすべての素数にわたって掛け合わせたときの展開式が，(1.2) の左辺に等しくなることをみる．それには，左辺の n の素因数分解を考えればよい．n が

$$n = p_1^{e_1} \cdots p_r^{e_r}$$

と，異なる素数べきの積に素因数分解されていた場合，

$$\frac{1}{n^s} = \frac{1}{p_1^{e_1 s}} \cdots \frac{1}{p_r^{e_r s}}$$

であるから，右辺の展開項のうち，素数 p_1 について第 (e_1+1) 項である $1/p_1^{e_1 s}$ を選択し，素数 p_2 について第 (e_2+1) 項である $1/p_2^{e_2 s}$ を選択し，以下同様に素数 p_r まで選択し，そして $p_1, \ldots, p_r$ 以外のすべての素数に関して初項の 1 を選択して，それらを掛け合わせた項と一致する．すべての自然数 n が，ただ一通りに素因数分解できる事実により，左辺の和を構成するすべての項が右辺の展開項に一対一に対応する．よって，(1.2) の成立が直感的にみてとれる．

なお，厳密には，無限和・無限積の値は（少なくとも定義からは）項の順序による[2]ため，各項が一対一に対応するだけでは必ずしも等しいとは言えない．また，上の一対一対応で登場した展開項は「有限個を除いた残りの無限個の素数に対して初項の1を選択」したもののみである．これ以外のタイプの項，すなわち，無限個の素数に対して第2項以降を選択した項は計算に入れていない．そういう項は，1未満の分数を無数に掛けているから0に収束するとみなして無視したのが上の証明である．確かに，個々の項は0に近づくかも知れないが，実際にはそのような項が無数に存在するため，すべて加えたものも0に収束するかどうかは自明でない．そういう意味で，上の証明は不完全である（定理3.3を参照）．

さて，これより (1.2) を用いて定理1.4を証明する．以下，正項級数を扱うので収束と絶対収束は同値であるから，収束性を論ずるに際して項の順序を入れ替えてもよい．(1.2) の両辺の対数を取ると，$s>1$ において

$$\log \zeta(s) = \log \prod_{p:\text{素数}} \left(1-p^{-s}\right)^{-1} = -\sum_{p:\text{素数}} \log\left(1-p^{-s}\right)$$

$$= \sum_{p:\text{素数}} \sum_{m=1}^{\infty} \frac{1}{mp^{ms}} = \sum_{p:\text{素数}} \left(\frac{1}{p^s} + \sum_{m=2}^{\infty} \frac{1}{mp^{ms}}\right)$$

$$= \sum_{p:\text{素数}} \frac{1}{p^s} + \sum_{p:\text{素数}} \sum_{m=2}^{\infty} \frac{1}{mp^{ms}}.$$

最後の式で得た第1項において $s \to 1$ としたものが，今求めたい「素数の逆数の和」である．定理1.2より左辺は $s \to 1$ のとき ∞ となるので，最後の右辺の第2項が有限の値に収束することを示せば，必然的に第1項が ∞ となり，目的を達する．以下，最後の右辺の第2項

$$\sum_{p:\text{素数}} \sum_{m=2}^{\infty} \frac{1}{mp^{ms}}$$

---

[2]「絶対収束していれば項の順序によらない」という定理があるので，それを用い，かつ絶対収束することを証明すれば，この点に関しては上の説明でも良い．

の収束を示す．はじめに m にわたる和を考えると，

$$\sum_{m=2}^{\infty} \frac{1}{mp^{ms}} < \sum_{m=2}^{\infty} \frac{1}{2p^{ms}} = \frac{1}{2p^{2s}} \sum_{m=0}^{\infty} \frac{1}{p^{ms}} = \frac{1}{2p^{2s}} \frac{1}{1-\frac{1}{p^s}}$$
$$< \frac{1}{2p^{2s}} \frac{1}{1-\frac{1}{2}} = \frac{1}{p^{2s}}.$$

よって，

$$\sum_{p:\text{素数}} \sum_{m=2}^{\infty} \frac{1}{mp^{ms}} < \sum_{p:\text{素数}} \frac{1}{p^{2s}} < \sum_{n=1}^{\infty} \frac{1}{n^{2s}} < \sum_{n=1}^{\infty} \frac{1}{n^2}.$$

これで $m \geq 2$ に関する和の収束が示せたので，$m=1$ の部分，すなわち素数の逆数の和が発散することが証明された． ∎

　このオイラーの定理「素数の逆数の和が無限大であること」は，素数の個数が，同じく無限個存在する「べき乗数」や「平方数」よりも格段に多い「大きな無限大」であることを意味している．この結果はユークリッド以来知られてきた「素数の個数の無限性」を改良した初めての成果である．なお，上記のオイラーの証明にはユークリッドの定理 1.1 やその証明のアイディアが，一切使われていないことに注意しよう．オイラーは，まず素数が無数に存在する事実それ自体に対する新証明を発見し，なおかつ，その無限大の大きさに関する新たな真実に到達したのである．

　このオイラーの定理は，数学史上で最も偉大な定理の一つとされる．後年，この定理の別証明が多くの研究者によって発見されている．ここでは，Erdös (1938), Vandeneynden (1980) によって発見された二つの別証明を紹介する．

定理 1.4 の別証明（Erdös）　素数を小さい方から並べて $p_1, p_2, p_3, \ldots$ と置く．素数の逆数の和が収束すると仮定して矛盾を導く．数列

$$a_n = \sum_{i=1}^{n} \frac{1}{p_i}$$

が収束するからその極限値を a とすると,任意の $\varepsilon > 0$ に対してある k が存在して
$$n \geq k \implies |a - a_n| < \varepsilon$$
となる.とくに,$\varepsilon = \frac{1}{2}, n = k$ のとき,
$$a - a_k = \sum_{i=k+1}^{\infty} \frac{1}{p_i} < \frac{1}{2}$$
が成り立つ.ここで,N 以下の自然数のうち,p_k より大きな素因子を持つものの個数を N_1 と置き,$p_1, \ldots, p_k$ のみを素因子に持つものの個数を N_2 と置く.$N = N_1 + N_2$ である.一般に素数 p の倍数が N 以下に $[\frac{N}{p}]$ 個あることから,N_1 の大きさが
$$N_1 \leq \sum_{i=k+1}^{\infty} \left[\frac{N}{p_i}\right] \leq \sum_{i=k+1}^{\infty} \frac{N}{p_i} = N \sum_{i=k+1}^{\infty} \frac{1}{p_i} < \frac{N}{2}$$
と評価できる.次に N_2 を評価する.N 以下の自然数 x が,$p_1, \ldots, p_k$ のみを素因子に持つとする.$x = ab^2$ と,平方因子を含まない自然数 a と平方数 b^2 の積に表すとき,a の可能性は,$p_1, \ldots, p_k$ の各々を含むか否かによって 2^k 通りある.一方,b の可能性は $b^2 \leq x \leq N$ より $b \leq \sqrt{N}$ だから,高々 $\sqrt{N}$ 通りある.よって,x の可能性は高々 $2^k \sqrt{N}$ 通りであり,
$$N_2 \leq 2^k \sqrt{N}$$
となる.以上より,
$$N = N_1 + N_2 < \frac{N}{2} + 2^k \sqrt{N}$$
である.この不等式を同値変形すると
$$N < 2^{2k+2}$$
となるので,これ以外の N に対して矛盾する.よって,素数の逆数の和は発散する. ∎

定理 1.4 の別証明（Vandeneynden） 任意の素数 p に対して成立する次の式に注目する．

$$\left(1+\frac{1}{p}\right)\left(1+\frac{1}{p^2}+\frac{1}{p^4}+\cdots+\frac{1}{p^{2k}}+\cdots\right)=\sum_{j=0}^{\infty}\frac{1}{p^j}.$$

$x \geq 2$ とする．左辺の第2因数を $p \leq x$ であるような素数 p にわたり掛け合わせると，「$p \leq x$ であるような素因数 p のみからなり，かつすべての素因数を偶数個ずつ含む」ような自然数の逆数全体にわたる和となる．すなわち，

$$\prod_{p \leq x}\left(1+\frac{1}{p^2}+\frac{1}{p^4}+\cdots+\frac{1}{p^{2k}}+\cdots\right)=\sum_{n \in S}\frac{1}{n^2}$$

の形に表せる．ただし，すべての素因数が x 以下であるような自然数の集合を S とした．

したがって，最初の式の両辺を $p \leq x$ であるような p にわたり掛け合わせると，

$$\prod_{p \leq x}\left(1+\frac{1}{p}\right)\sum_{n \in S}\frac{1}{n^2}=\sum_{n \in S}\frac{1}{n}$$

となる．ここで $x \to \infty$ とすると，

$$\prod_{p: \text{素数}}\left(1+\frac{1}{p}\right)\sum_{n=1}^{\infty}\frac{1}{n^2}=\sum_{n=1}^{\infty}\frac{1}{n}.$$

ここで，定理 1.3 および定理 1.2 より

$$\sum_{n=1}^{\infty}\frac{1}{n^2}=\frac{\pi^2}{6}, \qquad \sum_{n=1}^{\infty}\frac{1}{n}=\infty$$

であるから，

$$\prod_{p: \text{素数}}\left(1+\frac{1}{p}\right)=\infty$$

である．一方，一般に正の数 c に対して不等式 $e^c > 1+c$ が成り立つので，

$$\prod_{p: \text{素数}}\left(1+\frac{1}{p}\right) < \prod_{p: \text{素数}} e^{\frac{1}{p}} = \exp\left(\sum_{p: \text{素数}}\frac{1}{p}\right).$$

これが発散するのだから，
$$\sum_{p:\text{素数}} \frac{1}{p} = \infty$$
が成り立つ． ∎

この別証明の過程で得た式
$$\prod_{p:\text{素数}} \left(1 + \frac{1}{p}\right) = \infty$$
を用いると，次のような新たな結論も得られる．

系 1.5
$$\lim_{x \to \infty} \prod_{p \leq x} \left(1 - \frac{1}{p}\right) = 0.$$

証明 上の証明で得た
$$\prod_{p:\text{素数}} \left(1 + \frac{1}{p}\right) = \infty$$
より，
$$\prod_{p:\text{素数}} \left(1 - \frac{1}{p}\right) = \prod_{p:\text{素数}} \frac{p-1}{p} \leq \prod_{p} \frac{p}{p+1}$$
$$= \prod_{p} \left(1 + \frac{1}{p}\right)^{-1} = 0$$
でなくてはならない． ∎

この結論は，$\frac{1}{p}$ が 1 に近いような素数，すなわち，比較的小さな素数 p が豊富に存在することを意味しているから，やはり素数の個数がある程度「大きな無限大」である現象を表している．次節の証明中で，この系を用いる．

さて，私たちは自然数の逆数の和について，定理 1.2 で発散を示しただけでなく，その発散の度合いを数式で表した．定理 1.4 で扱った素数の逆数の和についても同様の問題が考えられる．素数の逆数和の発散の度合いは，どれくらいなのだろうか．その答えは，

$$\sum_{\substack{p \leq x \\ p: \text{素数}}} \frac{1}{p} \sim \log \log x \qquad (x \to \infty)$$

となる（定理 1.17）．この事実はオイラー (1737) によって初めて見出され，後にガウス (1791) によっても指摘されていたが，現代数学の言葉で厳密な証明を与えたのはメルテンス (1874) が最初である．メルテンスの証明は多少複雑であるため，ランダウ (1909) によって与えられた初等的証明を，1.4 節で紹介する．初等的とは言っても，その内容は本章の範囲を若干超えるものであり，一部，次章で紹介する定理（部分和の公式，定理 2.29，2.32）を引用する．

1.2 素数の占める割合が 0％であること

前節では「素数が無数にある」というユークリッド以来知られてきた事実を改良し，素数の個数の無限大がある程度「大きな無限大」であることを示した．本節では逆に「大きいとはいえ全体に比べるとまだまだ小さい」ことを示す．

自然数の全体からなる集合の無限部分集合として，真っ先に思いつくのは「偶数全体の集合」「奇数全体の集合」などだろう．これらはいずれも，2 個に 1 個の割合で永遠に出現し続けるから，自然数全体の中で 50％を占めるといえる．少し一般化して「5 で割って 1 余る自然数の集合」は，5 個に 1 個の割合で永遠に出現し続けるから，20％を占めるといえる．元来，パーセントや確率と

いう割合の概念は，場合の数が有限であるときに，

$$\frac{その場合の数}{全体の場合の数}$$

という比によって定義されるものだから，場合の数が無限のときの定義は必ずしも自明でない．しかし，自然数には大小の順序があるので，小さい方から数えていった極限値

$$\lim_{x \to \infty} \frac{x 以下のその場合の数}{x 以下の全体の場合の数}$$

が存在すれば，割合の概念を定義できる．「偶数が自然数の50%を占める」とは，100以下では50個が偶数，1000以下では500個が偶数，とやっていき，どんどん大きな数を考えていって偶数の割合が50%に収束することを意味するのである．

　本節では，自然数の中で素数が占める割合について考察する．目指す結論は「素数の占める割合は0%である」こと．すなわち，

$$\lim_{x \to \infty} \frac{x 以下の素数の個数}{x} = 0$$

である．%があくまで極限値として定義されていることに注意せよ．したがって，0%は「非存在」を意味するものではない．
　素数以外の対象物，たとえば「べき乗数」や「平方数」の割合が0%であることは，比較的容易にわかる．なぜならば，元同士の間隔が単調に増加するからである．たとえば，2のべき乗数を考えた場合，

$$1, \quad 2, \quad 4, \quad 8, \quad 16, \quad 32, \quad 64, \quad 128, \quad 256, \cdots$$

この集合が全自然数の1%以上を占めるか否かを考えてみる．1%とは100個に1個という割合を意味するけれども，128から先は隣り合う元と100以上開いているので，2のべき乗数の割合は1%に満たない．そして，それ以降は隣り合う元との差は広がる一方である．したがって，全体をならして平均が1%に達することはあり得ないと，すぐにわかる．1%を0.1%, 0.01%と小さくして

も，その分大きな自然数を考えれば同様のことが起きるので，結局，どのような正の％に対しても，元の占める割合はそれより小さいことになる．2べきだけでなく他のべき乗数や，平方数の場合も同様である．このようにして，元同士の間隔が単調増加する数列は正の％を占めることができず，占める割合は0％となることがわかる．

これに比べると，素数は非常に難しい．素数の場合も，数が小さい方が豊富に存在し，数が大きくなると占める割合が少なくなりそうだということは，素数列を少し（たとえば1000以下で）求めてみればわかる．しかしそれはあくまでも大雑把な傾向に過ぎず，細かくみれば，隣り合う元どうしの間隔は不規則に変化している．大きな数では素数は珍しい存在となるが，それでも，近い数どうしで立て続けに素数が出現することも永遠に起き続けると考えられている．実際，差が2の素数の組（双子素数）は無数に存在すると予想されており，差が246以下の素数の組は無数に存在することが証明されている（2015年6月現在）．仮にそのように近い数どうしの素数の組が頻繁に存在すれば，全体として素数の割合はかなり増えるだろう．したがって，自然数の全体をみたときに素数の割合が本当に0％なのかどうかは，すぐにはわからない．以上のことから，本節で証明する「素数が0％であること」は，自明でない事実である．

ここで「x以下の素数の個数」を$\pi(x)$と置く．ランダウの記号o

$$f(x) = o(g(x)) \quad (x \to \infty) \iff \lim_{x \to \infty} \frac{f(x)}{g(x)} = 0$$

を用いれば，今目指している結論「素数の割合は0％である」は後述する定理1.6のように$\pi(x) = o(x)$と書ける．

この結論を証明するための準備を行う．

2つの整数は，正の公約数を1しか持たないとき「互いに素」であるという．自然数nに対する記号$\varphi(n)$を，「n以下の自然数のうちnと互いに素であるものの個数」とする．

$$\varphi(1)=1, \quad \varphi(2)=1, \quad \varphi(3)=2, \quad \varphi(4)=2, \quad \varphi(5)=4, \quad \varphi(6)=2, \quad \cdots$$

である．$\varphi(n)$ を**オイラーの関数**と呼ぶ．剰余群の位数を用いて $\varphi(n) = \#(\mathbb{Z}/n\mathbb{Z})^\times$ と定義しても同じである．

ただちにわかるように，一般に素数 p に対して

$$\varphi(p) = p - 1$$

であり，この式は素数べき p^j ($j \geq 1$) に対して以下のように拡張される．

$$\varphi(p^j) = p^j - p^{j-1} = p^j\left(1 - \frac{1}{p}\right).$$

2数 n, m に対し，代数学における中国の剰余定理から

$$\varphi(n)\varphi(m) = \varphi(nm) \qquad (\text{ただし } (n,m) = 1)$$

が成り立つ．以上のことから，素因数分解された自然数 $n = p_1^{j_1} \cdots p_r^{j_r}$ に対し，

$$\varphi(n) = \prod_{i=1}^{r} p_i^{j_i}\left(1 - \frac{1}{p_i}\right)$$

$$= n\prod_{i=1}^{r}\left(1 - \frac{1}{p_i}\right)$$

となる．素因数 p が自然数 n を割り切るという意味の記号 $p|n$ を用いて

$$\varphi(n) = n\prod_{p|n}\left(1 - \frac{1}{p}\right)$$

と表すこともできる．

$\boxed{\text{定理 1.6}}$ (素数の占める割合が **0%** であること)

$$\pi(x) = o(x).$$

証明 任意の自然数 k を一つ固定する．x 以下の素数は，以下の少なくとも一方の性質を持つ．

(A) k 以下である．
(B) k と互いに素である．

すなわち，k 以上の自然数で k と公約数 (>1) を持つものは，素数ではあり得ない．そういうもの以外をすべて数えれば，もれなく素数を数え上げることができる．したがって，$\pi(x)$（x は自然数）に関して次の不等式が成り立つ．

$$\pi(x) \leq k + \#\{n \leq x \mid (n, k) = 1\}.$$

x を k で割った剰余の式を $x = qk + r\ (0 \leq r < k)$ と置けば，

$$\pi(x) \leq k + q\varphi(k) + r$$
$$= k + \left[\frac{x}{k}\right]\varphi(k) + r.$$

ただし，記号 $\left[\frac{x}{k}\right]$ は，$\frac{x}{k}$ を越えない最大整数を表す．ここで，

$$\frac{1}{x}\left[\frac{x}{k}\right] \leq \frac{1}{k}$$

であることから，

$$\limsup_{x \to \infty} \frac{\pi(x)}{x} \leq \frac{\varphi(k)}{k}.$$

となる．以上のことが，任意の自然数 k に対して成り立つ．

そこで，k として最初の r 個の素数の積 $k = p_1 p_2 \cdots p_r$ を選ぶ．すると，

$$\varphi(k) = \prod_{j=1}^{r}(p_j - 1)$$

より，

$$\limsup_{x \to \infty} \frac{\pi(x)}{x} \leq \prod_{j=1}^{r}\left(1 - \frac{1}{p_j}\right)$$

が任意の $r \geq 1$ に対して成り立つ．ここで系 1.5 より，右辺で $r \to \infty$ とした極限値は 0 になる．よって，左辺も 0 でなくてはならない． ∎

1.3　n 番目の素数の大きさ（粗い素数定理）

本書の最大のテーマは素数定理である．素数定理とは，正の実数 x に対して定義される値

$$\pi(x) = (x \text{ 以下の素数の個数})$$

の挙動に関する事実である．仮に，すべての $x > 0$ に対して $\pi(x)$ の値がわかれば，どの数が素数であるかすべてわかることになるから，素数に関する謎はすべて解ける．したがって，$\pi(x)$ は自然な研究対象であり，これを求めることが現代の整数論の大きな目標の一つであると言える．

任意の x に対して $\pi(x)$ を求められるような万能な公式の発見には，まだ誰も成功していない．しかし，リーマンによって発見された一つの目覚ましい事実がある．それは「明示公式」と呼ばれ，$\pi(x)$ が

$$\pi(x) = \sum_{\rho} M(x^{\rho})$$

という形に，誤差項のない完全な等式として表される．ここで ρ はリーマン・ゼータ関数の極や零点を表す記号であり，右辺の和はそのような ρ の全体にわたる．また関数 M は，粗く言えば，区間 $[1, x]$ の特性関数のフーリエ変換である．これらについては本書第 3～4 章で詳しく扱う．

この明示公式によって，リーマン・ゼータ関数の零点を用いれば $\pi(x)$ を誤差項なしでぴったりと記述することが可能となる．問題は，それら零点が未解明であることだ．そのため，ゼータ関数の零点が主たる研究対象となり，今日の整数論が築かれている．

ゼータ関数の零点に関して今日知られている事実は，目指す真実からはまだ遠い．それは部分的な結果に過ぎないわけだが，それを明示公式に適用して得られた $\pi(x)$ に関する過渡的な成果が，いわゆる素数定理である．その簡単な形（定理 4.9）は，次式で表される．

$$\pi(x) \sim \frac{x}{\log x} \qquad (x \to \infty). \tag{1.3}$$

前節で私たちは，素数の占める割合が 0% である事実をみてきた．それは，$x \to \infty$ のときに素数が非常に少なくなることを意味するが，その度合いがだ

いたい $\frac{1}{\log x}$ くらいの少なさであるというのが，素数定理の意味である．すなわち，x 以下の自然数が素数であるような「確率」がほぼ $\frac{1}{\log x}$ であるということである．

実は，素数定理には (1.3) よりも精密な表示（定理 4.10）

$$\pi(x) \sim \int_2^x \frac{1}{\log t} dt \qquad (x \to \infty) \tag{1.4}$$

があり，これを見るとその「確率」が「x 以下」でなく「ちょうど x くらい」の自然数に対するものであることがわかる．

いずれにしても，前節で得た「0%」とは，極限値

$$\lim_{x \to \infty} \frac{1}{\log x} = 0$$

のことだったのだ．

ここで対数関数 $\log x$ が登場したことを不思議に感ずる向きもあろう．これについては様々な説明が可能だが，本節ではまず，素数定理の粗い形として，関数 $\pi(x)$ の挙動が関数 $\frac{x}{\log x}$ の定数倍で押さえられる事実，すなわち

$$C_2 \frac{x}{\log x} \leq \pi(x) \leq C_1 \frac{x}{\log x}$$

となるような定数 C_1, C_2 の存在を示す（定理 1.13）．これは，チェビシェフ（1850 年頃）による研究である．さらに，この事実を用いて「n 番目の素数 p_n」の大きさの評価，すなわち

$$D_2 n \log n \leq p_n \leq D_1 n \log n$$

となるような定数 D_1, D_2 の存在を示す（定理 1.14）．後に 1.5 節において，別の方法で対数が登場する理由の説明を試みる．

証明に先立ち，いくつかの記号と補題を準備する．

自然数 m の素因数分解に素数 p が現れる回数を $\nu_p(m)$ と置く．すなわち，

$$m = p^{\nu_p(m)} \times (p と互いに素な数)$$

である．

補題 1.7（階乗に対する ν_p の公式）

$$\nu_p(n!) = \sum_{k=1}^{\infty} \left[\frac{n}{p^k}\right].$$

証明 指数法則より

$$\nu_p(n!) = \sum_{m=1}^{n} \nu_p(m)$$

である．任意の自然数 k に対し，$1 \leq m \leq n$ なる自然数 m で p^k の倍数となるものは $\left[\frac{n}{p^k}\right]$ 個存在する．これらの各々を数えていった合計が $\nu_p(n!)$ であるので，補題が成り立つ．■

以下の 3 つの関数 $\theta(x), \psi(x), T(x)$ はチェビシェフが導入したものである．

$$\theta(x) = \sum_{\substack{p \leq x \\ p: 素数}} \log p, \tag{1.5}$$

$$\psi(x) = \sum_{n=1}^{\infty} \theta(x^{\frac{1}{n}}), \tag{1.6}$$

$$T(x) = \sum_{n \leq x} \log n. \tag{1.7}$$

(1.6) は無限和で書かれているが，$x < 2$ のとき $\theta(x) = 0$ であるから，$n > \log_2 x$ に対し $\theta(x^{1/n}) = 0$ となり，実質的に (1.6) は有限和である．

補題 1.8

(i) $\psi(x) = \displaystyle\sum_{\substack{p,n \\ p^n \leq x}} \log p = \sum_{p \leq x} \left[\frac{\log x}{\log p}\right] \log p.$

(ii) $T(x) = \sum_{n \leq x} \psi\left(\frac{x}{n}\right) = \sum_{n=1}^{\infty} \psi\left(\frac{x}{n}\right)$.

(iii) $\psi(x) - \sqrt{x}\log x \leq \theta(x) \leq \psi(x)$.

証明 (i) 定義から容易に

$$\psi(x) = \sum_{n=1}^{\infty} \theta(x^{\frac{1}{n}}) = \sum_{n=1}^{\infty} \sum_{p \leq x^{\frac{1}{n}}} \log p = \sum_{n=1}^{\infty} \sum_{p^n \leq x} \log p$$

であるから，結論を得る．

(ii) x が整数の場合に示せば十分であるから，以下，x を整数とする．記号 ν_p の定義から

$$x! = \prod_{p \leq x} p^{\nu_p(x!)}$$

であるから，両辺の対数を取ると，補題 1.7 より

$$T(x) = \log(x!) = \sum_{p \leq x} \nu_p(x!) \log p = \sum_{p \leq x} \sum_{k=1}^{\infty} \left[\frac{x}{p^k}\right] \log p.$$

ここで

$$n \leq \left[\frac{x}{p^k}\right] \iff p \leq \left(\frac{x}{n}\right)^{\frac{1}{k}}$$

であり，この不等式を満たすような n は，x, p, k を固定したときに $\left[\frac{x}{p^k}\right]$ 個あるので，

$$T(x) = \sum_{n=1}^{\infty} \sum_{k=1}^{\infty} \sum_{p \leq (\frac{x}{n})^{\frac{1}{k}}} \log p = \sum_{n=1}^{\infty} \sum_{k=1}^{\infty} \theta\left(\left(\frac{x}{n}\right)^{\frac{1}{k}}\right) = \sum_{n=1}^{\infty} \psi\left(\frac{x}{n}\right).$$

$n > x$ のとき $\psi\left(\frac{x}{n}\right) = 0$ であるから，

$$T(x) = \sum_{n \leq x} \psi\left(\frac{x}{n}\right).$$

(iii) (i) より

$$\psi(x) - \theta(x) = \sum_{k=2}^{\infty} \sum_{\substack{p^k \leq x \\ p: 素数}} \log p = \sum_{\substack{p \leq \sqrt{x} \\ p: 素数}} \sum_{2 \leq k \leq \frac{\log x}{\log p}} \log p$$

$$\leq \sum_{\substack{p \leq \sqrt{x} \\ p: 素数}} \frac{\log x}{\log p} \log p \leq \sqrt{x} \log x. \qquad \blacksquare$$

この補題により，3 つの関数 $\theta(x), \psi(x), T(x)$ は互いに密接な関係にあることがわかったが，これらのうち $\theta(x)$ と $\psi(x)$ は素数にわたる和として (1.5),(1.6) で定義されるのに対し，$T(x)$ は自然数にわたる和 (1.7) であり素数に関係ないことに注意しよう．したがって，$T(x)$ の挙動は素数の性質と無関係に求められ，比較的容易にわかる．実際，次の事実が得られる．

補題 1.9 $x \geq 7$ とするとき[3]，

$$T(x) = x \log x - x + S(x)$$

と誤差項 $S(x)$ を用いて表すことができ，$|S(x)| \leq \log x$ である．

証明 次章で証明する定理 2.32 において $a(r) = 1, f(r) = \log r, y = 1$ と置くと，$A(x) = [x], A(y) = A(1) = 1, f(1) = 0$ となるから，

$$T(x) = \sum_{r \leq x} \log r$$

$$= [x] \log x - \int_1^x \frac{[t]}{t} dt.$$

---

[3] $x \geq 7$ を得た経緯は以下の通りである．

$$S(x) = 1 - \int_1^x \frac{1 - \{t\}}{t} dt + (1 - \{x\}) \log x \leq 1 - \int_1^x \frac{1 - \{t\}}{t} dt + \log x$$

より，

$$1 \leq \int_1^x \frac{1 - \{t\}}{t} dt \implies S(x) \leq \log x.$$

左の不等式の右辺の積分は $x = 6$ のとき $0.963\cdots$ であり，$x = 7$ のとき $1.042\cdots$ なので，$x \geq 7$ ならば $S(x) \leq \log x$ となる．

1.3 n 番目の素数の大きさ（粗い素数定理）

正の数 x の小数部分を $\{x\} := x - [x]$ と置けば,

$$T(x) = (x - \{x\}) \log x - \int_1^x \frac{t - \{t\}}{t} dt$$

$$= x \log x - x + S(x).$$

ただし,

$$|S(x)| = \left| 1 + \int_1^x \frac{\{t\}}{t} dt - \{x\} \log x \right|$$

$$\leq \log x. \qquad \blacksquare$$

ここで得た $T(x)$ に関する性質を $\psi(x)$ に関する性質に翻訳することが, 今の目標である. それには補題 1.8(ii) を用いればよいが, 補題 1.8(ii) では項数が x によっているため, $x \to \infty$ の際の評価が難しい. そこで, 次の補題で $\psi(x)$ と有限個（5項）の $T(x)$ たちの一次結合との関係を導いておく.

補題 1.10　$\alpha(x) = T(x) - T(\frac{x}{2}) - T(\frac{x}{3}) - T(\frac{x}{5}) + T(\frac{x}{30})$ と置くと, $x \geq 0$ に対し, 次式が成り立つ.

$$\alpha(x) \leq \psi(x) \leq \alpha(x) + \psi\left(\frac{x}{6}\right).$$

証明　補題 1.8(ii) より, 何らかの係数 $A_n \in \mathbb{R}$ によって

$$\alpha(x) = \sum_{n=1}^{\infty} A_n \psi\left(\frac{x}{n}\right)$$

と置ける. これより A_n を求める. 補題 1.8(ii) より,

$$\alpha(x) = \sum_{m=1}^{\infty} \psi\left(\frac{x}{m}\right) - \sum_{m=1}^{\infty} \psi\left(\frac{x}{2m}\right) - \sum_{m=1}^{\infty} \psi\left(\frac{x}{3m}\right)$$

$$- \sum_{m=1}^{\infty} \psi\left(\frac{x}{5m}\right) + \sum_{m=1}^{\infty} \psi\left(\frac{x}{30m}\right)$$

したがって, n と 30 が互いに素ならば, A_n への寄与は右辺の第一の和のみから来るので $A_n = 1$ である. $(n, 30) = 2, 3, 5$ のいずれかならば, 第一の和

から係数 1，第二，第三，第四の和のうちのいずれか一つから係数 (-1) が出て，それ以外の係数は 0 となるので，合計すると $A_n = 0$ である．同様にして $(n, 30) = 6, 10, 15$ ならば，第一の和から係数 1，第二，第三，第四の和のうちのいずれか二つから係数 (-1) が出て，それ以外の係数は 0 となるので，合計すると $A_n = -1$ である．最後に n が 30 の倍数のとき，第一から第五の和からすべて 1 または (-1) が出てくるので，合計して $A_n = -1$ となる．以上より

$$A_n = \begin{cases} 1 & ((n, 30) = 1 \text{ のとき}) \\ -1 & ((n, 30) = 6, 10, 15, 30 \text{ のとき}) \\ 0 & (\text{それ以外のとき}) \end{cases}$$

となる．A_n は $n \pmod{30}$ のみによるから，$1 \leq n \leq 30$ に対する値によって，すべて決まる．

n	1	2	3	4	5	6	7	8	9	10	11	12	13	14	15
$(n, 30)$	1	2	3	2	5	6	1	2	3	10	1	6	1	2	15
A_n	1	0	0	0	0	-1	1	0	0	-1	1	-1	1	0	-1

16	17	18	19	20	21	22	23	24	25	26	27	28	29	30
2	1	6	1	10	3	2	1	6	5	2	3	2	1	30
0	1	-1	1	-1	0	0	1	-1	0	0	0	0	1	-1

ここで，表の最下行をみると，0 でないところは 1, -1 が交互に現れている．すなわち，数列 $1 = c_0 < c_1 < c_2 < \cdots$ を，$A_n \neq 0$ なる n たち全体のなす増加列とすると，

$$\alpha(x) = \sum_{n=0}^{\infty} A_{c_n} \psi\left(\frac{x}{c_n}\right) \qquad (A_{c_n} \neq 0)$$

と表されるが，このときの係数が $A_{c_n} = (-1)^n$ となる．よって，

$$\alpha(x) = \sum_{n=0}^{\infty} (-1)^n \psi\left(\frac{x}{c_n}\right)$$

が成り立つ．$\psi(x)$ は非減少関数であるから，
$$\psi\left(\frac{x}{c_0}\right) - \psi\left(\frac{x}{c_1}\right) \leq \alpha(x) \leq \psi\left(\frac{x}{c_0}\right).$$
すなわち，
$$\psi(x) - \psi\left(\frac{x}{6}\right) \leq \alpha(x) \leq \psi(x)$$
となる． ∎

この定理から，$\theta(x)$ の挙動を以下のように得ることができる．

系 1.11

(i) 定数 $A_1 = 1.1224$ と任意の $x \geq 2$ に対し，$\theta(x) \leq A_1 x$ が成り立つ．

(ii) 定数 $A_2 = 0.73$ と任意の $x \geq 37$ に対し，$A_2 x \leq \theta(x)$ が成り立つ．

証明 補題 1.9 の証明中で得たように，
$$T(x) = x \log x - x + S(x), \qquad |S(x)| \leq \log x$$
が成り立つ．これを $\alpha(x)$ の定義式に代入すると，$x \log x$ の項は打ち消し合って 0 になり，主要項は x のオーダーとなる．また誤差項は $5 \log x$ で押さえられるので，
$$\left|\alpha(x) - \left(\frac{x}{2}\log 2 + \frac{x}{3}\log 3 + \frac{x}{5}\log 5 - \frac{x}{30}\log 30\right)\right| \leq 5 \log x.$$
すなわち，
$$\left|\alpha(x) - \frac{14\log 2 + 9\log 3 + 5\log 5}{30}x\right| \leq 5 \log x.$$
数値計算により
$$|\alpha(x) - cx| \leq 5 \log x, \qquad (c = 0.921292\cdots).$$
となる．あとは右辺 $\log x$ を数値的に処理すればよい．たとえば，$x > 3000$ において $5 \log x \leq 0.014x$ が成り立つので，
$$0.9072x < (c - 0.014)x \leq \alpha(x) \leq (c + 0.014)x < 0.9353x.$$

$x \leq 3000$ に対してもこれを実際に数値計算で確かめると，$x \geq 350$ ならば同じ不等式が成り立つことがわかる．

(i) を示すには，補題 1.10 より，任意の t に対して

$$\psi(t) - \psi\left(\frac{t}{6}\right) \leq \alpha(t)$$

が成り立つことを用いる．$t = \frac{x}{6^j}$ $(j = 0, 1, 2, \ldots)$ にこれを適用し，$\psi(x)$ を以下のように変形する．

$$\psi(x) = \sum_{j=0}^{\infty} \left(\psi\left(\frac{x}{6^j}\right) - \psi\left(\frac{x}{6^{j+1}}\right)\right)$$

$$\leq \sum_{j=0}^{\infty} \alpha\left(\frac{x}{6^j}\right)$$

$$\leq \sum_{j=0}^{\infty} 0.9353 \cdot \frac{x}{6^j}$$

$$\leq 1.1224x.$$

以上では $x \geq 350$ としていたが，$2 \leq x < 350$ に対しては最後の不等式を個別に数値計算で確かめることにより，$\psi(x)$ に関する同じ不等式が成り立つことがわかる．ここで得た $\psi(x)$ に関する不等式を，補題 1.8(iii) を用いて $\theta(t)$ に関するものに書き換えれば，(i) の証明が完了する．

次に (ii) を示す．上でみたように，$x \geq 350$ に対して

$$0.9072x \leq \alpha(x)$$

が成り立ち，さらに補題 1.10 と合わせると

$$0.9072x \leq \psi(x)$$

となる．補題 1.8(iii) より

$$0.9072x - \sqrt{x}\log x \leq \psi(x) - \sqrt{x}\log x \leq \theta(x).$$

任意の $x>3000$ に対して $\sqrt{x}\log x < 0.15x$ が成り立つから，
$$\theta(x) > 0.9072x - 0.15x > 0.75x.$$

以上で $x>3000$ に対する証明が終わったが，$37 \leq x \leq 3000$ に対しては個別に数値計算で確かめることにより，$\theta(x) > 0.73x$ が成り立つことがわかる．∎

この系で (ii) の条件として設定した $x \geq 37$ は，定数 A_2 を必要に応じて小さく取れば，外すことが可能である．$x<37$ なる各 x に対し，不等式が成立するような A_2 を個別に選びなおし，それらの中で最小のものを選べばよいからだ．したがって，ある定数 A_1, A_2 が存在して，任意の $x \geq 2$ に対して
$$A_2 x \leq \theta(x) \leq A_1 x$$
が成り立つ．また，このことから明らかに，次の系が成り立つ．

系 1.12 x 以下のすべての素数の積を $P(x)$ と置く．ある定数 B_1, B_2 が存在して，任意の $x \geq 2$ に対して
$$B_2^x \leq P(x) \leq B_1^x$$
が成り立つ．

定理 1.13（**粗い素数定理（チェビシェフ，1850 年頃）**） $x>0$ に対し，x 以下の素数の個数を $\pi(x)$ とする．ある正の定数 C_1, C_2 が存在し，任意の $x \geq 2$ に対し次の不等式が成り立つ[4]．
$$C_2 \frac{x}{\log x} \leq \pi(x) \leq C_1 \frac{x}{\log x}.$$

証明 はじめに，任意の $x \geq 2$ と任意の $0 < \varepsilon < 1$ に対し
$$\frac{\theta(x)}{\log x} \leq \pi(x) \leq \frac{1}{1-\varepsilon}\frac{\theta(x)}{\log x} + x^{1-\varepsilon}$$

---

[4] この定理の主張は，$C_2 \leq \liminf_{x \to \infty} \pi(x)/\left(\frac{x}{\log x}\right) \leq \limsup_{x \to \infty} \pi(x)/\left(\frac{x}{\log x}\right) \leq C_1$ であり，本来の素数定理とは $C_1 = C_2 = 1$ が成り立つことである．そこまで明確に C_1, C_2 が定まらず極限に幅がある状態を，本書では「粗い素数定理」と呼んでいる．なお，チェビシェフの原論文では「仮に極限値が存在すれば $C_1 = C_2 = 1$ に限る」という事実も証明されている．

が成り立つことを示す．左側の不等式 $\theta(x) \leq \pi(x) \log x$ は自明である．右側の不等式は，以下のように示される．

$$\theta(x) \geq \sum_{x^{1-\varepsilon} < p \leq x} \log p$$

$$\geq \sum_{x^{1-\varepsilon} < p \leq x} \log x^{1-\varepsilon}$$

$$= (\pi(x) - \pi(x^{1-\varepsilon})) \log x^{1-\varepsilon}$$

$$= (\pi(x) - \pi(x^{1-\varepsilon}))(1-\varepsilon) \log x$$

$$\geq (\pi(x) - x^{1-\varepsilon})(1-\varepsilon) \log x.$$

これで右側の不等式も示された．ある定数 $C > 0$ が存在して任意の $x \geq 2$ に対して $x^{1-\varepsilon} \leq C \frac{x}{\log x}$ となるので，右側の不等式は，系1.11（及びその直後の注意）の記号 A_1 を用いると

$$\pi(x) \leq \frac{1}{1-\varepsilon} \frac{A_1 x}{\log x} + C \frac{x}{\log x} = \left(\frac{A_1}{1-\varepsilon} + C \right) \frac{x}{\log x}$$

となる．最後の括弧内を C_1 とおけばよい． ∎

これより，「n 番目の素数」の大きさについて，以下の事実が得られる．

定理1.14 (n 番目の素数の評価) （小さい方から数えて）n 番目の素数を p_n とする．ある正の定数 D_1, D_2 が存在して，任意の n に対して次の不等式が成り立つ．

$$D_2 n \log n \leq p_n \leq D_1 n \log n.$$

証明 $\pi(p_n) = n$ であるから，定理1.13に $x = p_n$ を代入すると，

$$C_2 \frac{p_n}{\log p_n} \leq n \leq C_1 \frac{p_n}{\log p_n}.$$

よって

$$\frac{n \log p_n}{C_1} \leq p_n \leq \frac{n \log p_n}{C_2}.$$

この不等式の左辺と右辺の $\log p_n$ を $\log n$ で置き換えた不等式が，定数倍のずれを許して成り立つことを示せばよい．自明に $\log p_n > \log n$ であるから，あとは $\log p_n = O(\log n)$ $(n \to \infty)$ を示せばよい．

上の不等式の両辺の対数を取ると

$$\log n + \log \log p_n - \log C_1 \leq \log p_n \leq \log n + \log \log p_n - \log C_2.$$

すなわち

$$\log n - \log C_1 \leq \log p_n - \log \log p_n \leq \log n - \log C_2.$$

n が十分大きければ $\log \log p_n < \frac{1}{2} \log p_n$ であるから，$\log p_n = O(\log n)$ $(n \to \infty)$ が成り立つ． ∎

以上で得た結果を用いると，素数に関する和の評価式をいろいろ証明できる．次の命題はその例である．より多くの例について，次節で扱う．

命題 1.15

$$\sum_{\substack{p \leq x \\ p:\text{素数}}} \frac{\log p}{p} = \log x + O(1).$$

証明 x が自然数 n の場合に示せば十分である．記号 ν_p の定義から

$$n! = \prod_{p \leq n} p^{\nu_p(n!)}$$

であるから，両辺の対数を取ると，補題 1.7 より

$$\log(n!) = \sum_{p \leq n} \nu_p(n!) \log p$$

$$= \sum_{p \leq n} \sum_{k=1}^{\infty} \left[\frac{n}{p^k}\right] \log p$$

$$= \sum_{p \leq n} \left[\frac{n}{p}\right] \log p + \sum_{p \leq n} \sum_{k=2}^{\infty} \left[\frac{n}{p^k}\right] \log p$$

$$= \sum_{p \leq n} \left(\frac{n}{p} + O(1) \right) \log p + O \left(n \sum_{p \leq n} \sum_{k=2}^{\infty} \frac{1}{p^k} \log p \right)$$

$$= n \sum_{p \leq n} \frac{\log p}{p} + O \left(\sum_{p \leq n} \log p \right) + O \left(n \sum_{p \leq n} \frac{\log p}{p^2} \right)$$

$$= n \sum_{p \leq n} \frac{\log p}{p} + O \left(\theta(n) \right) + O \left(n \right).$$

この両辺を n で割り，補題 1.9 より得る $\log(n!) = n \log n + O(n)$ を用いる[5]と，

$$\sum_{p \leq n} \frac{\log p}{p} = \log n + O \left(\frac{\theta(n)}{n} \right) + O \left(1 \right)$$

を得る．系 1.11 により，$\frac{\theta(n)}{n}$ は有界であるから，命題が示された． ∎

この命題の結論の $O(1)$ の部分は実際には x によって値が定まる有界な関数である．それを $R(x)$ と置けば，次の系が成り立つ．

<u>系 1.16</u>　関数 $R(x)$ を

$$\sum_{\substack{p \leq x \\ p: 素数}} \frac{\log p}{p} = \log x + R(x)$$

とおけば，$R(x)$ は有界である．

---

[5] この式は補題 1.9 を用いない以下のような直接証明もある．まず両辺を n で割り $\frac{1}{n}(\log(n!) - n \log n) = O(1)$ を示せば良いが，この左辺は次の計算により $O(1)$ となる．

$$\frac{1}{n}(\log(n!) - n \log n) = \frac{1}{n} \sum_{k=1}^{n} (\log k - \log n) = \frac{1}{n} \sum_{k=1}^{n} \log \frac{k}{n}$$
$$\xrightarrow[(n \to \infty)]{} \int_0^1 \log x \, dx = [x \log x - x]_0^1 = -1.$$

1.4　素数の逆数の和の増大度

1.1 節の末尾で予告したように，本節では，オイラー（1737 年）の有名な業績である「素数の逆数の和の発散の度合いが

$$\sum_{\substack{p \leq x \\ p: 素数}} \frac{1}{p} \sim \log \log x \qquad (x \to \infty)$$

によって表されること」を示す．オイラーはこれを

$$\frac{1}{2} + \frac{1}{3} + \frac{1}{5} + \frac{1}{7} + \frac{1}{11} + \frac{1}{13} + \frac{1}{17} + \frac{1}{19} + \cdots = \log \log \infty$$

と書いた（全集 I-14 巻，p.244，当時の記号で $\log \log$ は $l.l$）[6]．この右辺にある $\log \log \infty$ という概念は現代の数学では用いられないが，調和級数の発散が

$$\sum_{n < x} \frac{1}{n} \sim \log x \qquad (x \to \infty)$$

と表されるのを $\log \infty$ と解釈し，これの対数という意味である．二重の対数によって，発散の速度が極めて遅いことを，感覚的に良く表している．実際，現在まで実際に計算されている「素数の逆数和」の値は約 4 であり，最新の計算機を駆使してできる限り莫大な素数まで参入しても，今世紀中に逆数和の値が 10 を超えることはないだろうと言われている．

以下の定理は，本節の冒頭で記した式をより精密にしたもので，誤差項の評価も含んでいる．

定理 1.17　ある定数 a に対して

$$\sum_{\substack{p \leq x \\ p: 素数}} \frac{1}{p} = \log \log x + a + O\left(\frac{1}{\log x}\right) \qquad (x \to \infty)$$

---

[6] 文献 [17]：黒川信重「オイラー探検」（丸善出版）は入手も容易であるので，ぜひ参照されたい．素数の逆数和については p.141，その他のオイラーの業績についても随所に優れた解説がある．

が成り立つ．

証明 置換積分により

$$\int_p^\infty \frac{dt}{t(\log t)^2} = \frac{1}{\log p} \tag{1.8}$$

であるから，

$$\sum_{\substack{p \leq x \\ p: 素数}} \frac{1}{p} = \sum_{\substack{p \leq x \\ p: 素数}} \frac{\log p}{p} \cdot \frac{1}{\log p}$$

$$= \sum_{\substack{p \leq x \\ p: 素数}} \frac{\log p}{p} \int_p^\infty \frac{dt}{t(\log t)^2}$$

$$= \sum_{\substack{p \leq x \\ p: 素数}} \frac{\log p}{p} \left(\int_p^x \frac{dt}{t(\log t)^2} + \int_x^\infty \frac{dt}{t(\log t)^2} \right)$$

$$= \sum_{\substack{p \leq x \\ p: 素数}} \frac{\log p}{p} \int_p^x \frac{dt}{t(\log t)^2} + \sum_{\substack{p \leq x \\ p: 素数}} \frac{\log p}{p} \int_x^\infty \frac{dt}{t(\log t)^2}$$

$$= \int_2^x \sum_{\substack{p \leq t \\ p: 素数}} \frac{\log p}{p} \frac{dt}{t(\log t)^2} + \frac{1}{\log x} \sum_{\substack{p \leq x \\ p: 素数}} \frac{\log p}{p}.$$

ただし，最後の変形は次のようにした．まず式の前半部分では，p にわたる和と t にわたる積分の順序交換を行った．その際，積分区間が p に依ることに注意した．和では $2 \leq p \leq x$，積分では $p \leq t \leq x$ であるから，常に $2 \leq p \leq t \leq x$ が成り立つ．よって，積分変数 t は $2 \leq t \leq x$ を動けば十分で，そのうち，$p \leq t$ にわたる部分に値が存在する．次に，式の後半部分では，(1.8) を再び p の代わりに変数 x に対して用いた．

ここで，二か所の p にわたる和に対して，系 1.16 を用いると，有界な関数 $R(x)$ を用いて

$$\sum_{\substack{p \leq x \\ p: 素数}} \frac{1}{p} = \int_2^x \frac{\log t + R(t)}{t(\log t)^2} dt + \frac{1}{\log x}(\log x + R(x))$$

$$= \int_2^x \frac{1}{t\log t}dt + \int_2^x \frac{R(t)}{t(\log t)^2}dt + 1 + \frac{R(x)}{\log x}.$$

この第一項は置換積分により

$$\int_2^x \frac{1}{t\log t}dt = \log\log x - \log\log 2$$

と計算でき，第二項は，収束する広義積分の差として

$$\int_2^x \frac{R(t)}{t(\log t)^2}dt = \int_2^\infty \frac{R(t)}{t(\log t)^2}dt - \int_x^\infty \frac{R(t)}{t(\log t)^2}dt$$

と書ける．ここで，

$$a = \int_2^\infty \frac{R(t)}{t(\log t)^2}dt - \log\log 2 + 1$$

とおけば，

$$\sum_{\substack{p \leq x \\ p:\text{素数}}} \frac{1}{p} = \log\log x + a - \int_x^\infty \frac{R(t)}{t(\log t)^2}dt + \frac{R(x)}{\log x}$$

となる．$R(x)$ は有界であるから，

$$\int_x^\infty \frac{R(t)}{t(\log t)^2}dt = O\left(\int_x^\infty \frac{1}{t(\log t)^2}dt\right) = O\left(\frac{1}{\log x}\right)$$

かつ

$$\frac{R(x)}{\log x} = O\left(\frac{1}{\log x}\right)$$

が成り立つ．よって，

$$\sum_{\substack{p \leq x \\ p:\text{素数}}} \frac{1}{p} = \log\log x + a + O\left(\frac{1}{\log x}\right)$$

が示された． ∎

1.5 素数定理に対数が現れる理由

素数定理に対数関数 $\log x$ が現れることを不思議に感ずる向きもあるだろう．本節では，これについて直感的な解説を試みる．本節の解説は，あくまで直感的に素数の個数と対数との関わりを体感しようとするものであり，対数が現れることの厳密な証明ではない点に注意されたい．

x 以下の数が素数であるか否かを知るには，はじめに2の倍数であるか否かを調べ，次に3の倍数であるか否かを調べ，と次々に計算していけばよい．こうして最後にどの素数まで調べれば良いかといえば，$\sqrt{x}$ 付近まで調べれば良いことがわかる．その理由は，x を2数の積として表した場合，一方は必ず $\sqrt{x}$ 以下になるからである．

さて，自然数の中で p の倍数は p 個に1個の割合で存在しているから，x 以下の自然数（約 x 個ある）のうち，p で割り切れないものの個数は，だいたい

$$\left(1 - \frac{1}{p}\right)x$$

と表される．ここで「だいたい」と記したのは，この式の値は必ずしも整数にならないから個数を表す式としては不正確であるという意味である．ガウス記号などを用いてこの部分を正確に記すことは容易だが，今の解説では $x \to \infty$ のときの挙動だけが重要なので，それは割愛する．

$p \leq \sqrt{x}$ なるすべての素数 p についてこれを適用すれば，x 以下の自然数のうち素数であるものの個数は，だいたい

$$\prod_{p \leq \sqrt{x}} \left(1 - \frac{1}{p}\right) x$$

となる．この式を $\pi_1(x)$ と置こう．$\pi_1(x)$ は，ほぼ $\pi(x)$ に等しいと思われるが，厳密には $\pi(x)$ と異なるので，混乱を避けるために別の記号を設定した．

以下，この $\pi_1(x)$ について，私たちの目標を果たそう．すなわち，

$$\pi_1(x) = \prod_{p \leq \sqrt{x}} \left(1 - \frac{1}{p}\right) x$$

1.5 素数定理に対数が現れる理由

の $x \to \infty$ における挙動に対数関数が現れる現象を説明したい．すなわち，

$$\prod_{p \leq \sqrt{x}} \left(1 - \frac{1}{p}\right)$$

が $\dfrac{1}{\log x}$ で表されることをみる．実際，以下の命題が成り立つ．

命題 1.18 ある定数 C が存在して，次式が成り立つ．

$$\prod_{p \leq x} \left(1 - \frac{1}{p}\right) \sim \frac{C}{\log x} \qquad (x \to \infty).$$

証明 はじめに，ある実数 b に対して

$$\sum_{p \leq x} \left(\log\left(1 - \frac{1}{p}\right) + \frac{1}{p}\right) = b + O(x^{-1}) \qquad (x \to \infty) \tag{1.9}$$

が成り立つことを示す．

$$\text{左辺} = \sum_{p \leq x} \left(\log\left(1 - \frac{1}{p}\right) + \frac{1}{p}\right)$$

$$= \sum_{p \leq x} \left(-\sum_{m=1}^{\infty} \frac{1}{mp^m} + \frac{1}{p}\right)$$

$$= -\sum_{p \leq x} \sum_{m=2}^{\infty} \frac{1}{mp^m}$$

であり，最後の二重和は

$$\sum_{p \leq x} \sum_{m=2}^{\infty} \frac{1}{mp^m} < \frac{1}{2} \sum_{p \leq x} \sum_{m=2}^{\infty} \frac{1}{p^m}$$

$$= \frac{1}{2} \sum_{p \leq x} \frac{1}{p^2} \left(\frac{1}{1 - \frac{1}{p}}\right)$$

$$= \frac{1}{2} \sum_{p \leq x} \frac{p}{p^2(p-1)}$$

$$< \sum_{p \leq x} \frac{1}{p^2}$$

$$< \zeta(2)$$

であるから，$x \to \infty$ で収束する．よってその値を b とおけば，

$$\sum_{p \leq x} \left(\log\left(1 - \frac{1}{p}\right) + \frac{1}{p}\right) - b = -\sum_{p > x}\left(\log\left(1 - \frac{1}{p}\right) + \frac{1}{p}\right)$$

$$= O\left(\sum_{p > x}\frac{1}{p^2}\right) = O\left(\sum_{n > x}\frac{1}{n^2}\right)$$

$$= O\left(\int_x^\infty \frac{1}{t^2}dt\right) = O\left(\frac{1}{x}\right) \qquad (x \to \infty).$$

これで (1.9) が示された．(1.9) と定理 1.17 を辺々引くと，

$$\sum_{p \leq x} \log\left(1 - \frac{1}{p}\right) = -\log\log x + b - a + O\left(\frac{1}{\log x}\right).$$

この両辺に exp を施すと，

$$\prod_{p \leq x}\left(1 - \frac{1}{p}\right) = \frac{\exp(b-a)}{\log x} \exp\left(O\left(\frac{1}{\log x}\right)\right)$$

ここで，一般に

$$\exp(t) = 1 + O(t) \qquad (t \to 0)$$

であり，$t = \frac{1}{\log x} \to 0 \ (x \to \infty)$ であるから，

$$\exp\left(\frac{1}{\log x}\right) = 1 + O\left(\frac{1}{\log x}\right) \qquad (x \to \infty)$$

が成り立つ．これは，$\frac{1}{\log x}$ の定数倍で押さえられる任意の誤差項に対しても同様であり，

$$\exp\left(O\left(\frac{1}{\log x}\right)\right) = 1 + O\left(\frac{1}{\log x}\right) \qquad (x \to \infty)$$

が成り立つ．したがって，$C = \exp(b-a)$ とおけば，命題は成り立つ． ∎

注意 1.19 後ほど，この C の値について 1.8 節で議論し，次章の定理 2.17 で最終的に値を求める．

1.6 特定の形の素数

本書の主題である素数定理は「素数がどれだけたくさんあるか」という問いに対する研究成果だが，この問いの変形である「特定の形をした素数がどれだけたくさんあるか」という問題を考えることで，研究テーマを数学的に広げることができ，新たな事実の解明が可能となる．ここでは，これまでに研究されてきたいくつかの代表的な素数の形を挙げる．以下，n は自然数とする．

例 1.4（メルセンヌ素数） $2^n - 1$ の形をした素数をメルセンヌ素数という．仮に n が素数でないとすると，$n = ab$ と積の形に書いたときに

$$2^n - 1 = (2^a - 1)(1 + 2^a + 2^{2a} + \cdots + 2^{(b-1)a})$$

が成り立つので，$2^n - 1$ が素数ならば n は素数でなくてはならないことが容易にわかる．2015 年 6 月現在，$2^n - 1$ が素数になるような n は 48 個知られており，そのうち小さい方から 44 番目までは順番が確定している．その 44 個の n の値とは，

2, 3, 5, 7, 13, 17, 19, 31, 61, 89, 107, 127, 521, 607, 1279, 2203, 2281, 3217, 4253, 4423, 9689, 9941, 11213, 19937, 21701, 23209, 44497, 86243, 110503, 132049, 216091, 756839, 859433, 1257787, 1398269, 2976221, 3021377, 6972593, 13466917, 20996011, 24036583, 25964951, 30402457, 32582657

である．メルセンヌ素数が無数に存在するかどうかは未解決問題だ．また逆に，$2^n - 1$ が合成数となるような素数 n が無数に存在するかどうかも未解決である．

メルセンヌ素数は，大きな素数を発見するための手がかりとして用いられている．それは，素数 n に対して $2^n - 1$ を素数の候補とする方法である．現在，発見されている最大のメルセンヌ素数は $n = 5788$ 万 5161 に対するものであり，これが現在発見されている最大の素数で，1742 万 5170 桁である．

例 1.5（フェルマー素数） $2^{2^n} + 1$ の形をした素数をフェルマー素数という．$n = 0, 1, 2, 3, 4$ に対して $2^{2^n} + 1$ が素数であることは直ちにわかる．フェルマーは，任意の自然数 n について $2^{2^n} + 1$ が素数であるだろうと予想したが，オイラー (1732) が $n = 5$ に対して

$$2^{2^5} + 1 = 641 \times 6700417$$

を見出し，予想が誤りであることを示した．現在，上の 5 個以外にフェルマー素数があるか否かは知られていない．また，フェルマー素数が無数に存在するか否かも未解決問題である．逆に，$2^{2^n}+1$ が合成数となるような n が無数に存在するか否かも未解決である．

例 1.6（ハーディ・リトルウッド予想，(n^2+1) 型の素数）　n^2+1 の形をした素数が無数に存在するかどうかは，未解決問題である．これを一般化し，3 つの自然数 a,b,c に対し，二次式 an^2+bn+c の形をした素数が無数に存在するかという問題を考えると，容易に次のことがわかる．

- 3 数 a,b,c が 2 以上の公約数を持てば，二次式の値もそれを約数に持つ．
- 判別式 b^2-4ac が平方数ならば，二次式は因数分解されるので（一方の因数が ± 1 となる二通りの n を除き）素数になり得ない．
- c が偶数で，かつ，a,b の偶奇が等しければ，an^2+bn+c は偶数になるので，（2 になる場合を除き）素数にはなり得ない．

ここに挙げた場合を除くと，二次式 an^2+bn+c の形をした素数は無数に存在すると予想されている．これを，ハーディ・リトルウッド予想という．ハーディとリトルウッドはより詳細に，そのような素数で x 以下のものの個数 $P(x)$ が

$$P(x) \sim C\frac{1}{\sqrt{a}}\sqrt{x}\log x \quad (x\to\infty) \quad (C\text{ は }a,b,c\text{ に無関係な定数})$$

を満たすことも予想している．

例 1.7（ディリクレの素数定理）　例 1.6 を一次式にした問題は「互いに素な二数 a,k に対し，一次式 $an+k$ の形をした素数は無数に存在するか」となる．これはすなわち「a で割って k 余るような素数が無数に存在するか」という問題である．ディリクレ（1837）は，そのような素数が無数に存在することを証明し，この問題を解決した．$an+k$ $(n=0,1,2,3,\ldots)$ は，初項 k，公差 a の等差数列（算術級数）をなすので，この定理を算術級数定理と呼ぶ．この定理は，本書第 5 章の主題であり，ゼータ関数の変形である L 関数を用いた証明を与える．

ディリクレの時代には，まだ本来の素数定理

$$\pi(x) \sim \frac{x}{\log x} \quad (x\to\infty)$$

が証明されていなかったが，その形は予想されていた．ディリクレはこれを踏まえ，$an+k$ の形をした x 以下の素数の個数が

$$\pi(x,a,k) \sim \frac{1}{\varphi(a)}\pi(x) \sim \frac{1}{\varphi(a)}\frac{x}{\log x} \quad (x\to\infty)$$

を満たすことを予想した．ここで，$\varphi(a)$ はオイラーの関数であり，「a 以下で a と互いに素であるような自然数の個数」を表す．これはすなわち，a で割ったときの $\varphi(a)$ 通りの余り k に関して，素数がほぼ同数ずつ存在することを意味している．後にアダマールとド・ラ・バレ・プーサンによって素数定理が証明されたとき，このディリクレの予想も証明された．これをディリクレの素数定理と呼ぶ．算術級数定理によって無数に存在すると証明された「a で割って k 余る素数」の個数が，どれくらい大きな無限大であるかを数式で正確に表現したものが，ディリクレの素数定理である．

本書の第 5 章で算術級数定理を示す際には，ディリクレの素数定理をも証明する．証明にはディリクレ L 関数と呼ばれる，ゼータ関数の変形（一般化）を用いる．それに先立ち，まず次節で初等的な考察を行う．

1.7　算術級数定理の初等的考察

いくつかの具体的な a, k に対し，素朴な手法で「a で割って k 余る素数が無限個あること」を考えてみる．

最初の例として，$a = 4, k = 3$ の場合を考える．次の定理は，ユークリッドの方法で定理 1.1 と同様に証明できる．

定理 1.20　4 で割って 3 余る素数は無数に存在する．

証明　第一の素数として $p_1 = 2$ を選び，それと任意の $(n-1)$ 個の素数 p_k ($k = 2, 3, \ldots, n$) を考える．自然数 $N = p_1 \cdots p_n + 1$ は，p_k ($k = 1, 2, 3, \ldots, n$) のどれで割っても 1 余るから，p_k ($k = 1, 2, 3, \ldots, n$) は N の素因子ではない．よって，N は p_k ($k = 1, 2, 3, \ldots, n$) 以外の素因子のみからなる．$p_1 = 2$ より，$N = 2p_2 \cdots p_n + 1$ は，4 で割った余りが 3 である．4 で割った余りが 1 であるような数どうしの積は，やはり 4 で割った余りが 1 となるので，N を 4 で割った余りが 3 であるということは，素因子の中に 4 で割った余りが 3 であるようなものが存在することを意味する．その素因子は p_k ($k = 1, 2, 3, \ldots, n$) 以外のものである．以上により，任意に与えられた有限個の素数の列から，新たに 4 で割った余りが 3 であるような素数を構成できた．よって，4 で割った余りが 3 であるような素数は無数に存在する．　∎

次には「4で割った余りが1であるような素数はどうだろうか」という疑問に至る．これについては，4に限らず任意の2以上の整数に対して証明できる．その代わり，証明は上の定理よりもやや高度になる．

定理 1.21 2以上の整数 a を一つ固定する．a で割って1余る素数が無数に存在する．

証明 $g(X)$ を，
$$X^d - 1 \quad (d|a, \ d \neq a)$$
の最小公倍多項式とし，
$$f(X) = \frac{X^a - 1}{g(X)}$$
と置く．$f(X), g(X)$ は整係数多項式であり，$f(X)g(X) = X^a - 1 = 0$ の一つの解 $X = \exp\left(\frac{2\pi\sqrt{-1}}{a}\right)$ は，$g(X) = 0$ の解ではないので，$f(X)$ は定数ではない．

次の補題より，$(f(x), g(x)) = 1$ となるような整数 $x \in \mathbb{Z}$ が無限個存在するので，そのような x のうち，$f(x) \neq 0, \pm 1$ となるものが存在する．整数 $f(x)$ の素因数 p に対し，$f(x)g(x) = x^a - 1$ の両辺を $\bmod\ p$ で考えると，
$$x^a - 1 \equiv 0 \pmod{p}$$
が成り立つ．$p \nmid g(x)$ であるから，a の任意の約数 d ($d \neq a$) に対し，$p \nmid (x^d - 1)$ が成り立つ．すなわち，任意の約数 d ($d \neq a$) に対し $x^d \not\equiv 1 \pmod{p}$ であるから，乗法群 $(\mathbb{Z}/p\mathbb{Z})^\times \cong \mathbb{Z}/(p-1)\mathbb{Z}$ における x の位数は a であり，$x^a \equiv 1 \pmod{p}$．よって，$a|(p-1)$ であるから，$p - 1 \equiv 0 \pmod{a}$．すなわち，p は a で割って1余る素数である．

これで，任意の a に対して a で割って1余る素数が少なくとも一つ存在することが示せた．このような素数を各 a に対して一つずつ選び $p(a)$ と置く．素数の列 $p(ka)$ ($k = 1, 2, 3, \ldots$) を考える．これらは皆，a で割って1余る素数である．そして，これらの素数の全体は無限個存在する．なぜならば，自明

に成立する不等式 $p(ka) > ka$ により, k を, それまでに得ている最大の素数よりも大きく取れば, 必ず新しい素数が得られるからである.

以上により任意の a に対し, a で割って1余る素数が無数に存在することが示せた. ∎

この証明中で引用した補題を以下に述べる.

補題 1.22 先ほどの証明中に定義した記号 $a, f(X), g(X)$ を用いる.
$(f(x), g(x)) = 1$ となるような整数 x が無数に存在する.

証明 $f(X)g(X) = X^a - 1 = 0$ は重解を持たないので, $f(X) = 0, g(X) = 0$ は共通解を持たない. よって, $f(X), g(X)$ の最大公約多項式は1である. したがって, ある有理係数多項式 $A(X), B(X) \in \mathbb{Q}[X]$ が存在して,

$$A(X)f(X) + B(X)g(X) = 1$$

となる. $A(X), B(X)$ の係数の分母を払うと, ある整係数多項式 $a(X), b(X)$ と $c \in \mathbb{Z} \setminus \{0\}$ によって

$$a(X)f(X) + b(X)g(X) = c \tag{1.10}$$

となる.

ここで, 補題を満たすような無限個の整数が, 以下のように構成できる. $f(X)g(X) = X^a - 1$ に $X = mc$ ($m = 1, 2, 3, \ldots$) を代入すると, 任意の m に対して $f(mc)|((mc)^a - 1)$ である. よって, 任意の m に対して $(f(mc), c) = 1$ である. 一方, 上式 (1.10) より $(f(mc), g(mc))|c$ であるから, $(f(mc), g(mc)) = 1$ が任意の m に対して成り立つ. 以上より, 補題を満たす無限個の整数 $x = mc$ ($m = 1, 2, 3, \ldots$) が構成できた. ∎

初等的な考察で得られる算術級数定理の最後の例として $a = 8$ の場合を挙げる. その前に, ガウスの「平方剰余の相互法則」を準備する.

以下のルジャンドルの記号を用いる. p を奇素数, a を p の倍数でない整数とするとき,

$$\left(\frac{a}{p}\right) = \begin{cases} 1 & (x^2 \equiv a \pmod{p} \text{ なる } x \in \mathbb{Z} \text{ が存在するとき}) \\ -1 & (x^2 \equiv a \pmod{p} \text{ なる } x \in \mathbb{Z} \text{ が存在しないとき}) \end{cases}$$

と定義する．群論の初等的な事実を用いると容易にわかるように，

$$\left(\frac{ab}{p}\right) = \left(\frac{a}{p}\right)\left(\frac{b}{p}\right)$$

が成り立つ．

定理 1.23 （平方剰余の相互法則）

(i) 第一補充法則
$$\left(\frac{-1}{p}\right) = (-1)^{\frac{p-1}{2}}.$$

(ii) 第二補充法則
$$\left(\frac{2}{p}\right) = (-1)^{\frac{p^2-1}{8}}.$$

(iii) 平方剰余の相互法則

p, q を異なる奇素数とするとき，
$$\left(\frac{q}{p}\right)\left(\frac{p}{q}\right) = (-1)^{\frac{p-1}{2}\cdot\frac{q-1}{2}}.$$

証明 初等的な数論の教科書（たとえば文献 [31] 第 1 章 §3）を参照．∎

この定理を用いると，次のように $a = 8$, $k = 3, 5, 7$ の場合が解決する．$k = 1$ の場合は定理 1.21 で解決済であるから，これで $a = 8$ の場合は完全に解決したことになる．

定理 1.24 「8 で割って 3 余る素数」「8 で割って 5 余る素数」「8 で割って 7 余る素数」は，いずれも無数に存在する．

証明 $x \geq 5$ とする. x 以下のすべての奇素数の積を A_x と置く. 自然数 $A_x^2 + 2$ は, x 以下の奇素数のどれで割っても 2 余るから割り切れない. よって, 素数 p に対し, $p|(A_x^2 + 2)$ ならば, $p > x$ である. 一方, $p|(A_x^2 + 2)$ ならば, $-2 \equiv A_x^2 \pmod{p}$ より $\left(\frac{-2}{p}\right) = 1$ であるから, 第一補充法則, 第二補充法則により

$$1 = \left(\frac{-2}{p}\right) = \left(\frac{-1}{p}\right)\left(\frac{2}{p}\right) = (-1)^{\frac{p-1}{2}}(-1)^{\frac{p^2-1}{8}}.$$

よって,
$$\frac{p-1}{2} + \frac{p^2-1}{8} \equiv 0 \pmod{2}.$$

これより, $p \equiv 1$ または $p \equiv 3 \pmod{8}$.

ここで, A_x が奇数だから $A_x^2 + 2 \equiv 3 \pmod{4}$ であり, これを割り切る素数 p たちの中には $p \equiv 3 \pmod{4}$ なるものが必ず含まれる. よって, $p \equiv 1$ または $p \equiv 3 \pmod{8}$ のうち, $p \equiv 3 \pmod{8}$ なる素数 p が必ず存在する. 先にみたように $p > x$ であったから, $x \to \infty$ とすれば, $p \equiv 3 \pmod{8}$ なる素数 p が無数に存在することがわかる.

次に, 自然数 $A_x^2 + 4$ を考える. 先ほどと同様に, $p|(A_x^2 + 4)$ ならば, $p > x$ である. 一方, $p|(A_x^2 + 4)$ ならば, $-4 \equiv A_x^2 \pmod{p}$ より $1 = \left(\frac{-4}{p}\right) = \left(\frac{-1}{p}\right)\left(\frac{4}{p}\right)$ であり, $\left(\frac{4}{p}\right) = 1$ より $\left(\frac{-1}{p}\right) = 1$ となる. 第一補充法則から $\frac{p-1}{2} \equiv 0 \pmod{2}$ となるから, $p \equiv 1 \pmod{4}$ を得る. すなわち, $p \equiv 1$ または $p \equiv 5 \pmod{8}$ である. ここで, A_x が奇数だから, 一般に奇数の二乗が $(2n+1)^2 = 4n(n+1) + 1 \equiv 1 \pmod{8}$ となることを用いると, $A_x^2 + 4 \equiv 5 \pmod{8}$ である. よって, $p \equiv 1$ または $p \equiv 5 \pmod{8}$ のうち, $p \equiv 5 \pmod{8}$ なる素数 p が必ず存在する. 先ほどと同様の議論により, $x \to \infty$ とすれば, $p \equiv 5 \pmod{8}$ なる素数が無数に存在することが言える.

最後に, 自然数 $A_x^2 - 2$ を考える. 先ほどと同様に, $p|(A_x^2 - 2)$ ならば, $p > x$ である. 一方, $p|(A_x^2 - 2)$ ならば, $2 \equiv A_x^2 \pmod{p}$ より $\left(\frac{2}{p}\right) = 1$ であり, 第二補充法則から $\frac{p^2-1}{8} \equiv 0 \pmod{2}$ となる. これより, $p \equiv \pm 1 \pmod{8}$ である. ここで, A_x が奇数だから, 一般に奇数の二乗が $(2n+1)^2 = 4n(n+1) + 1 \equiv 1$

$(\mathrm{mod}\ 8)$ となることを用いると，$A_x^2 - 2 \equiv -1\ (\mathrm{mod}\ 8)$ である．よって，$p \equiv \pm 1\ (\mathrm{mod}\ 8)$ のうち，$p \equiv -1\ (\mathrm{mod}\ 8)$ を満たす素数 p が必ず存在する．先ほどと同様の議論により，$x \to \infty$ とすれば，$p \equiv -1 \equiv 7\ (\mathrm{mod}\ 8)$ なる素数が無数に存在することが言える． ∎

1.8 オイラーの定数

本節ではオイラーの定数を定義し，その応用として注意 1.19 の定数の表示が得られる事実を紹介する．

定理 1.25 次式を満たす定数 γ が存在する．

$$\sum_{k=1}^{n} \frac{1}{k} - \log n = \gamma + O\left(\frac{1}{n}\right) \qquad (n \to \infty).$$

証明 $y = \frac{1}{x}$ のグラフと階段グラフを比較することにより，

$$\log n < \sum_{k=1}^{n-1} \frac{1}{k}$$

がわかる．この両辺の差は，グラフ $y = \frac{1}{x}$ の上部でかつ階段グラフの下部の部分の面積である．

$$E_n = \sum_{k=1}^{n-1} \frac{1}{k} - \log n$$

と置く．この図形を左側の $0 < x < 1$ の領域に平行移動すれば，$E_n < 1$ であることがわかる．E_n は n に関して単調増加で上に有界だから，$n \to \infty$ において収束する．この極限値を γ と置く．

$$\gamma - E_n = \gamma - \left(\sum_{k=1}^{n-1} \frac{1}{k} - \log n\right)$$

1.8 オイラーの定数

は，γ の面積を構成する無限個の図形から，最初の n 個を除いた分の面積である．最初の n 個を除いた残りは，高さ $\frac{1}{n}$ 未満に収まっているから，再び図形を左側に平行移動すれば，その総和は $\frac{1}{n}$ 未満であることがわかる．したがって，

$$0 < \gamma - E_n < \frac{1}{n}$$

が成り立つので，定理が示された． ∎

この定理で存在を示した定数 γ を，**オイラーの定数**と呼ぶ．実際の値は

$$\gamma = 0.577215664901532\cdots$$

であり，これは無理数であると予想されているが，証明されていない．

このオイラーの定数を用いて，注意 1.19 で保留にしていた定数を

$$C = e^{-\gamma}$$

と求められる．ここでその初等的な証明を与えることも可能だが，次章で定義するガンマ関数を用いるとより簡潔に証明できるので，本書ではこの事実を次章（定理 2.17）で示す．

第2章 ◇ ゼータ研究の技法

2.1 実数上の複素数値関数

　ゼータ関数は，整数 n や素数 p の複素数 $s = \sigma + it$ 乗である n^s や p^s という項を含む．この複素変数 s の実部 σ を固定し虚部 t を動かしたときの挙動は，ゼータの研究において重要である．こうした状況では，ゼータ関数は「実数 t の複素数値関数」とみなせる．これは定義域が実数であるため，実関数論で扱う関数と似た性質を持つが，その一方で値が複素数であるため，通常の実関数論の範囲には含まれない．そこで，本節ではこうした関数について，基本事項をまとめておく．

　実数上の複素数値関数は，一般に $f(x) = u(x) + iv(x)$ と表せる．ここで $u(x), v(x)$ は実数値関数である．$f(x)$ の導関数は，実数値関数の場合と同様に

$$f'(x) = \lim_{h \to 0} \frac{f(x+h) - f(x)}{h}$$

で定義される．すぐわかるように，

$$f'(x) = u'(x) + iv'(x)$$

が成り立つ．

　$f(x)$ の定義域が実数であるから，定積分は実数の区間でのみ定義され，$a, b \in \mathbb{R}$ に対し

$$\int_a^b f(x)dx = \int_a^b u(x)dx + i\int_a^b v(x)dx$$

である．$u(x), v(x)$ に関して通常の実数値関数の積分の性質が成り立つので，$f(x)$ もそれらの性質を満たす．たとえば，$u(x), v(x)$ の不定積分を $U(x)$, $V(x)$ と置くとき，$f(x)$ の不定積分を $F(x) = U(x) + iV(x)$ と定義でき，そ

れを用いて定積分が

$$\int_a^b f(x)dx = \Big[F(x)\Big]_a^b = F(b) - F(a)$$

と計算できる．

広義積分の定義も同様であり，たとえば上式で $b = \infty$ としたものは

$$\int_a^\infty f(x)dx = \lim_{M \to \infty} \int_a^M f(x)dx$$

と定義される．実数値関数の広義積分に帰着させて

$$\int_a^\infty f(x)dx = \int_a^\infty u(x)dx + i\int_a^\infty v(x)dx$$

と表しても同じことである．右辺の2つの広義積分 $\int_a^\infty u(x)dx$, $\int_a^\infty v(x)dx$ がともに収束すれば，左辺の広義積分も収束するが，逆に，左辺が収束すれば，右辺の2つの広義積分は収束する．

命題 2.1 $f(x)$ を実区間 $a \leq x \leq b$ 上の複素数値連続関数とするとき，次の不等式が成り立つ．

$$\left|\int_a^b f(x)dx\right| \leq \int_a^b |f(x)|dx.$$

証明 有限和に関して成り立つ不等式

$$\left|\sum_{k=1}^n \frac{b-a}{n} f\left(a + \frac{k}{n}(b-a)\right)\right| \leq \sum_{k=1}^n \frac{b-a}{n} \left|f\left(a + \frac{k}{n}(b-a)\right)\right|$$

の両辺で $n \to \infty$ とすれば，命題の不等式を得る． ∎

これより，メリン変換を導入し，ゼータ関数論でよく用いられるペロンの公式を紹介する．

はじめに，やや天下り的になるが，定義を与える．以下，$\mathbb{R}_{>0}$ を正の実数全体の集合とする．α, β を $\alpha < \beta$ を満たす二つの実数とするとき，関数

$$f: \quad \mathbb{R}_{>0} \longrightarrow \mathbb{C}$$

が (α, β) 型であるとは，任意の $s \in (\alpha, \beta)$ に対して広義積分

$$\int_0^\infty |f(y)y^{s-1}|dy$$

が収束することと定める．

(α, β) 型の関数 f に対し，その**メリン変換** $M(f)$ を

$$M(f)(s) = \int_0^\infty f(y)y^s \frac{dy}{y}$$

と定義する．f が (α, β) 型であるという仮定から，縦の帯状領域

$$\alpha < \mathrm{Re}(s) < \beta$$

でこの広義積分は収束する．$M(f)(s)$ は複素変数 s の関数として，この帯状領域で定義される．

メリン変換の定義式において，$y = e^x$, $s = -2\pi i t$ と変数を置き換え，$f(e^x) = h(x)$ と置くと，

$$\begin{aligned} M(f)(s) &= \int_0^\infty f(y)y^s \frac{dy}{y} \\ &= \int_{-\infty}^\infty h(x)e^{-2\pi i x t}dx \\ &= \widehat{h}(t) \quad (h \text{ のフーリエ変換}) \end{aligned}$$

となる．したがって，メリン変換はフーリエ変換の記号を変えたものに過ぎず，虚数を用いずにフーリエ変換を定義したバージョンであるとも解釈できる．メリン変換の定義式は，フーリエ変換からの変数の置き換えによって計算したものであり，上で定義した (α, β) 型という概念は，その定積分の収束のために必要な条件として導入されたものである．

当然，フーリエ変換に関して知られている公式や定理は，すべてメリン変換の性質としても成立する．

たとえば，(α, β) 型で連続な関数 f に対し，メリン逆変換は，フーリエ逆変換の公式

$$h(t) = \int_{-\infty}^\infty \widehat{h}(x)e^{2\pi i x t}dx$$

から

$$f(y) = \frac{1}{2\pi i}\int_{\sigma-i\infty}^{\sigma+i\infty} M(f)(s)y^{-s}ds$$

で与えられる．この積分区間を略してしばしば

$$f(y) = \frac{1}{2\pi i}\int_{(\sigma)} M(f)(s)y^{-s}ds$$

と記す．ただし，σ は $\alpha < \sigma < \beta$ なる実数であり，関数

$$x \mapsto f(x)x^{\sigma-1}$$

が $x > 0$ において有界変動[1]であるとする．

定理 2.2 (ペロンの公式1) $c > 0$ とすると，次式が成り立つ．

$$\frac{1}{2\pi i}\int_{(c)} x^s \frac{ds}{s} = \begin{cases} 0 & (0 < x < 1) \\ \frac{1}{2} & (x = 1) \\ 1 & (x > 1). \end{cases}$$

証明 はじめに $x = 1$ のときに示す．

$$\frac{1}{2\pi i}\int_{(c)} x^s \frac{ds}{s} = \lim_{T\to\infty} \frac{1}{2\pi i}\int_{c-iT}^{c+iT} \frac{ds}{s}$$

$$= \lim_{T\to\infty} \frac{1}{2\pi i}\Bigl[\log s\Bigr]_{c-iT}^{c+iT}$$

$$= \lim_{T\to\infty} \frac{1}{2\pi i}\log\frac{c+iT}{c-iT}$$

---

[1] 実数値関数 $f(x)$ が有界変動であるとは，定義域の任意の分割 $\{x_n\}$ に対し，

$$\sum_n |f(x_{n+1}) - f(x_n)|$$

が有界であることを意味する．これは，f が連続の場合，極大値とそれに隣接する極小値の差を，すべての極値にわたって加えた和（これが「変動」である）が有界ということに他ならない．

$$= \lim_{T\to\infty} \frac{1}{2\pi i} \left(\log\left|\frac{c+iT}{c-iT}\right| + i(\arg(c+iT) - \arg(c-iT)) \right)$$

$$= \lim_{T\to\infty} \frac{1}{2\pi i} 2i \arg(c+iT)$$

$$= \frac{1}{\pi} \lim_{T\to\infty} \arg(c+iT)$$

$$= \frac{1}{\pi}\frac{\pi}{2} = \frac{1}{2}.$$

次に, $x > 1$ とする. 積分路 (c) を左に平行移動して (b) $(b < 0)$ とし, $b \to -\infty$ とした極限と比較する (図 2.1).

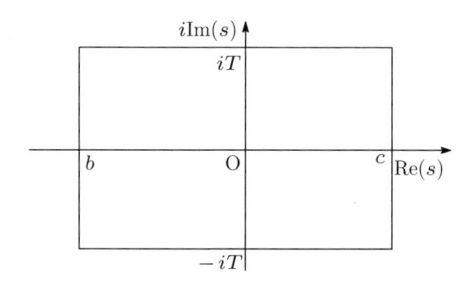

図 2.1

平行移動の過程で極 $s=0$ を通過する. ここでの留数は 1 であるから, コーシーの積分定理から積分値として 1 が出る. あとは, $b \to -\infty$ とした縦の積分値と, $T \to \infty$ のときの横方向の積分値が消えることを示せばよい. 以上の方針を式で書くと次のようになる.

$$\frac{1}{2\pi i}\int_{(c)} x^s \frac{ds}{s}$$
$$= \operatorname*{Res}_{s=0} \frac{x^s}{s} + \lim_{T\to\infty}\lim_{b\to-\infty} \frac{1}{2\pi i}\left(\int_{c-iT}^{b-iT} x^s \frac{ds}{s} + \int_{b-iT}^{b+iT} x^s \frac{ds}{s} + \int_{b+iT}^{c+iT} x^s \frac{ds}{s}\right)$$
$$= 1 + \lim_{T\to\infty}\lim_{b\to-\infty} \frac{1}{2\pi i}\left(\int_{c-iT}^{b-iT} x^s \frac{ds}{s} + \int_{b-iT}^{b+iT} x^s \frac{ds}{s} + \int_{b+iT}^{c+iT} x^s \frac{ds}{s}\right).$$
(2.1)

(2.1) の 3 つの定積分のうち，第一の積分は，$s = u - iT$ と置き，

$$\left| \int_{c-iT}^{b-iT} x^s \frac{ds}{s} \right| \leq \int_b^c \frac{x^u}{\sqrt{u^2 + T^2}} du$$

$$\leq \frac{1}{T} \int_b^c x^u du = \frac{1}{T} \frac{x^c - x^b}{\log x}$$

$$\longrightarrow \frac{1}{T} \frac{x^c}{\log x} \qquad (b \to -\infty)$$

$$\longrightarrow 0 \qquad (T \to \infty).$$

(2.1) の第二の積分は，$s = b + it$ と置くと，

$$\left| \int_{b-iT}^{b+iT} x^s \frac{ds}{s} \right| \leq \int_{-T}^T \frac{x^b}{\sqrt{b^2 + t^2}} dt \longrightarrow 0 \qquad (b \to -\infty).$$

また，(2.1) の第三の積分は，第一の積分と同様に扱えて 0 に収束する．以上より，$x > 1$ のときの証明が終わる．

最後に，$0 < x < 1$ の場合を扱う．この場合は，積分路を右に平行移動する．今度は極 $s = 0$ を通過しないので，留数の項が出ない．三つの定積分の扱いは，$x > 1$ の場合と同様である．

以上により，すべての場合の証明が完了した． ∎

定理 2.2 をゼータ関数論に応用するには，定積分の被積分関数として，上の定理の x をわたらせたディリクレ級数を考える．その際，ディリクレ級数の無限級数としての極限と，広義積分の極限の順序交換が必要になる．順序交換の正当性を示すため，定理 2.2 を誤差項付きの形に書きなおす必要がある．誤差項は，s の虚部の境界 T に対する $T \to \infty$ の挙動の他に，変数 x に対する三種類の挙動 $x \to 0, 1, \infty$ がある．後述の定理 2.3 では，この三種類を区別するため，x に関して境界 $x = \frac{1}{2}$ と $x = 2$ を設け，より細かく場合分けを行う．そのように扱う理由の説明として，以下にまず，二変数 O 記号の解説を行う．

$X \subset \mathbb{R}$ を定義域とする関数 $f(x)$ と，X 上で定義された正の値をとる関数 $g(x)$ に対し，一変数の O 記号が，

$$f(x) = O(g(x)) \iff \exists C > 0 \quad \forall x \in X \quad \frac{|f(x)|}{g(x)} \leq C$$

と定義されるのと同様に，二変数の O 記号 $f(x,y) = O(g(x,y))$ は

$$f(x,y) = O(g(x,y)) \iff \exists C > 0 \quad \forall (x,y) \in X \times Y \quad \frac{|f(x,y)|}{g(x,y)} \leq C$$

と定義される（$X \times Y \subset \mathbb{R}^2$ は $f(x,y)$ の定義域）．また，一変数の「極限つき O 記号」は，$x \to \infty$ の場合

$$f(x) = O(g(x)) \quad (x \to \infty) \iff \exists C > 0 \quad \exists x_0 \quad \forall x > x_0 \quad \frac{|f(x)|}{g(x)} \leq C$$

と定義され，$x \to a \in \mathbb{R}$ の場合

$$f(x) = O(g(x)) \quad (x \to a)$$

$$\iff \left[\exists C > 0 \quad \exists \delta > 0 \quad |x-a| < \delta \Rightarrow \frac{|f(x)|}{g(x)} \leq C \right]$$

と定義される．これらはそれぞれ，定義域を $X \cap (x_0, \infty)$ および $X \cap (a-\delta, a+\delta)$ に制限した上で極限なしの O 記号の式 $f(x) = O(g(x))$ が成り立つことと同値である．$f(x), g(x)$ の定義域が開区間 $X = (a,b)$ であり，$f(x), g(x)$ が連続関数であるとき，X の任意のコンパクト部分集合上で $|f(x)|/g(x)$ は有界だから，O 記号の式 $f(x) = O(g(x))$ が成り立つことは，区間の両端点において極限つき O 記号の式

$$f(x) = O(g(x)) \quad (x \to a, b)$$

が成り立つことと同値である．

以上で述べたことを二変数に拡張する．二変数の「極限つき O 記号」は，$x, y \to \infty$ の場合，

$$f(x,y) = O(g(x,y)) \quad (x \to \infty, \ y \to \infty)$$

2.1 実数上の複素数値関数

$$\iff \quad \exists C > 0 \quad \left[\exists x_0 \quad \forall x > x_0 \quad \forall y \in Y \quad \frac{|f(x,y)|}{g(x,y)} \leq C\right]$$

$$\text{かつ} \quad \left[\exists y_0 \quad \forall x \in X \quad \forall y > y_0 \quad \frac{|f(x,y)|}{g(x,y)} \leq C\right]$$

で定義される．これは，点 $(x,y) \in \mathbb{R}^2$ のノルムを $|(x,y)| = \max\{|x|, |y|\}$ で定義して次のように言い換えれば，一変数の場合との類似がわかりやすい．

$$f(x,y) = O(g(x,y)) \quad (x \to \infty, \ y \to \infty)$$

$$\iff \quad \left[\exists C > 0 \quad \exists M \quad \forall (x,y) \quad |(x,y)| > M \quad \Rightarrow \quad \frac{|f(x,y)|}{g(x,y)} \leq C\right].$$

同様にして $x \to a, \ y \to \infty$ $(a \in \mathbb{R})$ の場合も，$\delta > 0$ を用いて以下のように定義できる

$$f(x,y) = O(g(x,y)) \quad (x \to a, \ y \to \infty)$$

$$\iff \quad \exists C > 0 \quad \left[\exists \delta \quad \forall x \in X \cap (a-\delta, a+\delta) \quad \forall y \in Y \quad \frac{|f(x,y)|}{g(x,y)} \leq C\right]$$

$$\text{かつ} \quad \left[\exists y_0 \quad \forall x \in X \quad \forall y > y_0 \quad \frac{|f(x,y)|}{g(x,y)} \leq C\right].$$

「$x \to \infty, \ y \to b$」ならびに「$x \to a, \ y \to b$」$(a, b \in \mathbb{R})$ の場合も同様である．

二変数関数の「極限つき O 記号」の式 $f(x,y) = O(g(x,y))$ $(x \to a, \ y \to b)$ が成り立っているとき，定義の「かつ」の前および後がそれぞれ成り立つことから，一変数関数の O 記号の式

$$\forall y \in Y \quad f(x,y) = O(g(x,y)) \quad (x \to a),$$

$$\forall x \in X \quad f(x,y) = O(g(x,y)) \quad (y \to b)$$

が自明に成り立っている．

以下の定理 2.3 の右辺にみられるような，二変数 x, T のうち「T に関してのみ極限つき」の O 記号は，$T \to \infty$ を例にとると，次のように定義される．

$$f(x,T) = O(g(x,T)) \quad (x \in X, \ T \to \infty)$$

$$\iff \quad \exists C > 0 \quad \exists T_0 \quad \forall x \in X \quad \forall T > T_0 \quad \frac{|f(x,T)|}{g(x,T)} \leq C. \quad (2.2)$$

定理 2.3 （ペロンの公式 2） $c > 0$, $T > 1$ とする．定理 2.2 を誤差項付きで表すと，次のようになる．

$$\frac{1}{2\pi i}\int_{c-iT}^{c+iT} x^s \frac{ds}{s} = \begin{cases} 0 + O\left(\frac{x^c}{T}\right) & (0 < x \leq \frac{1}{2}, \ T \to \infty) \\ 0 + O\left(\min\left\{\frac{1}{T|\log x|}, 1\right\}\right) & (\frac{1}{2} < x < 1, \ T \to \infty) \\ \frac{1}{2} + O\left(\frac{1}{T}\right) & (x = 1, \ T \to \infty) \\ 1 + O\left(\min\left\{\frac{1}{T\log x}, 1\right\}\right) & (1 < x < 2, \ T \to \infty) \\ 1 + O\left(\frac{x^c}{T}\right) & (x \geq 2, \ T \to \infty). \end{cases}$$
(2.3)

証明 $x = 1$ のとき，定理 2.2 の証明と同様に

$$\frac{1}{2\pi i}\int_{c-iT}^{c+iT} \frac{ds}{s} = \frac{1}{\pi}\arg(c+iT)$$

であるが，これが $\frac{1}{2}$ に収束する際の誤差項は次のように計算できる．

$$\frac{1}{2} - \frac{\arg(c+iT)}{\pi} = \frac{\arg(T+ic)}{\pi}$$

$$\sim \frac{1}{\pi}\tan\arg(T+ic) \quad (T \to \infty)$$

$$= \frac{1}{\pi}\frac{c}{T} = O\left(\frac{1}{T}\right) \quad (T \to \infty)$$

であるから，定理は成り立つ．

$x \geq 2$ のとき，(2.3) の積分を定理 2.2 の証明と同じように，図 2.1 の矩形の三辺の上の積分に移してから $b \to -\infty$ とし，T, x で評価する．積分路を移すとき，一個の極を通過する．その極は $s = 0$ であり，留数は 1 であるから，

2.1 実数上の複素数値関数

$$\left|\frac{1}{2\pi i}\int_{c-iT}^{c+iT} x^s \frac{ds}{s} - 1\right| < ((2.1) \text{の第一から第三の積分から来る誤差の和})$$

となる．第一の積分から来る誤差は，

$$\frac{1}{T}\frac{x^c - x^b}{\log x} = O\left(\frac{x^c}{T}\right) \qquad (x \geq 2, \quad T \to \infty)$$

を満たす．次に，第二の積分では，$b \to -\infty$ の極限を取った段階で 0 になるため，x, T の寄与はない．第三の積分は，第一の積分と同様に扱うことができ，第一の積分と同じ評価を満たす．以上で得たすべての項を考慮すると，$x \geq 2$ のときに定理が証明された．

次に，$0 < x \leq \frac{1}{2}$ のとき，定理2.2の証明と同様に，積分路を右側の矩形の三辺上に移して評価すれば，今度は極を通らないので，留数の項が生じない．三辺上の積分は $x \geq 2$ のときと同様に評価できる．

最後に，$\frac{1}{2} < x < 2$ $(x \neq 1)$ の場合を示す．$1 < x < 2$ の場合を示せば，$\frac{1}{2} < x < 1$ の場合は同様である．以下，$1 < x < 2$ とする．図2.2のような積分路を考える．この積分路は，4頂点 $\pm iT, c \pm iT$ のなす長方形のうち，円 $|s| = \varepsilon$ の内部にある部分を半円 $|s| = \varepsilon$ $(\mathrm{Re}(s) > 0)$ で置き換えた閉路を，正の向きに一周するものである．

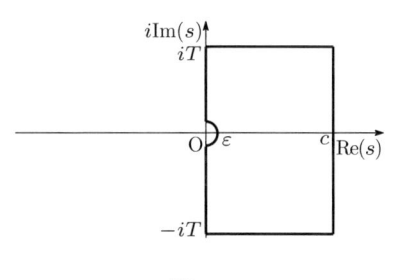

図 2.2

水平な二辺の上の積分は，

$$\int_{\pm iT}^{c\pm iT} x^s \frac{ds}{s} = O\left(\frac{1}{T}\int_0^c x^\sigma d\sigma\right) = O\left(\frac{1}{T}\int_0^c 2^\sigma d\sigma\right) = O\left(\frac{1}{T}\right)$$

$$(T \to \infty, \, 1 < x < 2)$$

となり，半円上の積分は，容易にわかるように，$\varepsilon \to 0$ において $-\pi i$ に等しい．残る虚軸上の積分は，以下のように計算できる．

$$\lim_{\varepsilon \to 0}\left(\int_{iT}^{i\varepsilon}+\int_{-i\varepsilon}^{-iT}\right)x^s\frac{ds}{s} = -\lim_{\varepsilon \to 0}\int_{\varepsilon}^{T}(x^{it}-x^{-it})\frac{dt}{t}$$
$$= -2i\int_{0}^{T\log x}\sin v\frac{dv}{v}$$
$$= -\pi i - 2i\cdot\mathrm{si}(T\log x). \tag{2.4}$$

ただし，

$$\mathrm{si}(x) = -\int_{x}^{\infty}\frac{\sin u}{u}du$$

は正弦積分 (sine integral) 関数である．よく知られているように，$\mathrm{si}(x)$ は $x > 0$ で有界，すなわち

$$\mathrm{si}(x) = O(1) \qquad (x > 0) \tag{2.5}$$

を満たし，かつ，$\mathrm{si}(0) = -\frac{\pi}{2}$ である[2]．一方，部分積分により直ちに

$$\mathrm{si}(x) = O\left(\frac{1}{x}\right) \qquad (x \to \infty) \tag{2.6}$$

が成り立つことがわかる．(2.5)(2.6) より，

$$\mathrm{si}(x) = O\left(\min\left\{1, \frac{1}{x}\right\}\right) \qquad (x > 0)$$

が成り立つ．この評価を (2.4) に用いると，

$$\frac{1}{2\pi i}\left(\int_{c-iT}^{c+iT}x^s\frac{ds}{s} - \pi i - \pi i - 2i\cdot\mathrm{si}(T\log x)\right) = O\left(\frac{1}{T}\right)$$
$$(T \to \infty,\ 1 < x < 2)$$

---

[2] たとえば，文献 [27], p.59.

となるので,

$$\frac{1}{2\pi i}\int_{c-iT}^{c+iT} x^s \frac{ds}{s} = 1 + O\left(\min\left\{1, \frac{1}{T\log x}\right\}\right) \qquad (T\to\infty,\ 1<x<2)$$

が示された. ∎

定理 2.4 (ペロンの公式 3) 複素数列 a_n $(n=1,2,3,\ldots)$ を係数とするディリクレ級数

$$L(s) = \sum_{n=1}^{\infty} \frac{a_n}{n^s}$$

が, $\mathrm{Re}(s) > 1$ で絶対収束すると仮定する. $c > 1$ に対し, 次式が成り立つ.

$$\sideset{}{'}\sum_{n\leq x} a_n = \frac{1}{2\pi i}\int_{c-iT}^{c+iT} L(s)\frac{x^s}{s}ds$$

$$+ O\left(\sum_{\substack{\frac{x}{2}<n<2x \\ n\neq x}} |a_n|\min\left\{\frac{1}{T|\log\frac{x}{n}|}, 1\right\} + \frac{x^c}{T}\sum_{n=1}^{\infty} \frac{|a_n|}{n^c}\right).$$

ただし, $\sum'$ は, x が整数のときに端点 $n=x$ については, a_n の代わりに $\frac{1}{2}a_n$ を加えることを意味する.

証明 ディリクレ級数 $L(s)$ が $\mathrm{Re}(s) = c$ 上で絶対収束しているから,

$$\frac{1}{2\pi i}\int_{c-iT}^{c+iT} L(s)\frac{x^s}{s}ds = \sum_{n=1}^{\infty} a_n \frac{1}{2\pi i}\int_{c-iT}^{c+iT} \left(\frac{x}{n}\right)^s \frac{ds}{s}.$$

右辺の定積分の主要項は, 定理 2.3 により, $n < x$ のときは 1, $n > x$ のときは 0 であり, $n = x$ のときは, もしあれば $\frac{1}{2}$ であるから, 示すべき定理の左辺の和に合致している.

あとは, 誤差項が合うことを確認すればよい. 定理 2.3 の x に $\frac{x}{n}$ を当てはめると, 誤差項のうち, min の形の項は $\frac{x}{2} < n < 2x$ $(n \neq x)$ なる n に対し

てのみあり，各項の大きさは

$$O\left(\min\left\{\frac{1}{T|\log\frac{x}{n}|}, 1\right\}\right)$$

となるから，結論に合致する．その他の誤差項は，各項の大きさが

$$O\left(\frac{1}{T}\left(\frac{x}{n}\right)^c\right)$$

であるから，これを $|a_n|$ 倍し，$n = 1, 2, 3, \ldots$ にわたらせて和を取ったもので押さえられる．

以上で証明が完了した． ■

2.2 オイラー・マクローリンの方法

前章で紹介したように，素数の研究においては整数や素数にわたる級数の収束性の解明が重要である．しかし，どんな級数に対しても収束性がたちどころにわかる万能な方法というものは存在しない．そのため，個々の級数に対して種々の工夫をしながら収束・発散を判定することになる．離散的な対象にわたる和である級数を，連続的な変数にわたる積分に帰着する手法が**オイラー・マクローリンの方法**である．積分の方が級数よりも計算しやすく，収束性がわかりやすいことがしばしばある．そうした場合に，この方法は有効である．

定理 2.5 (オイラー・マクローリンの定理 1) m, n を整数とし，f を区間 $[m, n]$ 上の C^1-級の複素数値関数とする．このとき，

$$\sum_{m < r \leq n} f(r) - \int_m^n f(t)dt = \int_m^n (t - [t])f'(t)dt.$$

証明 C^1-級であるから右辺の定積分は存在する．整数 r に対し，実数 t が $r - 1 \leq t < r$ の範囲にあるとき，$[t] = r - 1$ である．よって部分積分により

$$\int_{r-1}^r (t - [t])f'(t)dt = \int_{r-1}^r (t - r + 1)f'(t)dt$$

$$= \left[(t-r+1)f(t)\right]_{r-1}^{r} - \int_{r-1}^{r} f(t)dt$$

$$= f(r) - \int_{r-1}^{r} f(t)dt.$$

この式を $r = m+1, \ldots, n$ に対して辺々加えると,

$$\int_{m}^{n}(t-[t])f'(t)dt = \sum_{m<r\leq n} f(r) - \int_{m}^{n} f(t)dt$$

となるから定理を得る. ∎

定理 2.5 の左辺は，和と積分の差になっている．たとえば，この結果の両辺で $n \to \infty$ とすると，これは，無限和と広義積分の差となる．もし右辺が $n \to \infty$ で収束すれば，無限和の収束性が広義積分の収束性と同値になる．右辺の $t - [t]$ は，0 以上 1 未満の値を取る関数であるから，一般的に右辺はかなり小さいと考えられるが，正確には $f'(t)$ が大きくなる可能性があるため，定理 2.5 をこのままの形で用いて和の形を求めることは難しい場合が多い．安全かつ確実に定理 2.5 を評価に用いることができるのは関数 $f(t)$ が実数値で単調減少の場合などである．具体的な形を命題 2.7 に記す．

その前に，端点の扱いに関して一つ注意をしておこう．オイラー・マクローリンの方法においては，端点の扱い方によって式の形が影響を受ける．上の定理の左辺は $m < r \leq n$ なる r にわたっており，区間の下端 m は含まれず，上端 n は含んでいる．この形が最も短くて覚えやすい式なのだが，他によく用いられる形として，下端と上端をともに「半分ずつ」含むようにしたものがあるので，次の定理に挙げる．

定理 2.6 (オイラー・マクローリンの定理 2) m, n を整数とし，f を区間 $[m, n]$ 上の C^1-級の複素数値関数とする．

$$\frac{1}{2}f(m) + \sum_{m<r<n} f(r) + \frac{1}{2}f(n) - \int_{m}^{n} f(t)dt = \int_{m}^{n} \left(t - [t] - \frac{1}{2}\right)f'(t)dt.$$

証明 示すべき式の右辺は,

$$\int_m^n \left(t - [t] - \frac{1}{2}\right) f'(t)dt = \int_m^n (t - [t]) f'(t)dt - \frac{1}{2}\int_m^n f'(t)dt$$
$$= \int_m^n (t - [t]) f'(t)dt - \frac{1}{2}(f(n) - f(m))$$

と計算できる.ここに定理 2.5 の結果を用いればよい.　∎

　定理 2.6 は定理 2.5 の端点をずらしたものであり,一見してわかる違いは,定理 2.5 が短くて覚えやすい一方,定理 2.6 は上端と下端に関して対称であることだ.だが,本当の違いはそれだけではない.定理 2.6 は,数学的な主張として定理 2.5 よりも深い真実に触れている.それは,オイラー・マクローリンの精密版として後述する定理 2.8 において, $k = 1$ の項までが定理 2.6 で正しく表されていることからわかる.

　さて,これまで示してきた定理 2.5, 定理 2.6 は,ガウス記号 $[t]$ と導関数 $f'(t)$ を含んでいるため,多くの場合,このままでは評価に用いるのが困難である.ゼータ関数の絶対収束などの証明によく用いられるのは,級数の各項が 0 に収束する減少列をなす場合である.次の命題 2.7 に,それを示す.

命題 2.7(オイラー・マクローリンの定理. 減少関数の場合) m, n を整数とする.

(1) 実数値関数 $f(t)$ が $m \leq t \leq n$ 上の減少関数であるとき,次式が成り立つ.

$$\sum_{k=m+1}^n f(k) \leq \int_m^n f(t)dt \leq \sum_{k=m}^{n-1} f(k).$$

(2) 実数値関数 $f(t)$ が $1 \leq t \leq x$ 上の減少関数で非負であるとき,次式が成り立つ.

$$\int_1^x f(t)dt \leq \sum_{1 \leq k \leq x} f(k) \leq \int_1^x f(t)dt + f(1).$$

証明 (1) 実数 r が $r - 1 \leq t \leq r$ を満たすとする. f が減少関数であることから

2.2 オイラー・マクローリンの方法

$$f(r) \leq f(t) \leq f(r-1)$$

であるから，この不等式の各辺を長さ 1 の区間 $r-1 \leq t \leq r$ で積分して，

$$f(r) \leq \int_{r-1}^{r} f(t)dt \leq f(r-1).$$

この不等式を $r = m+1, \ldots, n$ に対して辺々足し合わせれば，結論を得る．

(2) (1) で $m = 1$ と置くと，

$$\sum_{k=2}^{n} f(k) \leq \int_{1}^{n} f(t)dt \leq \sum_{k=1}^{n-1} f(k).$$

すなわち，

$$\sum_{k=1}^{n} f(k) - f(1) \leq \int_{1}^{n} f(t)dt \leq \sum_{k=1}^{n-1} f(k).$$

整数 n を，$n \leq x < n+1$ を満たすものと置く．

$$\sum_{1 \leq k \leq x} f(k) = \sum_{k=1}^{n} f(k)$$

であるから，

$$\sum_{1 \leq k \leq x} f(k) - f(1) \leq \int_{1}^{n} f(t)dt \leq \sum_{1 \leq k \leq x-1} f(k).$$

この不等式の左側から結論の右側が，逆に，この不等式の右側から結論の左側の不等式が得られることを示す．まず，この不等式の左側で $f(1)$ を移項すれば，f が非負であるとの仮定から積分区間を長くすれば積分は大きくなるから，

$$\sum_{1 \leq k \leq x} f(k) \leq \int_{1}^{n} f(t)dt + f(1) \leq \int_{1}^{x} f(t)dt + f(1)$$

となり，目指す結論のうち右側の不等式を得る．

逆に，右側の不等式に，不等式

$$\int_n^x f(t)dt \leq \int_n^x f(n)dt = (x-n)f(n) \leq f(n)$$

の両辺を辺々加えると，

$$\int_1^x f(t)dt \leq \sum_{1 \leq k \leq x} f(k)$$

となり，目指す結論の左側を得る．以上ですべての主張が示された．■

この命題は，無限級数の収束・発散を広義積分の議論に帰着できるため，級数の絶対収束性の判定にしばしば有用である．しかしその反面，複素数からなる級数の打ち消し合いの評価や，ゼータ関数の絶対収束域外の発散（条件収束しないこと）の証明には，用いることができない．

定理 1.2 で述べた事実は，この定理の一例になっている．

例 2.1（定理 1.2 の別証明） 命題 2.7(2) で $f(t) = \frac{1}{t}$ として得られる級数の評価式

$$\log x \leq \sum_{1 \leq n \leq x} \frac{1}{n} \leq \log x + 1$$

で $x \to \infty$ とすれば，定理 1.2 を得る．

これまで本節では，自然数にわたる無限和の収束・発散を実数にわたる定積分の収束・発散に置き換えて考える手法を学んできた．命題 2.7 では，ある条件下でそれらの極限が等しくなることもみた．次の定理では，これらの結果を精密化する．すなわち，単に極限が等しいだけでなく，その差がどの程度小さくなるのかを，漸近展開の形で表す．

その道具としてベルヌーイ多項式を導入する．次式で定義される多項式の系列 $B_n(x)$ $(n = 0, 1, 2, \ldots)$ をベルヌーイ多項式という．

$$\frac{te^{xt}}{e^t - 1} = \sum_{n=0}^{\infty} B_n(x) \frac{t^n}{n!}. \tag{2.7}$$

たとえば，$n = 0, 1, 2$ のとき，

$$B_0(x) = 1, \qquad B_1(x) = x - \frac{1}{2}, \qquad B_2(x) = x^2 - x + \frac{1}{6} \qquad (2.8)$$

である．定数項 $B_n(0)$ を B_n と置き，**ベルヌーイ数**という．(2.7) の両辺を x で微分して

$$B_n'(x) = nB_{n-1}(x) \qquad (n = 1, 2, 3, \ldots) \qquad (2.9)$$

を得る．

定理 2.6 は，$B_1(x)$ と B_1 を用いて次のように書き換えられる．

$$\sum_{m < r \leq n} f(r) - \int_m^n f(t)dt = -B_1 \cdot (f(n) - f(m)) + \int_m^n B_1 \left(t - [t]\right) f'(t)dt. \qquad (2.10)$$

以後，$x \in \mathbb{R}$ に対し $\widetilde{B}_1(x) = B_1(x - [x])$ と置き，$\widetilde{B}_n(x)$ $(n \geq 2)$ を帰納的に

$$\widetilde{B}_n'(x) = \widetilde{B}_{n-1}(x), \qquad \int_0^1 \widetilde{B}_n(x)dx = 0$$

で定義する．(2.10) はさらに，

$$\sum_{m < r \leq n} f(r) - \int_m^n f(t)dt = -B_1 \cdot (f(n) - f(m)) + \int_m^n \widetilde{B}_1(t) f'(t) dt \qquad (2.11)$$

と表せる．

定理 2.8 （オイラー・マクローリンの定理 3）　$f(x)$ が区間 $[m, n]$ 上の C^k-級の複素数値関数であるとき，

$$\sum_{m < r \leq n} f(r) - \int_m^n f(t)dt$$
$$= \sum_{j=1}^k (-1)^j \frac{B_j}{j!} (f^{(j-1)}(n) - f^{(j-1)}(m)) + \frac{(-1)^{k-1}}{k!} \int_m^n B_k \left(t - [t]\right) f^{(k)}(t)dt.$$

証明 $\widetilde{B}_1(x)$ は定義から周期 1 の周期関数であり，よって $\widetilde{B}_n(x)$ ($n = 1, 2, 3, \ldots$) も周期 1 の周期関数である．したがって，

$$\widetilde{B}_n(0) = \widetilde{B}_n(1) = \widetilde{B}_n(2) = \cdots$$

が成り立つ．これを用いて，(2.11) の右辺の定積分を部分積分により変形すると，

$$\int_m^n \widetilde{B}_1(t) f'(t) dt = \left[\widetilde{B}_2(t) f'(t) \right]_m^n - \int_m^n \widetilde{B}_2(t) f''(t) dt$$
$$= \widetilde{B}_2(0)(f'(n) - f'(m)) - \int_m^n \widetilde{B}_2(t) f''(t) dt.$$

ここで再び右辺の定積分を部分積分により変形し，(2.9) に注意してこの操作を繰り返せば，結論を得る． ∎

2.3　無限積の基本

リーマン・ゼータ関数は，自然数全体にわたる無限和

$$\zeta(s) = \sum_{n=1}^{\infty} \frac{1}{n^s} \tag{2.12}$$

あるいは素数全体にわたる無限積

$$\zeta(s) = \prod_{p:\text{素数}} \left(1 - p^{-s}\right)^{-1} \tag{2.13}$$

が収束する領域においては，これらの値によって定義される．(2.12) を**ディリクレ級数**表示，(2.13) を**オイラー積**表示という．

オイラー積は無限積であるから，ゼータの研究には無限積の扱いに習熟することが必要不可欠である．本節ではそれに関する基本的事項をまとめる．

よく知られているように無限和 (2.12) は,

$$\sum_{n=1}^{\infty}\frac{1}{n^s}=\lim_{N\to\infty}\sum_{n=1}^{N}\frac{1}{n^s}$$

で定義される．すなわち，和を取る順序は $n=1$ が最初であり，小さな自然数から順番に加えていき極限をとったものが $\zeta(s)$ である．

一方，無限積 (2.13) の定義は，少し注意が必要である．一般に，数列 $\{a_n\}$ に対し，積

$$P_N=\prod_{n=1}^{N}a_n$$

が $N\to\infty$ のときに収束し，かつその極限値が 0 でないとき，無限積

$$\prod_{n=1}^{\infty}a_n$$

は**収束する**という．収束しないとき，**発散する**という．すなわち，$P_N\to 0$ のときは発散する．

無限積の定義において，0 を無限積の値として認めない理由はいくつかあるが，ここでは 2 つ挙げよう．まず第一の理由は，どれか一項でも 0 であれば積が 0 になってしまうことだ．仮にそういう場合を収束に含めてしまうと，それは数列全体の様子を全く反映しない概念になってしまう．元来，収束とは，無限列が次第に一定の値に落ち着いていく様子を表す概念である．そうした直感に適合した概念にするためには，極限値として 0 を除くことが望ましい．

第二の理由は，指数・対数写像によって無限積と無限和の対応をつけると扱いやすくなり，いろいろな局面で見通しが良くなることである．この対応で，収束概念どうしも対応づけられる．仮に無限積が 0 に収束することを認めてしまうと，

$$\text{無限和} = \log(\text{無限積})$$

の対応で無限和が $-\infty$ に発散する場合に無限積だけが収束することになってしまい，対応が崩れる．無限積の収束の定義において 0 を除外することによ

り，上の対応による無限和と無限積の収束性が同値となるのだ．このことをより正確にみるため，以下に一つ定理を挙げる．

以下の定理では，無限積の各項を a_n ではなく $1 + a_n$ の形に記すが，これは，無限積が収束するときは，各項が1に限りなく近づくので，1を基準にする方が考えやすいからである．

定理 2.9（**無限積と無限和の対応**）　複素数列 $\{a_n\}$ は，任意の n に対して $1 + a_n \neq 0$ を満たすとする．無限積

$$\prod_{n=1}^{\infty}(1 + a_n) \tag{2.14}$$

が収束するための必要十分条件は，

$$\sum_{n=1}^{\infty}\log(1 + a_n) \tag{2.15}$$

が収束することである．ただし，対数の値は主値を取る，すなわち

$$-\pi < \operatorname{Im}\log(1 + a_n) \leq \pi$$

とする．

証明　(2.15) の収束を仮定し，無限和の値を S とすると，

$$(2.14) = \lim_{N \to \infty} \prod_{n=1}^{N}(1 + a_n)$$

$$= \lim_{N \to \infty} \exp\left(\sum_{n=1}^{N}\log(1 + a_n)\right)$$

$$= \exp\left(\sum_{n=1}^{\infty}\log(1 + a_n)\right)$$

$$= e^S$$

2.3 無限積の基本

となるので，(2.14) は収束する．

逆に，(2.14) の収束を仮定し，無限積の値を P とする．以下，

$$P_N = \prod_{n=1}^{N}(1+a_n), \qquad S_N = \sum_{n=1}^{N}\log(1+a_n)$$

と置く．ここで，$\log P_N = S_N$ が自明でないことに注意する．今の記号では $\log P_N$ は主値であるから $-\pi < \operatorname{Im}\log P_N \leq \pi$ を満たすが，その一方で S_N は $-\pi < \operatorname{Im} S_N \leq \pi$ を満たすとは限らないからである．一般にそのずれは $2\pi\sqrt{-1}$ の整数倍であるから，整数 $k_N \in \mathbb{Z}$ が

$$\log P_N = S_N + 2\pi\sqrt{-1}k_N \tag{2.16}$$

を満たすとする．隣り合う N に関して差を取ると

$$\log P_{N+1} - \log P_N = S_{N+1} - S_N + 2\pi\sqrt{-1}(k_{N+1} - k_N)$$
$$= \log(1+a_{N+1}) + 2\pi\sqrt{-1}(k_{N+1} - k_N).$$

よって，両辺の虚部を比較すると

$$\arg P_{N+1} - \arg P_N = \arg(1+a_{N+1}) + 2\pi(k_{N+1} - k_N)$$

すなわち，

$$2\pi(k_{N+1} - k_N) = \arg P_{N+1} - \arg P_N - \arg(1+a_{N+1})$$

である．仮定より P_N は収束するので，右辺の最初の 2 項は

$$\lim_{N\to\infty}(\arg P_{N+1} - \arg P_N) = 0$$

を満たし，第 3 項は主値の定義から絶対値が π 以下である．よって，十分大きな N に対し $k_{N+1} = k_N$ が成り立つ．以上より，N が大きくなると最終的に k_N は一定の整数 k になるから，(2.16) の両辺で $N \to \infty$ とすると，

$$\lim_{N\to\infty} S_N = \log P - 2\pi\sqrt{-1}k$$

となり，これで (2.15) の収束が示せた． ■

例 2.2（収束無限積の例）
$$a_n = -\frac{4}{(n+2)^2}$$
に対し，
$$\begin{aligned}
P_N &= \prod_{n=1}^{N}(1+a_n) \\
&= \prod_{n=1}^{N}\left(1-\frac{4}{(n+2)^2}\right) \\
&= \prod_{n=1}^{N}\frac{n(n+4)}{(n+2)^2} \\
&= \frac{1\cdot 5}{3^2}\cdot\frac{2\cdot 6}{4^2}\cdot\frac{3\cdot 7}{5^2}\cdots\frac{(N-1)(N+3)}{(N+1)^2}\cdot\frac{N(N+4)}{(N+2)^2} \\
&= \frac{1\cdot 2(N+3)(N+4)}{3\cdot 4(N+1)(N+2)} \\
&\longrightarrow \frac{1}{6} \quad (N\to\infty).
\end{aligned}$$

よって，無限積は収束して
$$\prod_{n=1}^{\infty}(1+a_n) = \frac{1}{6}.$$

例 2.3（発散無限積の例）
$$a_n = -\frac{1}{n+1}$$
に対し，
$$\begin{aligned}
P_N &= \prod_{n=1}^{N}(1+a_n) \\
&= \prod_{n=1}^{N}\frac{n}{n+1} \\
&= \frac{1}{2}\cdot\frac{2}{3}\cdot\frac{3}{4}\cdots\frac{N}{N+1} \\
&= \frac{1}{N+1}
\end{aligned}$$

2.3 無限積の基本

$$\longrightarrow 0 \quad (N \to \infty).$$

よって，$\displaystyle\prod_{n=1}^{\infty}(1+a_n)$ は発散する．

収束無限積と発散無限積の例をそれぞれ挙げたが，収束と発散の違いはどこに起因するのだろうか．対数を取ると，例 2.2 では，

$$\log P_N = \log \prod_{n=1}^{N}\left(1 - \frac{4}{(n+2)^2}\right)$$

$$= \sum_{n=1}^{N}\log\left(1 - \frac{4}{(n+2)^2}\right)$$

$$= \sum_{n=1}^{N}\sum_{k=1}^{\infty}\frac{-1}{k}\left(\frac{4}{(n+2)^2}\right)^k$$

となり，ここで現れた項の分母は n の多項式として 2 次以上に限られる．一方，例 2.3 では，

$$\log P_N = \log \prod_{n=1}^{N}\left(1 - \frac{1}{n+1}\right)$$

$$= \sum_{n=1}^{N}\log\left(1 - \frac{1}{n+1}\right)$$

$$= \sum_{n=1}^{N}\sum_{k=1}^{\infty}\frac{-1}{k}\left(\frac{1}{n+1}\right)^k$$

となり，ここで現れた項の分母には n の 1 次式が含まれる．$\displaystyle\sum_{n=1}^{\infty}\frac{1}{n} = \infty$ であり，$\displaystyle\sum_{n=1}^{\infty}\frac{1}{n^2}$ は収束することが，無限積の収束性の違いとなって現れている．

注意 2.10 一般に，無限積 $\prod_{n}(1+a_n)$ は a_n が $n \to \infty$ のときに 0 に近ければ近いほど収束しやすいわけだが，a_n が n の有理式である場合には，無限積の収束性

は，a_n が $O(n^{-2})$ 程度に小さいことであると理解してよい．無限積の値として 0 を認めないということは，a_n が $O(n^{-1})$ 程度のものは収束とみなさないということである．上の例では，対数のマクローリン展開を通じてそれがわかる．

定理 2.9 でみたように，数列 $\{a_n\}$ の和は数列 $\{1+a_n\}$ の積に対応しているから，絶対収束の概念は，数列 $\{|a_n|\}$ の和を数列 $\{1+|a_n|\}$ の積に対応させて得られる．これより，無限積の絶対収束を以下のように定義する．

定義 2.11 無限和 $\sum_{n=1}^{\infty} a_n$ が絶対収束するとき，すなわち無限積 $\prod_{n=1}^{\infty}(1+|a_n|)$ が収束するとき，無限積 $\prod_{n=1}^{\infty}(1+a_n)$ は**絶対収束**するという．

この定義は，あくまでも無限積の収束性を無限和の収束性に対応させて考える姿勢から来ている．「無限積の絶対収束」は各項の絶対値 $|1+a_n|$ の無限積の収束ではないことに注意せよ．

命題 2.12 無限積は，絶対収束すれば収束する．すなわち，任意の $n = 1, 2, 3, \ldots$ に対し $a_n \neq -1$ とするとき，無限和 $\sum_{n=1}^{\infty}|a_n|$ が収束すれば，無限積 $\prod_{n=1}^{\infty}(1+a_n)$ は収束する．

証明

$$p_n = \prod_{k=1}^{n}(1+a_k)$$

と置く．すると $n \geq 2$ に対して $p_n = (1+a_n)p_{n-1}$ であり，さらに

$$p_n - p_{n-1} = (1+a_n)p_{n-1} - p_{n-1}$$
$$= a_n p_{n-1}. \tag{2.17}$$

ここで，仮定より

2.3 無限積の基本

と置くと,

$$S = \sum_{n=1}^{\infty} |a_n|$$

$$|1 + a_n| \leq 1 + |a_n| \leq e^{|a_n|}$$

であるから，任意の n に対して成り立つ一様な評価

$$|p_n| = \prod_{k=1}^{n} |1 + a_k| \leq \prod_{k=1}^{n} e^{|a_k|} = e^{\sum_{k=1}^{n} |a_k|} \leq e^S$$

を得る．よって，(2.17) の両辺から作った級数

$$\sum_{n=2}^{\infty} (p_n - p_{n-1}) = \sum_{n=2}^{\infty} a_n p_{n-1}$$

において，右辺は

$$\sum_{n=2}^{\infty} |a_n p_{n-1}| \leq e^S \sum_{n=2}^{\infty} |a_n| = e^S (S - |a_1|)$$

より絶対収束する．したがって左辺も絶対収束し，とくに収束する．すなわち,

$$\lim_{n \to \infty} \sum_{k=2}^{n} (p_k - p_{k-1}) = \lim_{n \to \infty} p_n - p_1$$

は収束する．以上より，極限値

$$p := \lim_{n \to \infty} p_n$$

が存在する．あとは，$p \neq 0$ を示せばよい．

$$b_n = \frac{a_n}{1 + a_n}$$

と置くと,

$$\frac{1}{1 + a_n} = 1 - b_n$$

が成り立つ．仮定より，n が十分大きければ a_n は 0 に近いから，$|1+a_n| > \frac{1}{2}$ である．すなわち，$|b_n| \leq 2|a_n|$ が成り立つ．また，$b_n \neq 1$ となる．よって，級数 $\sum_{n=1}^{\infty} |b_n|$ の収束性は級数 $\sum_{n=1}^{\infty} |a_n|$ の収束性より従う．先ほど，級数 $\sum_{n=1}^{\infty} |a_n|$ の収束から無限積 $\prod_{n=1}^{\infty} (1+a_n)$ の収束を導いたのと同様にして無限積 $\prod_{n=1}^{\infty} (1-b_n)$ がある有限の値 q に収束する．b_n の作り方から $pq = 1$ が成り立つので，$p \neq 0$ が示された． ∎

2.4 ガンマ関数

ガンマ関数 $\Gamma(s)$ は，e^{-x} のメリン変換 $M(e^{-x})(s)$ として定義される．具体的には，次式でガンマ関数を定義する．

$$\Gamma(s) = \int_0^{\infty} e^{-x} x^{s-1} dx \qquad (\mathrm{Re}(s) > 0). \tag{2.18}$$

命題 2.15 で示すように，この広義積分は $\mathrm{Re}(s) > 0$ で絶対収束する．

<u>**命題 2.13**</u>（ベータとガンマの関係） ベータ関数を

$$B(s,t) = \int_0^1 (1-x)^{s-1} x^{t-1} dx$$

で定義すると，これは $\mathrm{Re}(s) > 0$ かつ $\mathrm{Re}(t) > 0$ で絶対収束し，次式が成り立つ．

$$B(s,t) = \frac{\Gamma(s)\Gamma(t)}{\Gamma(s+t)}. \tag{2.19}$$

証明 $x=0$ と $x=1$ の両端について絶対収束を示す必要があるので，収束を示すべき積分を

$$\int_0^1 \left|(1-x)^{s-1} x^{t-1}\right| dx$$

$$= \int_0^1 (1-x)^{\text{Re}(s)-1} x^{\text{Re}(t)-1} dx$$
$$= \int_0^{\frac{1}{2}} (1-x)^{\text{Re}(s)-1} x^{\text{Re}(t)-1} dx + \int_{\frac{1}{2}}^1 (1-x)^{\text{Re}(s)-1} x^{\text{Re}(t)-1} dx$$

と分割する．まず右辺第一項について考える．$0 \leq x \leq \frac{1}{2}$ において，$(1-x)^{\text{Re}(s)-1}$ は $\text{Re}(s) - 1$ の符号によって $x = 0$ または $x = \frac{1}{2}$ で最大値を取る．この最大値を C とおけば，右辺第一項は $\text{Re}(t) > 0$ の下で

$$\int_0^{\frac{1}{2}} (1-x)^{\text{Re}(s)-1} x^{\text{Re}(t)-1} dx \leq C \int_0^{\frac{1}{2}} x^{\text{Re}(t)-1} dx$$
$$= C \left[\frac{x^{\text{Re}(t)}}{\text{Re}(t)} \right]_0^{\frac{1}{2}} = \frac{C}{2^{\text{Re}(t)} \text{Re}(t)}$$

となり，収束する．右辺第二項も同様にして $\text{Re}(s) > 0$ の下で収束する．以上より，$\text{Re}(s) > 0$ かつ $\text{Re}(t) > 0$ でベータ関数の表示式は絶対収束する．

次に，ベータ関数とガンマ関数の関係 (2.19) を示す．$x = X^2, y = Y^2$ の変数変換を行うと，$dx = 2XdX, dy = 2YdY$ なので

$$\Gamma(s)\Gamma(t) = \left(\int_0^\infty e^{-x} x^{s-1} dx \right) \left(\int_0^\infty e^{-y} y^{t-1} dy \right)$$
$$= \left(2 \int_0^\infty e^{-X^2} X^{2s-1} dX \right) \left(2 \int_0^\infty e^{-Y^2} Y^{2t-1} dY \right)$$
$$= 4 \int_0^\infty \int_0^\infty e^{-(X^2+Y^2)} X^{2s-1} Y^{2t-1} dX dY.$$

ここで，
$$X = r\cos\theta, \qquad Y = r\sin\theta$$
なる変数変換を行うと，
$$\Gamma(s)\Gamma(t) = 4 \int_0^{\frac{\pi}{2}} \int_0^\infty e^{-r^2} (r\cos\theta)^{2s-1} (r\sin\theta)^{2t-1} r dr d\theta.$$
$$= \left(2 \int_0^{\frac{\pi}{2}} \cos^{2s-1}\theta \sin^{2t-1}\theta d\theta \right) \left(2 \int_0^\infty e^{-r^2} r^{2s+2t-1} dr \right)$$

$$= \left(2\int_0^{\frac{\pi}{2}} \cos^{2s-1}\theta \sin^{2t-1}\theta d\theta\right)\Gamma(s+t).$$

よって，あとは

$$B(s,t) = 2\int_0^{\frac{\pi}{2}} \cos^{2s-1}\theta \sin^{2t-1}\theta d\theta$$

が示せればよい．これは，$x = \sin^2\theta$, $dx = 2\sin\theta\cos\theta d\theta$ の置換により

$$B(s,t) = \int_0^1 (1-x)^{s-1} x^{t-1} dx$$
$$= \int_0^{\frac{\pi}{2}} (1-\sin^2\theta)^{s-1} \sin^{2(t-1)}\theta \cdot 2\sin\theta\cos\theta d\theta$$
$$= 2\int_0^{\frac{\pi}{2}} \cos^{2s-1}\theta \sin^{2t-1}\theta d\theta$$

と計算によって示される． ∎

補題 2.14 自然数 N に対し，$\mathbb{R}$ 上の関数 f_N を

$$f_N(x) = \begin{cases} \left(1 - \frac{x}{N}\right)^N & (0 < x < N) \\ 0 & (x \geq N) \end{cases}$$

と置く．$x \in \mathbb{R}$ を固定すると，次の (1) (2) が成り立つ．
 (1)　$f_N(x)$ は N の関数として単調増加である．
 (2)　$\lim_{N\to\infty} f_N(x) = e^{-x}$.

証明　(1) $g(N) = \log f_N(x)$ と置き，さらに自然数 N を実数 t に一般化して，各 $x > 0$ に対して区間 $t > x$ 上で定義される関数 $g(t)$ に書き換え

$$g(t) = t\log\left(1 - \frac{x}{t}\right)$$

と置く．$g(t)$ が単調増加であることを示す．

$$g'(t) = \log\left(1 - \frac{x}{t}\right) + t\frac{\frac{x}{t^2}}{1 - \frac{x}{t}}$$

$$= \log\left(1 - \frac{x}{t}\right) + \frac{\frac{x}{t}}{1 - \frac{x}{t}}$$

$$= -\sum_{n=1}^{\infty} \frac{1}{n}\left(\frac{x}{t}\right)^n + \sum_{n=1}^{\infty}\left(\frac{x}{t}\right)^n$$

$$= \sum_{n=2}^{\infty}\left(1 - \frac{1}{n}\right)\left(\frac{x}{t}\right)^n \geq 0.$$

よって $g(t)$ は単調増加である．

(2) 結論の両辺の対数を取った

$$\lim_{N \to \infty} \log f_N(x) = -x$$

を示せばよい．

$$\lim_{N \to \infty} \log f_N(x) + x = \lim_{N \to \infty} N \log\left(1 - \frac{x}{N}\right) + x$$

$$= \lim_{N \to \infty} N \sum_{k=1}^{\infty} \frac{-1}{k}\left(\frac{x}{N}\right)^k + x$$

$$= \lim_{N \to \infty} N \sum_{k=2}^{\infty} \frac{-1}{k}\left(\frac{x}{N}\right)^k$$

$$= 0.$$

これで証明が完了した． ∎

命題 2.15（ガンマ関数の基本性質） 次の (1)〜(6) が成り立つ．

(1) (2.18) の右辺の広義積分は $\mathrm{Re}(s) > 0$ で絶対収束する．
(2) 関数等式 $\Gamma(s) = \frac{\Gamma(s+1)}{s}$ が成立し，これによって $\Gamma(s)$ は $\mathbb{C}$ 上に有理型接続される．
(3) 任意の自然数 n に対し，$\Gamma(n) = (n-1)!$ である．
(4) $\frac{1}{\Gamma(s)}$ は全平面で正則であり，次の表示を持つ．

$$\frac{1}{\Gamma(s)} = s e^{\gamma s} \prod_{n=1}^{\infty}\left(1 + \frac{s}{n}\right) e^{-\frac{s}{n}}$$

すなわち，$\Gamma(s)$ は $s = -n$ $(n = 0, 1, 2, 3, \ldots)$ に1位の極を持ち，これ以外に極や零点はない．

(5) $\Gamma(s)$ の極 $s = -n$ $(n = 0, 1, 2, 3, \ldots)$ における留数は $\frac{(-1)^n}{n!}$ である．

(6) $\log \Gamma(s)$ の2階導関数は，次のような簡明な表示を持つ．

$$\frac{d}{ds}\left(\frac{\Gamma'(s)}{\Gamma(s)}\right) = \sum_{n=0}^{\infty} \frac{1}{(s+n)^2}.$$

証明 (1) $x > 0$ と任意の $0 \leq m \in \mathbb{Z}$ に対し

$$e^{-x} = \frac{1}{e^x} = \frac{1}{\sum_{n=0}^{\infty} \frac{x^n}{n!}} \leq \frac{1}{\frac{x^m}{m!}} = m! x^{-m}$$

であるから，$s = \sigma + it$ と置くと，$0 < \sigma < m$ なる任意の σ, m に対し

$$\begin{aligned}
\int_0^{\infty} |e^{-x} x^{s-1}| dx &= \int_0^{\infty} e^{-x} x^{\sigma-1} dx \\
&= \int_0^1 e^{-x} x^{\sigma-1} dx + \int_1^{\infty} e^{-x} x^{\sigma-1} dx \\
&\leq \int_0^1 x^{\sigma-1} dx + m! \int_1^{\infty} x^{\sigma-m-1} dx \\
&= \left[\frac{x^{\sigma}}{\sigma}\right]_0^1 + m! \left[\frac{x^{\sigma-m}}{\sigma - m}\right]_1^{\infty} \\
&= \frac{1}{\sigma} + \frac{m!}{m - \sigma}.
\end{aligned}$$

となるので，積分は収束する．

(2) $\mathrm{Re}(s) > 0$ のとき，部分積分により

$$\begin{aligned}
\Gamma(s) &= \int_0^{\infty} e^{-x} x^{s-1} dx \\
&= \left[e^{-x} \frac{x^s}{s}\right]_0^{\infty} - \int_0^{\infty} (-e^{-x}) \frac{x^s}{s} dx \\
&= \frac{\Gamma(s+1)}{s}.
\end{aligned}$$

ここで，$-1 < \mathrm{Re}(s) \leq 0$ のとき，左辺 $\Gamma(s)$ が未定義であるのに対して右辺の $\Gamma(s+1)$ は $\mathrm{Re}(s+1) > 0$ より定義されている．したがって，この関数等式によって $\Gamma(s)$ は $\mathrm{Re}(s) > -1$ に有理型接続される．この議論を繰り返せば，$\Gamma(s)$ は $\mathbb{C}$ 全体に有理型接続される．

(3) はじめに $n = 1$ のとき，

$$\begin{aligned}\Gamma(1) &= \int_0^\infty e^{-x} dx \\ &= \left[-e^{-x}\right]_0^\infty \\ &= 1.\end{aligned}$$

$n \geq 2$ のときは関数等式 (2) を用いることにより，

$$\begin{aligned}\Gamma(n) &= (n-1)\Gamma(n-1) \\ &= (n-1)(n-2)\Gamma(n-2) \\ &= \cdots \\ &= (n-1)(n-2)\cdots 2\cdot 1\cdot \Gamma(1) \\ &= (n-1)!.\end{aligned}$$

(4) N を自然数とする．関数 $f_N(x)$ を次式で定義する．

$$f_N(x) = \begin{cases} \left(1 - \frac{x}{N}\right)^N & (0 < x < N) \\ 0 & (x \geq N). \end{cases}$$

ベータ関数の定義式で以下のように x を $\frac{x}{N}$ で置き換える．

$$\begin{aligned}B(s+N, t) &= \int_0^1 (1-x)^{s+N-1} x^{t-1} dx \\ &= \int_0^N \left(1 - \frac{x}{N}\right)^{s+N-1} \left(\frac{x}{N}\right)^{t-1} \frac{dx}{N} \\ &= \frac{1}{N^t} \int_0^N f_N(x) \left(1 - \frac{x}{N}\right)^{s-1} x^{t-1} dx.\end{aligned}$$

一方，命題 2.13 より

$$B(s+N,t) = \frac{\Gamma(s+N)\Gamma(t)}{\Gamma(s+t+N)}$$

であるから，

$$\frac{N^t \Gamma(s+N)\Gamma(t)}{\Gamma(s+t+N)} = \int_0^N f_N(x)\left(1-\frac{x}{N}\right)^{s-1} x^{t-1} dx$$

が成り立つ．補題 2.14 より $f_N(x)$ は N の関数として単調増加であるから，ルベーグの単調収束定理により，$s \geq 1$ のとき

$$\lim_{N\to\infty} \frac{N^t \Gamma(s+N)\Gamma(t)}{\Gamma(s+t+N)} = \lim_{N\to\infty} \int_0^N f_N(x)\left(1-\frac{x}{N}\right)^{s-1} x^{t-1} dx$$
$$= \int_0^\infty e^{-x} x^{t-1} dx = \Gamma(t).$$

よって

$$\lim_{N\to\infty} \frac{N^t \Gamma(s+N)}{\Gamma(s+t+N)} = 1.$$

$s=1$ として，

$$\lim_{N\to\infty} \frac{N^t \cdot N!}{\Gamma(t+N+1)} = 1.$$

ここで，分母を

$$\Gamma(t+N+1) = (t+N)(t+N-1)\cdots(t+1)t\Gamma(t)$$

と書き換え，両辺に $\Gamma(t)$ を掛けると

$$\lim_{N\to\infty} \frac{N^t \cdot N!}{(t+N)(t+N-1)\cdots(t+1)t} = \Gamma(t). \qquad (2.20)$$

よって，

$$\frac{1}{\Gamma(t)} = \lim_{N\to\infty} \frac{(t+N)(t+N-1)\cdots(t+1)t}{N^t \cdot N!}$$

$$= \lim_{N \to \infty} N^{-t} \left(\frac{t}{N}+1\right)\left(\frac{t}{N-1}+1\right)\cdots\left(\frac{t}{2}+1\right)(t+1)t$$

$$= \lim_{N \to \infty} e^{-t \log N} t \prod_{j=1}^{N} \left(1 + \frac{t}{j}\right). \tag{2.21}$$

この極限は, この形のままでは $0 \times \infty$ の不定形であるが, j にわたる積の因子に $e^{-t/j}$ を補うと, 各因子が

$$\left(1+\frac{t}{j}\right)e^{-\frac{t}{j}} = \left(1+\frac{t}{j}\right)\left(1-\frac{t}{j}+O(j^{-2})\right)$$
$$= 1 + O(j^{-2})$$

となるので $N \to \infty$ としたときの無限積が収束する(注意2.10を参照). すなわち, 関数

$$t \prod_{j=1}^{\infty} \left(1+\frac{t}{j}\right) e^{-\frac{t}{j}}$$

は, 複素変数 t の有理型関数であり, $t = -j$ $(j = 0, 1, 2, \ldots)$ において1位の零点を持ち, それ以外の $t \in \mathbb{C}$ で非零かつ正則である. よって, (2.21)より

$$\frac{1}{\Gamma(t)} = t e^{\gamma t} \prod_{j=1}^{\infty} \left(1+\frac{t}{j}\right) e^{-\frac{t}{j}}$$

と表せる. ただし, γ は1.8節で定義したオイラーの定数

$$\gamma = \lim_{N \to \infty} \left(\sum_{j=1}^{N} \frac{1}{j} - \log N\right) = 0.577215664901532\cdots$$

である. これで, $\Gamma(s)$ の極とその位数はすべて求められ, 零点がないことも示された.

(5) 極 $s = -n$ $(n = 0, 1, 2, \ldots)$ の留数は, (2) (3)の結果より

$$\lim_{s \to -n} (s+n)\Gamma(s) = \lim_{s \to -n} (s+n) \frac{\Gamma(s+1)}{s}$$

$$= \lim_{s \to -n} (s+n) \frac{\Gamma(s+2)}{s(s+1)}$$

$$= \cdots$$

$$= \lim_{s \to -n} (s+n) \frac{\Gamma(s+n+1)}{s(s+1)\cdots(s+n-1)(s+n)}$$

$$= \frac{\Gamma(1)}{-n(-n+1)\cdots(-1)}$$

$$= \frac{(-1)^n}{n!}.$$

(6) (4) の両辺の対数を微分すると,

$$-\frac{\Gamma'(s)}{\Gamma(s)} = \frac{1}{s} + \gamma + \sum_{n=1}^{\infty} \left(\frac{1}{n+s} - \frac{1}{n} \right).$$

両辺をもう一度微分して

$$-\frac{d}{ds}\frac{\Gamma'(s)}{\Gamma(s)} = -\sum_{n=0}^{\infty} \frac{1}{(n+s)^2}.$$

これで命題のすべての主張が示された. ∎

命題 2.15(4) を用いると, ガンマ関数の対数微分の特殊値 (有理数における値) を求めることができる. いくつかの例を次の命題として挙げる.

命題 2.16 (ガンマ関数の対数微分の特殊値) γ を 1.8 節で定義したオイラーの定数とするとき, 次式が成り立つ.

(1) $\dfrac{\Gamma'(1)}{\Gamma(1)} = -\gamma$ (とくに, $\Gamma'(1) = -\gamma$).

(2) $\dfrac{\Gamma'\left(\frac{1}{2}\right)}{\Gamma\left(\frac{1}{2}\right)} = -\gamma - 2\log 2.$

(3) $\dfrac{\Gamma'\left(\frac{1}{4}\right)}{\Gamma\left(\frac{1}{4}\right)} = -\gamma - 3\log 2 - \dfrac{\pi}{2}.$

(4) $\dfrac{\Gamma'\left(\frac{3}{4}\right)}{\Gamma\left(\frac{3}{4}\right)} = -\gamma - 3\log 2 + \dfrac{\pi}{2}.$

証明 (1) 命題 2.15(4) の両辺の対数微分より

$$-\frac{\Gamma'(s)}{\Gamma(s)} = \frac{1}{s} + \gamma + \sum_{n=1}^{\infty}\left(\frac{1}{n+s} - \frac{1}{n}\right).$$

ここで $s = 1$ と置けば，結論を得る．

(2) log のマクローリン展開

$$\log(1-z) = -\sum_{m=1}^{\infty}\frac{z^m}{m}$$

において，$z = -1$ とすると，

$$\log 2 = 1 - \frac{1}{2} + \frac{1}{3} - \frac{1}{4} + \cdots.$$

よって，(1) の証明で $s = 1$ とした代わりに $s = \frac{1}{2}$ とすれば，

$$\begin{aligned}
-\frac{\Gamma'(\frac{1}{2})}{\Gamma(\frac{1}{2})} &= 2 + \gamma + \sum_{n=1}^{\infty}\left(\frac{1}{n+\frac{1}{2}} - \frac{1}{n}\right) \\
&= 2 + \gamma + 2\sum_{n=1}^{\infty}\left(\frac{1}{2n+1} - \frac{1}{2n}\right) \\
&= 2 + \gamma + 2(\log 2 - 1) \\
&= \gamma + 2\log 2.
\end{aligned}$$

(3) (1) の証明で $s = 1$ とした代わりに $s = \frac{1}{4}$ とすれば，

$$\begin{aligned}
-\frac{\Gamma'(\frac{1}{4})}{\Gamma(\frac{1}{4})} &= 4 + \gamma + \sum_{n=1}^{\infty}\left(\frac{1}{n+\frac{1}{4}} - \frac{1}{n}\right) \\
&= 4 + \gamma + 4\sum_{n=1}^{\infty}\left(\frac{1}{4n+1} - \frac{1}{4n}\right).
\end{aligned}$$

これを
$$-\frac{\Gamma'(\frac{1}{4})}{\Gamma(\frac{1}{4})} = \gamma + 4\sum_{n=1}^{\infty}\frac{a_n}{n}$$
と置けば,
$$a_n = \begin{cases} 1 & (n \equiv 1 \pmod 4) \\ -1 & (n \equiv 0 \pmod 4) \\ 0 & (n \equiv 2, 3 \pmod 4) \end{cases}$$

である. $\mathbb{Z}/4\mathbb{Z}$ 上の複素数値関数の全体は $\mathbb{C}$ 上 4 次元の線形空間をなし, そのうち,

$$n \pmod 4 \longmapsto (-1)^n = \begin{cases} 1 & (n \equiv 0, 2 \pmod 4) \\ -1 & (n \equiv 1, 3 \pmod 4) \end{cases},$$

$$n \pmod 4 \longmapsto (\sqrt{-1})^n = \begin{cases} 1 & (n \equiv 0 \pmod 4) \\ \sqrt{-1} & (n \equiv 1 \pmod 4) \\ -1 & (n \equiv 2 \pmod 4) \\ -\sqrt{-1} & (n \equiv 3 \pmod 4) \end{cases},$$

$$n \pmod 4 \longmapsto (-\sqrt{-1})^n = \begin{cases} 1 & (n \equiv 0 \pmod 4) \\ -\sqrt{-1} & (n \equiv 1 \pmod 4) \\ -1 & (n \equiv 2 \pmod 4) \\ \sqrt{-1} & (n \equiv 3 \pmod 4) \end{cases}$$

の 3 つの写像は線形独立であり, これに常に値 1 を取る恒等写像 (単位写像) を加えた 4 つの写像は, この線形空間の基底をなす. よって a_n はこれらの一次結合で表される. 実際にそれを求めると,

$$a_n = \frac{-1-\sqrt{-1}}{4}(\sqrt{-1})^n - \frac{1}{2}(-1)^n + \frac{-1+\sqrt{-1}}{4}(-\sqrt{-1})^n$$

となる．一方，(2) の証明のマクローリン展開で $z = -1$ とした代わりに $z = \pm\sqrt{-1}$ とすれば

$$\log(1 \pm \sqrt{-1}) = -\sum_{n=1}^{\infty} \frac{(\mp\sqrt{-1})^n}{n},$$

以上を合わせると，

$$\sum_{n=1}^{\infty} \frac{a_n}{n} = \frac{-1-\sqrt{-1}}{4}\sum_{n=1}^{\infty} \frac{(\sqrt{-1})^n}{n} - \frac{1}{2}\sum_{n=1}^{\infty} \frac{(-1)^n}{n} + \frac{-1+\sqrt{-1}}{4}\sum_{n=1}^{\infty} \frac{(-\sqrt{-1})^n}{n}$$

$$= \frac{1+\sqrt{-1}}{4}\log(1-\sqrt{-1}) + \frac{1}{2}\log 2 + \frac{1-\sqrt{-1}}{4}\log(1+\sqrt{-1})$$

$$= 2\operatorname{Re}\left(\frac{1+\sqrt{-1}}{4}\left(\log\sqrt{2} - \frac{\pi}{4}\sqrt{-1}\right)\right) + \frac{1}{2}\log 2$$

$$= \frac{1}{4}\left(\log 2 + \frac{\pi}{2}\right) + \frac{1}{2}\log 2$$

$$= \frac{1}{4}\left(3\log 2 + \frac{\pi}{2}\right).$$

よって，

$$-\frac{\Gamma'\left(\frac{1}{4}\right)}{\Gamma\left(\frac{1}{4}\right)} = \gamma + 3\log 2 + \frac{\pi}{2}.$$

(4) (3) の証明で $s = \frac{1}{4}$ とした代わりに $s = \frac{3}{4}$ とすれば，(3) と同様にして

$$-\frac{\Gamma'\left(\frac{3}{4}\right)}{\Gamma\left(\frac{3}{4}\right)} = \frac{4}{3} + \gamma + 4\sum_{n=1}^{\infty}\left(\frac{1}{4n+3} - \frac{1}{4n}\right)$$

$$= \gamma + 4\sum_{n=1}^{\infty}\frac{b_n}{n}$$

と置ける．ただし

$$b_n = \begin{cases} 1 & (n \equiv 3 \pmod{4}) \\ -1 & (n \equiv 0 \pmod{4}) \\ 0 & (n \equiv 1, 2 \pmod{4}) \end{cases}$$

である．これを再び基底の一次結合で書けば，

$$b_n = \frac{-1+\sqrt{-1}}{4}(\sqrt{-1})^n - \frac{1}{2}(-1)^n + \frac{-1-\sqrt{-1}}{4}(-\sqrt{-1})^n$$

となるから，

$$\sum_{n=1}^{\infty} \frac{b_n}{n} = \frac{1}{4}\left(3\log 2 - \frac{\pi}{2}\right)$$

であり，結論を得る． ∎

この命題 2.16 の応用として注意 1.19 で保留にしていた定数を，以下に定理 2.17 で求める．証明には本章で今後示す定理 3.7（ゼータ関数の極とその位数と留数）および定理 2.32（アーベルの総和法）を，先取りして用いる．定理 2.17 は前章で提起した疑問を解決する目的で掲げるものであり，この結果を今後本書で用いることはない．

定理 2.17

$$\prod_{p\leq x}\left(1-\frac{1}{p}\right) \sim \frac{\exp(-\gamma)}{\log x} \quad (x\to\infty).$$

証明　命題 1.18 で

$$\prod_{p\leq x}\left(1-\frac{1}{p}\right) \sim \frac{\exp(b-a)}{\log x} \quad (x\to\infty),$$

が示されている．ただし，定数 a, b は

$$\sum_{\substack{p\leq x \\ p:\text{素数}}} \frac{1}{p} = \log\log x + a + O\left(\frac{1}{\log x}\right) \quad (x\to\infty),$$

$$b = \sum_{p:\text{素数}}\left(\log\left(1-\frac{1}{p}\right)+\frac{1}{p}\right) = -\sum_{p:\text{素数}}\sum_{m=2}^{\infty}\frac{1}{mp^m}$$

で定義される. したがって, あとは $b - a = -\gamma$ を示せばよい.

$$b(\delta) = -\sum_{p:\text{素数}} \sum_{m=2}^{\infty} \frac{1}{mp^{m(1+\delta)}} \qquad (\delta > 0)$$

$$= -\log \zeta(1+\delta) + \sum_{p:\text{素数}} \frac{1}{p^{1+\delta}} \qquad (\delta > 0)$$

と置けば, $\delta \to 0$ のとき $b(\delta) \to b$ である. 次章で証明する定理 3.7 (ゼータ関数の極とその位数と留数) より $\zeta(s) \sim \frac{1}{s-1}$ $(s \to 1+0)$ であるから,

$$\log \zeta(1+\delta) = -\log \delta + o(1) \qquad (\delta \to 0)$$

が成り立つので,

$$b(\delta) = \log \delta + \sum_{p:\text{素数}} \frac{1}{p^{1+\delta}} + o(1) \qquad (\delta \to 0)$$

である.

一方, 数列 $a(r)$ $(r = 1, 2, 3, \ldots)$ を, $r = p$ (素数) のとき $a(p) = \frac{1}{p}$, そして r がそれ以外のとき $a(r) = 0$ で定義する. 後で証明する定理 2.32 (アーベルの総和法) を, $f(r) = r^{-\delta}$ $(\delta > 0)$ として適用すると,

$$\sum_{\substack{p:\text{素数}\\p \leq x}} \frac{1}{p^{1+\delta}} = \frac{A(x)}{x^{\delta}} + \delta \int_1^x \frac{A(t)}{t^{1+\delta}} dt \qquad \left(A(x) = \sum_{\substack{p:\text{素数}\\p \leq x}} \frac{1}{p} \right) \qquad (2.22)$$

である. 定理 1.17 から得られる

$$A(x) = \log \log x + a + O\left(\frac{1}{\log x}\right) \qquad (x \to \infty)$$

を (2.22) に代入し, $x \to \infty$ とすると,

$$\sum_{p:\text{素数}} \frac{1}{p^{1+\delta}} = \delta \int_1^{\infty} \frac{A(t)}{t^{1+\delta}} dt$$

$$= \delta \int_1^\infty \frac{\log\log t + a}{t^{1+\delta}} dt + o(1) \qquad (\delta \to 0)$$

$$= -\gamma - \log\delta + a + o(1) \qquad (\delta \to 0).$$

よって

$$b(\delta) = -\gamma + a + o(1) \qquad (\delta \to 0)$$

となる.ただし上の計算では $t = e^{u/\delta}$ による置換積分を行うとともに,命題2.16(1) より $-\gamma = \Gamma'(1) = \int_0^\infty e^{-x} \log x \, dx$ となることを用い,

$$\delta \int_1^\infty \frac{\log\log t}{t^{1+\delta}} dt = \int_0^\infty e^{-u} \log \frac{u}{\delta} du = -\gamma - \log\delta$$

と計算した.また,

$$\delta \int_1^\infty t^{-1-\delta} dt = 1$$

となることを用いた.以上で,$b = -\gamma + a$ が示された. ∎

次に,ガンマ関数の変数が無限大に近づいた際の漸近挙動を表す「スターリングの公式」を紹介する.命題2.15(3) より,ガンマ関数は,自然数の「階乗を取る操作」を複素数に一般化した,いわば「複素数の階乗」である.したがって,ガンマ関数の変数を自然数に制限すれば,スターリングの公式は「階乗の漸近挙動」を表す.これは,$n!$ が $n \to \infty$ のときにどのように増大するかを示すものであり,自然数への素朴な興味という観点からも価値のある事実である.

そこで本節では,スターリングの公式のうち,まず変数を自然数に制限した「階乗の挙動」について別掲する.この場合は,黒川信重による簡明な初等的証明[3] が,読者が味わうのに適していると思われるからである.

黒川の証明は,高校の数学 III で習う区分求積法を誤差項付きに精密化した次の補題を用いる.

---

[3] 初出は文献 [16].

補題 2.18 $f(x)$ は区間 $[0, 1]$ 上の C^1-級関数であるとする．このとき，

$$\lim_{n \to \infty} \left(\sum_{k=1}^{n} f\left(\frac{k}{n}\right) - n \int_0^1 f(x)dx \right) = \frac{f(1) - f(0)}{2}.$$

証明 区間 $[0, 1]$ を n 等分した小区間 $[\frac{k-1}{n}, \frac{k}{n}]$ $(k = 1, 2, \ldots, n)$ における $f'(x)$ の最小値を m_k，最大値を M_k と置く．はじめに $x \in [\frac{k-1}{n}, \frac{k}{n}]$ を固定すると

$$\int_x^{\frac{k}{n}} m_k dt \leq \int_x^{\frac{k}{n}} f'(t)dt \leq \int_x^{\frac{k}{n}} M_k dt$$

が成り立つので，各辺の定積分を計算して

$$m_k \left(\frac{k}{n} - x\right) \leq f\left(\frac{k}{n}\right) - f(x) \leq M_k \left(\frac{k}{n} - x\right)$$

となる．各辺を x の関数とみて，小区間 $[\frac{k-1}{n}, \frac{k}{n}]$ 上で積分すると，

$$\int_{\frac{k-1}{n}}^{\frac{k}{n}} m_k \left(\frac{k}{n} - x\right) dx \leq \int_{\frac{k-1}{n}}^{\frac{k}{n}} \left(f\left(\frac{k}{n}\right) - f(x) \right) dx \leq \int_{\frac{k-1}{n}}^{\frac{k}{n}} M_k \left(\frac{k}{n} - x\right) dx$$

再び各辺の定積分を計算して

$$\frac{m_k}{2n^2} \leq \int_{\frac{k-1}{n}}^{\frac{k}{n}} \left(f\left(\frac{k}{n}\right) - f(x) \right) dx \leq \frac{M_k}{2n^2}.$$

この式を $k = 1, 2, \ldots, n$ に対して辺々加えると，

$$\frac{1}{2n^2} \sum_{k=1}^{n} m_k \leq \sum_{k=1}^{n} \int_{\frac{k-1}{n}}^{\frac{k}{n}} \left(f\left(\frac{k}{n}\right) - f(x) \right) dx \leq \frac{1}{2n^2} \sum_{k=1}^{n} M_k.$$

よって，

$$\frac{1}{2n} \sum_{k=1}^{n} m_k \leq \sum_{k=1}^{n} f\left(\frac{k}{n}\right) - n \int_0^1 f(x)dx \leq \frac{1}{2n} \sum_{k=1}^{n} M_k.$$

この左辺と右辺はいずれも，通常の（誤差項無しの）区分求積法により $n \to \infty$ のとき

$$\frac{1}{2}\int_0^1 f'(x)dx = \frac{f(1)-f(0)}{2}$$

に収束する．よって，

$$\lim_{n\to\infty}\left(\sum_{k=1}^n f\left(\frac{k}{n}\right) - n\int_0^1 f(x)dx\right) = \frac{f(1)-f(0)}{2}$$

となるので，補題が示された． ∎

定理 2.19 （スターリングの公式1（階乗の挙動））

$$n! \sim \sqrt{2\pi}n^{n+\frac{1}{2}}e^{-n} \qquad (n \to \infty).$$

証明 補題 2.18 において $f(x) = \log(1+x)$ と置くと，

$$\sum_{k=1}^n f\left(\frac{k}{n}\right) = \sum_{k=1}^n \log\left(1+\frac{k}{n}\right)$$

$$= \sum_{k=1}^n \log\frac{n+k}{n}$$

$$= \log\frac{(n+1)(n+2)\cdots(2n)}{n^n}$$

$$= \log\frac{(2n)!}{n!n^n}$$

であること，および，

$$\int_0^1 f(x)dx = \int_0^1 \log(1+x)dx$$

$$= \left[(1+x)\log(1+x) - x\right]_0^1$$

$$= 2\log 2 - 1$$

$$= \log\frac{4}{e}$$

であることから，補題 2.18 は

$$\lim_{n\to\infty}\left(\log\frac{(2n)!}{n!n^n} - n\log\frac{4}{e}\right) = \frac{\log 2}{2}$$

となる．すなわち

$$\lim_{n\to\infty}\frac{(2n)!}{4^n n!}\left(\frac{e}{n}\right)^n = \sqrt{2} \qquad (2.23)$$

が成り立つ．一方，ウォリスの公式（以下に補題 2.20 として示す）より，

$$\lim_{n\to\infty}\frac{1}{\sqrt{n}}\frac{4^n(n!)^2}{(2n)!} = \sqrt{\pi} \qquad (2.24)$$

である．(2.23), (2.24) を辺々乗じて

$$\lim_{n\to\infty}\frac{n!}{\sqrt{n}}\left(\frac{e}{n}\right)^n = \sqrt{2\pi}.$$

すなわち

$$\lim_{n\to\infty}\frac{n!}{e^{-n}n^{n+\frac{1}{2}}} = \sqrt{2\pi}$$

となり，定理が示された． ∎

補題 2.20（ウォリスの公式）

$$\lim_{n\to\infty}\frac{1}{\sqrt{n}}\frac{2\cdot 4\cdots(2n)}{1\cdot 3\cdots(2n-1)} = \sqrt{\pi}.$$

証明 $\sin$ の無限積表示（文献 [1]：第 5 章 2.3 節 (24)）

$$\sin\pi x = \pi x\prod_{n=1}^{\infty}\left(1 - \frac{x^2}{n^2}\right)$$

に $x = \frac{1}{2}$ を代入して得られる式を，次のように変形する．

$$\sin\frac{\pi}{2} = \frac{\pi}{2}\prod_{n=1}^{\infty}\left(1 - \frac{1}{4n^2}\right)$$

$$= \frac{\pi}{2} \prod_{n=1}^{\infty} \frac{(2n-1)(2n+1)}{(2n)^2}$$

$$= \frac{\pi}{2} \lim_{N \to \infty} \prod_{n=1}^{N} \frac{(2n-1)(2n+1)}{(2n)^2}$$

$$= \frac{\pi}{2} \lim_{N \to \infty} \frac{1 \cdot 3^2 \cdot 5^2 \cdots (2N-1)^2 (2N+1)}{2^2 \cdot 4^2 \cdots (2N)^2}$$

$$= \frac{\pi}{2} \lim_{N \to \infty} \left(\frac{1 \cdot 3 \cdot 5 \cdots (2N-1)}{2 \cdot 4 \cdots (2N)} \right)^2 (2N+1).$$

よって,

$$\sin \frac{\pi}{2} = 1 \iff \lim_{N \to \infty} \left(\frac{1 \cdot 3 \cdot 5 \cdots (2N-1)}{2 \cdot 4 \cdots (2N)} \right)^2 (2N+1) = \frac{2}{\pi}$$

$$\iff \lim_{N \to \infty} \frac{1 \cdot 3 \cdot 5 \cdots (2N-1)}{2 \cdot 4 \cdots (2N)} \sqrt{N} = \frac{1}{\sqrt{\pi}}$$

$$\iff \lim_{N \to \infty} \frac{1}{\sqrt{N}} \frac{2 \cdot 4 \cdots (2N)}{1 \cdot 3 \cdots (2N-1)} = \sqrt{\pi}.$$

∎

定理 2.21 (スターリングの公式 2 ($\mathrm{Re}(s) \to \infty$))

$$\Gamma(s) \sim \sqrt{2\pi} s^{s - \frac{1}{2}} e^{-s} \qquad (\mathrm{Re}(s) \to \infty)$$

証明 $c_n = \log \Gamma(s+n)$ と置き,以後しばらく c_n の挙動を求めることを目標にする. c_n の階差は

$$c_{n+1} - c_n = \log(s+n).$$

で与えられる. ここで, 数列 d_n を

$$c_n = (n+s) \log(n+s) - (n+s) + d_n$$

と置く[4]. c_n の階差の式から, d_n の階差を得る.

---

[4] この発想は差分と微分の類似による. $\log(s+n)$ は, n の関数 c_n の微分の類似と考えられるので, n を実変数とみなした原始関数 $(n+s)\log(n+s) - (n+s)$ で c_n を近似すれば, あとは誤差項 d_n を求めればよい.

2.4 ガンマ関数

$$d_{n+1} - d_n = (c_{n+1} - (n+1+s)\log(n+1+s) + (n+1+s))$$
$$- (c_n - (n+s)\log(n+s) + (n+s))$$
$$= 1 - (n+1+s)\log\frac{n+1+s}{n+s}$$
$$= 1 - (n+1+s)\log\left(1 + \frac{1}{n+s}\right)$$
$$= 1 - (n+1+s)\left(\frac{1}{n+s} - \frac{1}{2(n+s)^2} + \frac{1}{3(n+s)^3} - \cdots\right)$$
$$= -\frac{1}{2(n+s)} + \frac{1}{6(n+s)^2} - \cdots.$$

そこで，(先ほどの脚注と同じ発想により) 数列 e_n を

$$d_n = e_n - \frac{1}{2}\log(n+s)$$

で定義し，同様にして e_n の階差を計算する．

$$e_{n+1} - e_n = \left(d_{n+1} + \frac{1}{2}\log(n+1+s)\right) - \left(d_n + \frac{1}{2}\log(n+s)\right)$$
$$= \frac{1}{2}\log\frac{n+1+s}{n+s} - \frac{1}{2(n+s)} + \frac{1}{6(n+s)^2} - \cdots$$
$$= \frac{1}{2}\log\left(1 + \frac{1}{n+s}\right) - \frac{1}{2(n+s)} + \frac{1}{6(n+s)^2} - \cdots$$
$$= -\frac{1}{12(n+s)^2} + O\left(\frac{1}{|n+s|^3}\right) \quad (n \to \infty).$$

したがって，

$$e_n - e_0 = \sum_{k=0}^{n-1}(e_{k+1} - e_k)$$
$$= \sum_{k=0}^{n-1}\left(-\frac{1}{12(k+s)^2} + O\left(\frac{1}{|k+s|^3}\right)\right) \quad (n \to \infty).$$

右辺の分母が二乗以上であることに注意すると，各 s を固定した上での極限値

$$K_1(s) := \lim_{n \to \infty}(e_n - e_0)$$

が存在する．$K(s) = K_1(s) + e_0$ と置けば，オイラー・マクローリンより

$$e_n = K(s) + \frac{1}{12(n+s)} + O\left(\frac{1}{|n+s|^2}\right) \qquad (n \to \infty).$$

以上より，

$$\begin{aligned}
c_n &= (n+s)\log(n+s) - (n+s) - \frac{1}{2}\log(n+s) \\
&\quad + K(s) + \frac{1}{12(n+s)} + O\left(\frac{1}{|n+s|^2}\right) \qquad (n \to \infty) \\
&= \log(n+s)^{n+s-\frac{1}{2}} - \log e^{n+s} \\
&\quad + K(s) + \frac{1}{12(n+s)} + O\left(\frac{1}{|n+s|^2}\right) \qquad (n \to \infty).
\end{aligned}$$

よって，$C(s) = e^{K(s)}$ と置けば，

$$\begin{aligned}
\Gamma(n+s) &= C(s)(n+s)^{n+s-\frac{1}{2}} \\
&\quad \times \exp\left(-(n+s) + \frac{1}{12(n+s)} + O\left(\frac{1}{|n+s|^2}\right)\right) \qquad (n \to \infty).
\end{aligned}$$

よって，

$$\Gamma(n+s) \sim C(s)(n+s)^{n+s-\frac{1}{2}} e^{-(n+s)} \qquad (n \to \infty) \qquad (2.25)$$

が示された．

次に，$C(s)$ が s に依らない定数であることを示す．命題 2.15(2) を繰り返し用い，さらに (2.20) を用いると，

$$\begin{aligned}
\lim_{n \to \infty} \frac{\Gamma(n+s)}{\Gamma(n+t)} n^{t-s} &= \frac{\Gamma(s)}{\Gamma(t)} \lim_{n \to \infty} \frac{(n+s-1)\cdots(s+1)s}{(n+t-1)\cdots(t+1)t} n^{t-s} \\
&= \frac{\Gamma(s)}{\Gamma(t)} \frac{\Gamma(t)}{\Gamma(s)} = 1.
\end{aligned}$$

よって，$t=0$ として，上で示した (2.25) と合わせると

$$\begin{aligned}1 &= \lim_{n\to\infty}\frac{\Gamma(n+s)}{\Gamma(n)}n^{-s} \\ &= \frac{C(s)}{C(0)}\lim_{n\to\infty}\frac{(n+s)^{n+s-\frac{1}{2}}}{n^{n-\frac{1}{2}}}e^{-s}n^{-s} \\ &= \frac{C(s)}{C(0)}\lim_{n\to\infty}\left(1+\frac{s}{n}\right)^{n+s-\frac{1}{2}}e^{-s} = \frac{C(s)}{C(0)}.\end{aligned}$$

したがって，$C(s)$ は定数である．$C(s) = C$ と置くと，(2.25) より，

$$\Gamma(s) \sim Cs^{s-\frac{1}{2}}e^{-s} \qquad (\mathrm{Re}(s)\to\infty).$$

C の値は，ウォリスの公式（補題 2.20）を用いて

$$\begin{aligned}\sqrt{\pi} &= \lim_{n\to\infty}\frac{1}{\sqrt{n}}\frac{2\cdot 4\cdots(2n)}{1\cdot 3\cdots(2n-1)} \\ &= \lim_{n\to\infty}\frac{1}{\sqrt{n}}\frac{2^{2n}(n!)^2}{(2n)!} \\ &= \lim_{n\to\infty}\frac{1}{\sqrt{n}}\frac{2^{2n}(Cn^{n+\frac{1}{2}}e^{-n})^2}{C(2n)^{2n+\frac{1}{2}}e^{-2n}} = \frac{C}{\sqrt{2}}\end{aligned}$$

となることから，$C = \sqrt{2\pi}$ である． ∎

　ゼータ関数論においては，変数 s の実部を固定して虚部を無限大に近づけた際の挙動が重要である．その際，今示した $\mathrm{Re}(s)\to\infty$ の漸近状況だけではなく，より一般に $\mathrm{Im}(s)\to\infty$ なども含める形での公式が必要となる．本節では以後，スターリングの公式をそのように一般化していく．

　$s\in\mathbb{C}\setminus(-\infty,0]$ に対する $\Gamma(s)$ の漸近展開を，誤差項も具体的に表示して述べると以下のようになる．

　定理 2.22 （スターリングの公式（漸近展開））　$s\in\mathbb{C}\setminus(-\infty,0]$ とするとき，$k=1,2,3,\ldots$ に対し次式が成り立つ．

$$\log \Gamma(s) = \left(s - \frac{1}{2}\right) \log s - s + \sum_{j=1}^{k} \frac{B_{2j}}{2j(2j-1)} \frac{1}{s^{2j-1}}$$
$$+ \frac{\log 2\pi}{2} - \frac{1}{2k} \int_0^\infty \frac{B_{2k}(x-[x])}{(x+s)^{2k}} dx.$$

ただし，対数は主値を取るものとする．

証明 命題 2.15(4) の証明中で，次式を得た．

$$\Gamma(s) = \lim_{n \to \infty} \frac{n^s \cdot n!}{(s+n)(s+n-1)\cdots(s+1)s}$$
$$= \lim_{n \to \infty} \prod_{l=1}^{n} \frac{l}{s+l-1} \frac{n^s}{s+n}$$
$$= \lim_{n \to \infty} n^{s-1} \prod_{l=1}^{n} \frac{l}{s+l-1}.$$

これより，

$$\log \Gamma(s) = \lim_{n \to \infty} \left((s-1)\log n - \sum_{l=1}^{n} \log \frac{s+l-1}{l}\right).$$

定理 2.8 を

$$f(x) = \log \frac{x+s-1}{x}$$
$$= \log(x+s-1) - \log x$$

に適用し，$B_1 = -\frac{1}{2}$ および後ほど命題 3.21 で示す $B_{2j+1} = 0 \ (j=1,2,3,\ldots)$ を用いると

$$\sum_{l=1}^{n} \log \frac{s+l-1}{l} = \log s + \sum_{l=2}^{n} \log \frac{s+l-1}{l}$$
$$= \log s + \int_1^n \log \frac{x+s-1}{x} dx$$

$$+ \sum_{j=1}^{k} \frac{B_{2j}}{2j(2j-1)} \left(\frac{1}{(n+s-1)^{2j-1}} - \frac{1}{n^{2j-1}} - \frac{1}{s^{2j-1}} + 1 \right)$$

$$+ \frac{\log(n+s-1) - \log n - \log s}{2}$$

$$+ \frac{1}{2k} \int_1^n B_{2k}(x - [x]) \left(\frac{1}{(s+x-1)^{2k}} - \frac{1}{x^{2k}} \right) dx. \quad (2.26)$$

(2.26) の右辺第二項の定積分は，

$$\int_1^n \log \frac{x+s-1}{x} dx = \int_1^n \left(\log(x+s-1) - \log x \right) dx$$

$$= \Big[(x+s-1)\log(x+s-1) - x \log x \Big]_1^n$$

$$= (n+s-1)\log(n+s-1) - n \log n - s \log s$$

と計算できるから，

$$\log \Gamma(s) = \lim_{n \to \infty} \left\{ (s-1)\log n - \log s - \int_1^n \log \frac{x+s-1}{x} dx \right.$$

$$- \sum_{j=1}^{k} \frac{B_{2j}}{2j(2j-1)} \left(\frac{1}{(n+s-1)^{2j-1}} - \frac{1}{n^{2j-1}} - \frac{1}{s^{2j-1}} + 1 \right)$$

$$- \frac{\log(n+s-1) - \log n - \log s}{2}$$

$$\left. - \frac{1}{2k} \int_1^n B_{2k}(x-[x]) \left(\frac{1}{(s+x-1)^{2k}} - \frac{1}{x^{2k}} \right) dx \right\}$$

において，log の項をまとめると

$$(s-1)\log n - \log s - ((n+s-1)\log(n+s-1) - n \log n - s \log s)$$

$$- \frac{\log(n+s-1) - \log n - \log s}{2}$$

$$= \left(s - \frac{1}{2} \right) \log s + \left(s + n - \frac{1}{2} \right) \log \frac{n}{s+n-1}$$

となる．ここで，

$$\lim_{n\to\infty}\left(s+n-\frac{1}{2}\right)\log\frac{n}{s+n-1} = -\lim_{n\to\infty}\log\left(\frac{s+n-1}{n}\right)^{s+n-\frac{1}{2}}$$

$$= -\lim_{n\to\infty}\log\left(1+\frac{s-1}{n}\right)^{s+n-\frac{1}{2}}$$

$$= -\lim_{n\to\infty}\log\left(1+\frac{s-1}{n}\right)^{n}$$

$$= -s+1$$

であるから，

$$\log\Gamma(s) = \left(s-\frac{1}{2}\right)\log s - s + 1 + \sum_{j=1}^{k}\frac{B_{2j}}{2j(2j-1)}\left(\frac{1}{s^{2j-1}}-1\right)$$

$$-\frac{1}{2k}\int_{1}^{\infty}B_{2k}(x-[x])\left(\frac{1}{(s+x-1)^{2k}}-\frac{1}{x^{2k}}\right)dx. \qquad (2.27)$$

前定理より

$$\lim_{s\to\infty}\left(\log\Gamma(s)-\left(s-\frac{1}{2}\right)\log s + s\right) = \frac{1}{2}\log 2\pi$$

であるから，(2.27) で $s\to\infty$ とすれば

$$1-\sum_{j=1}^{k}\frac{B_{2j}}{2j(2j-1)}+\frac{1}{2k}\int_{1}^{\infty}\frac{B_{2k}(x-[x])}{x^{2k}}dx = \frac{1}{2}\log 2\pi$$

を得る． ∎

定理 2.23 (スターリングの公式 3 (半平面))　任意の $\varepsilon > 0$ に対し

$$D_{\varepsilon} = \{s\in\mathbb{C} \mid -\pi+\varepsilon < \arg s < \pi-\varepsilon\}$$

と置く．$s\in D_{\varepsilon}$ とするとき，次式が成り立つ．

$$\Gamma(s) \sim \sqrt{2\pi}s^{s-\frac{1}{2}}e^{-s} \qquad (|s|\to\infty).$$

証明　定理 2.22 で得た $\log\Gamma(s)$ の表示において，積分項は $O(|s|^{-2k+1})$ ($|s| \to \infty$) なので，

$$\log\Gamma(s) = \left(s - \frac{1}{2}\right)\log s - s + \frac{\log 2\pi}{2} + O(|s|^{-1}) \quad (|s| \to \infty)$$

となる．これより結論を得る． ∎

定理 2.24 (スターリングの公式 4（鉛直線）)　$s = \sigma + it$ とし，σ は $\sigma_1 \leq \sigma \leq \sigma_2$ を満たすとするとき，次式が成り立つ．

$$|\Gamma(s)| = \sqrt{2\pi}|t|^{\sigma-\frac{1}{2}}e^{-\frac{\pi|t|}{2}}\left(1 + O\left(\frac{1}{|t|}\right)\right) \quad (|t| \to \infty).$$

証明　はじめに $\sigma > 0$ の場合に証明する．
$B_2 - B_2(x) = x - x^2$ より，$0 \leq x \leq 1$ ならば

$$\frac{1}{2}|B_2 - B_2(x)| = \frac{1}{2}|x(1-x)| \leq \frac{1}{8}$$

であるから，定理 2.22 は $k = 1$ のとき

$$\log\Gamma(s) = \left(\sigma + it - \frac{1}{2}\right)\log(\sigma + it) - (\sigma + it) + \frac{1}{2}\log 2\pi + R(s)$$

となる．ただし，$R(s)$ は誤差項で次の評価を満たす．

$$|R(s)| \leq \frac{1}{8}\int_0^\infty \frac{dx}{|s+x|^2} = \frac{1}{8}\int_0^\infty \frac{dx}{(\sigma+x)^2 + t^2}$$

$$= \frac{1}{8|t|}\tan^{-1}\frac{|t|}{\sigma} \quad (t \neq 0)$$

$$= O\left(\frac{1}{|t|}\right) \quad (|t| \to \infty).$$

さて，

$$\log|\Gamma(s)| = \mathrm{Re}(\log\Gamma(s))$$

$$= \mathrm{Re}\left(\left(\sigma+it-\frac{1}{2}\right)\log(\sigma+it)\right) - \sigma + \frac{1}{2}\log 2\pi + \mathrm{Re}(R(s))$$

$$= \left(\sigma-\frac{1}{2}\right)\log(\sigma^2+t^2)^{\frac{1}{2}} - t\tan^{-1}\frac{t}{\sigma} - \sigma + \frac{1}{2}\log 2\pi + O\left(\frac{1}{|t|}\right)$$

であるが，ここで

$$\log(\sigma^2+t^2)^{\frac{1}{2}} = \frac{1}{2}\log t^2 + \frac{1}{2}\log\left(1+\frac{\sigma^2}{t^2}\right)$$

$$= \log|t| + O\left(\frac{1}{t^2}\right)$$

であり，さらに

$$\tan^{-1}\frac{t}{\sigma} + \tan^{-1}\frac{\sigma}{t} = \begin{cases} \frac{\pi}{2} & (t>0) \\ -\frac{\pi}{2} & (t<0) \end{cases}$$

であることを用いて,

$$\log|\Gamma(s)| = \left(\sigma-\frac{1}{2}\right)\log|t| - t\left(\pm\frac{\pi}{2} - \tan^{-1}\frac{\sigma}{t}\right) - \sigma + \frac{\log 2\pi}{2} + O\left(\frac{1}{|t|}\right)$$

$$= \left(\sigma-\frac{1}{2}\right)\log|t| - t\left(\pm\frac{\pi}{2} - \frac{\sigma}{t} + O\left(\frac{1}{t^2}\right)\right) - \sigma + \frac{\log 2\pi}{2} + O\left(\frac{1}{|t|}\right)$$

$$= \left(\sigma-\frac{1}{2}\right)\log|t| - \frac{\pi|t|}{2} + \frac{\log 2\pi}{2} + O\left(\frac{1}{|t|}\right).$$

これで $\sigma>0$ の場合に証明が終わった．ガンマ関数の関数等式（命題2.15(2)）を繰り返し用いることにより，実部を好きなだけ左に移動できるから，$\sigma\leq 0$ の場合も同じ結論が成り立つ． ∎

 sin の無限積表示とガンマ関数の積表示（命題 2.15(4)）を合わせると，以下のようなガンマ関数の関数等式を得る．

定理 2.25 （ガンマ関数の関数等式）

$$\Gamma(s)\Gamma(1-s) = \frac{\pi}{\sin\pi s}.$$

証明 無限積表示の形から，両辺の逆数はともに位数1の整関数であり，零点とその位数が完全に一致する．よって両辺は互いに定数倍の関係にある．あとは，零点以外の一点で値が等しいことを示せば良いが，定理の両辺とも，$s=0$ で1位の極を持ち留数は1であるから，両辺は等しい． ∎

系 2.26

$$\Gamma\left(\frac{1}{2}\right) = \sqrt{\pi}.$$

証明 上の定理で $s = \frac{1}{2}$ とすると，$\Gamma(\frac{1}{2})^2 = \pi$ となることからわかる． ∎

さらに，この系を用いて2倍公式も得られる．

定理 2.27 （ルジャンドルの 2 倍公式）

$$\Gamma(2s) = \frac{2^{2s-1}}{\sqrt{\pi}} \Gamma(s) \Gamma\left(s + \frac{1}{2}\right).$$

証明 命題 2.15(6) より，

$$\frac{d}{ds}\frac{\Gamma'(s)}{\Gamma(s)} + \frac{d}{ds}\frac{\Gamma'(s+\frac{1}{2})}{\Gamma(s+\frac{1}{2})} = \sum_{n=0}^{\infty} \frac{1}{(n+s)^2} + \sum_{n=0}^{\infty} \frac{1}{(n+\frac{1}{2}+s)^2}$$

$$= 4\left(\sum_{n=0}^{\infty} \frac{1}{(2n+2s)^2} + \sum_{n=0}^{\infty} \frac{1}{(2n+1+2s)^2}\right)$$

$$= 4\sum_{m=0}^{\infty} \frac{1}{(m+2s)^2}$$

$$= 2\frac{d}{ds}\frac{\Gamma'(2s)}{\Gamma(2s)}.$$

両辺を2回積分して対数を外すと，積分定数 $a, b \in \mathbb{C}$ を用いて

$$\Gamma(s)\Gamma\left(s + \frac{1}{2}\right) = e^{as+b} \Gamma(2s)$$

と表せる．$s = \frac{1}{2}, s = 1$ を代入し，系 2.26 で得た $\Gamma(\frac{1}{2}) = \sqrt{\pi}$ および $\Gamma(1) = 1$

を用いると，

$$\Gamma\left(1+\frac{1}{2}\right) = \frac{\Gamma\left(\frac{1}{2}\right)}{2} = \frac{\sqrt{\pi}}{2}$$

より

$$\frac{1}{2}a + b = \frac{1}{2}\log\pi, \qquad a + b = \frac{1}{2}\log\pi - \log 2$$

となり，これより

$$a = -2\log 2, \qquad b = \frac{1}{2}\log\pi + \log 2$$

となる．これで定理が示された． ∎

2.5 ポアソンの和公式

本節では，ゼータの持つ双対性（関数等式）の源であるポアソンの和公式を証明する．以下，$\widehat{f}$ は f のフーリエ変換，すなわち

$$\widehat{f}(\xi) = \int_{-\infty}^{\infty} f(x) e^{-2\pi i \xi x} dx \qquad (2.28)$$

とする．逆変換は次式で与えられる．

$$f(\xi) = \int_{-\infty}^{\infty} \widehat{f}(x) e^{2\pi i \xi x} dx. \qquad (2.29)$$

連続関数 f が次の3条件を満たすものとする．

(i) $\widehat{f}(x) = O(|x|^{-1-\delta})$ $(x \to \pm\infty)$ がある $\delta > 0$ に対して成り立つ．
(ii) $f(\xi) = O(|\xi|^{-1-\varepsilon})$ $(\xi \to \pm\infty)$ がある $\varepsilon > 0$ に対して成り立つ．
(iii) f は偶関数である（必然的に $\widehat{f}$ も偶関数となる）．

条件 (i), (ii) は，それぞれ積分 (2.28), (2.29) が絶対収束するための十分条件のうち最もわかりやすいものの一つである．また，条件 (iii) は，ポアソンの和公式を導くためには論理的に不要である．実際，f が奇関数の場合はポアソン

の和公式は自明に成立するので，一般の f を

$$f(x) = \frac{f(x)+f(-x)}{2} + \frac{f(x)-f(-x)}{2}$$

のように偶関数と奇関数の和に分解すれば，定理の実体は偶関数の部分のみにあることになる．定理の自明な部分を省き，より本質的な部分を記述するために条件 (iii) を付している．

定理 2.28 （ポアソンの和公式） 実数値関数 $f, \hat{f}$ が，条件 (i), (ii), (iii) を満たすとする．このとき，

$$\sum_{m\in\mathbb{Z}} f(m) = \sum_{n\in\mathbb{Z}} \hat{f}(n) \tag{2.30}$$

が成り立つ．

証明 条件 (i), (ii) により，(2.30) の両辺は収束する．関数 g を

$$g(x) = \sum_{m\in\mathbb{Z}} f(x+m)$$

と定義すると，g は周期 1 の周期関数となる（条件 (ii) より，この和は収束する）．したがって，g はフーリエ展開を持ち，

$$g(x) = \sum_{n=-\infty}^{\infty} a_n e^{2\pi i n x}$$

と置ける．この式で $x = 0$ と置くと

$$g(0) = \sum_{n=-\infty}^{\infty} a_n$$

となるが，一方，g の定義で $x = 0$ と置くと

$$g(0) = \sum_{m\in\mathbb{Z}} f(m)$$

となる．したがって，

$$\sum_{m \in \mathbb{Z}} f(m) = \sum_{n=-\infty}^{\infty} a_n$$

が成り立つので，定理を証明するには，各 n に対し

$$a_n = \widehat{f}(n)$$

が証明できればよい．これは次のようにして示される．

$$\begin{aligned}
\widehat{f}(n) &= \int_{-\infty}^{\infty} f(x) e^{-2\pi i n x} dx \\
&= \int_0^1 \sum_{m \in \mathbb{Z}} f(x+m) e^{-2\pi i n (x+m)} dx \\
&= \int_0^1 g(x) e^{-2\pi i n x} dx \\
&= \int_0^1 \sum_{k=-\infty}^{\infty} a_k e^{2\pi i k x} e^{-2\pi i n x} dx \\
&= \sum_{k=-\infty}^{\infty} a_k \int_0^1 e^{2\pi i (k-n) x} dx \\
&= \sum_{k=-\infty}^{\infty} a_k \times \begin{cases} \int_0^1 1 dx & (k=n) \\ \left[\frac{e^{2\pi i (k-n) x}}{2\pi i (k-n)}\right]_0^1 & (k \neq n) \end{cases} \\
&= \sum_{k=-\infty}^{\infty} a_k \times \begin{cases} 1 & (k=n) \\ 0 & (k \neq n) \end{cases} \\
&= a_n.
\end{aligned}$$
∎

ポアソンの和公式の威力を知るために，実際に $f(x)$ としていろいろな関数の例を取り，定理 2.28 の意味するところをみてみたい．

なお，以下にみるように $f(x)$ は決まった関数ではなくいろいろな関数を取り，そのたびにポアソンの和公式として新たな内容の等式が得られる．このような f を**テスト関数**と呼ぶ．

例 2.4
$$f(x) = \max\left\{\frac{1}{2} - |x|,\ 0\right\}.$$
このとき，ポアソン和公式の左辺は
$$\sum_{|n|<\frac{1}{2}} \left(\frac{1}{2} - |n|\right) = \frac{1}{2}.$$
一方，右辺は $y=0$ かどうかによって異なる．$y=0$ のときは
$$\widehat{f}(0) = \int_{-\infty}^{\infty} f(x)dx = \int_{-\frac{1}{2}}^{\frac{1}{2}} \left(\frac{1}{2} - |x|\right) dx = \frac{1}{4}$$
である．$y \neq 0$ のときは
$$\begin{aligned}
\widehat{f}(y) &= \int_{-\infty}^{\infty} f(x)e^{-2\pi ixy}dx \\
&= \int_{-\frac{1}{2}}^{\frac{1}{2}} \left(\frac{1}{2} - |x|\right) e^{-2\pi ixy}dx \\
&= \int_{-\frac{1}{2}}^{0} \left(\frac{1}{2} + x\right) e^{-2\pi ixy}dx + \int_{0}^{\frac{1}{2}} \left(\frac{1}{2} - x\right) e^{-2\pi ixy}dx \\
&= \left[\frac{\frac{1}{2}+x}{-2\pi iy}e^{-2\pi ixy}\right]_{-\frac{1}{2}}^{0} - \int_{-\frac{1}{2}}^{0} \frac{e^{-2\pi ixy}}{-2\pi iy}dx \\
&\quad + \left[\frac{\frac{1}{2}-x}{-2\pi iy}e^{-2\pi ixy}\right]_{0}^{\frac{1}{2}} + \int_{0}^{\frac{1}{2}} \frac{e^{-2\pi ixy}}{-2\pi iy}dx \\
&= \left[\frac{e^{-2\pi ixy}}{(2\pi y)^2}\right]_{-\frac{1}{2}}^{0} - \left[\frac{e^{-2\pi ixy}}{(2\pi y)^2}\right]_{0}^{\frac{1}{2}} = \frac{2 - e^{\pi iy} - e^{-\pi iy}}{(2\pi y)^2} \\
&= -\frac{(e^{\frac{\pi iy}{2}} - e^{-\frac{\pi iy}{2}})^2}{(2\pi y)^2} = -\frac{(2i\sin\frac{\pi y}{2})^2}{(2\pi y)^2} = \left(\frac{\sin\frac{\pi y}{2}}{\pi y}\right)^2
\end{aligned}$$
となる．$y=m$（偶数）のときには $\sin\frac{\pi m}{2} = 0$ で，$y=m$（奇数）のときには $\sin\frac{\pi m}{2} = (-1)^{\frac{m-1}{2}}$ だから，ポアソン和公式の右辺は，
$$\frac{1}{4} + 2\sum_{m=1}^{\infty} \left(\frac{\sin\frac{\pi m}{2}}{\pi m}\right)^2 = \frac{1}{4} + \frac{2}{\pi^2} \sum_{\substack{m \geq 1 \\ \text{奇数}}} \frac{1}{m^2}$$

となる.

ここで得た左辺と右辺を結んでみると，ポアソンの和公式は

$$\frac{1}{2} = \frac{1}{4} + \frac{2}{\pi^2}\sum_{\substack{m \geq 1 \\ 奇数}}\frac{1}{m^2}.$$

となる．これを整理すると

$$\sum_{\substack{m \geq 1 \\ 奇数}}\frac{1}{m^2} = \frac{\pi^2}{8}$$

となる．これを用いると，1700年代にオイラーが解決した「バーゼル問題」と呼ばれた当時の有名な未解決問題

$$\zeta(2) = \sum_{n=1}^{\infty}\frac{1}{n^2} = ?$$

の解答（定理1.3の別証）を次のようにして得ることができる．

$$\begin{aligned}\zeta(2) &= \sum_{n=1}^{\infty}\frac{1}{n^2} = \sum_{\substack{n \geq 1 \\ 偶数}}\frac{1}{n^2} + \sum_{\substack{n \geq 1 \\ 奇数}}\frac{1}{n^2} \\ &= \sum_{k=1}^{\infty}\frac{1}{(2k)^2} + \frac{\pi^2}{8} = \frac{1}{4}\sum_{k=1}^{\infty}\frac{1}{k^2} + \frac{\pi^2}{8} \\ &= \frac{1}{4}\zeta(2) + \frac{\pi^2}{8}\end{aligned}$$

よって

$$\frac{3}{4}\zeta(2) = \frac{\pi^2}{8}.$$

したがって

$$\zeta(2) = \frac{\pi^2}{6}$$

を得る.

本書では第3章（3.7節）において，一般の正の偶数における特殊値 $\zeta(2k)$ に関する結果を述べる．

例 2.5

$$f(x) = e^{-2\pi|x|}.$$

2.5 ポアソンの和公式

このとき,

$$\widehat{f}(y) = \int_{-\infty}^{\infty} f(x)e^{-2\pi i xy}dx$$

$$= \int_{-\infty}^{0} e^{2\pi x}e^{-2\pi i xy}dx + \int_{0}^{\infty} e^{-2\pi x}e^{-2\pi i xy}dx$$

$$= \int_{-\infty}^{0} e^{2\pi(1-iy)x}dx + \int_{0}^{\infty} e^{-2\pi(1+iy)x}dx$$

$$= \left[\frac{e^{2\pi(1-iy)x}}{2\pi(1-iy)}\right]_{-\infty}^{0} + \left[-\frac{e^{-2\pi(1+iy)x}}{2\pi(1+iy)}\right]_{0}^{\infty}$$

$$= \frac{1}{2\pi(1-iy)} + \frac{1}{2\pi(1+iy)} = \frac{1}{\pi(1+y^2)}$$

より,

$$\widehat{f}(y) = \frac{1}{\pi(1+y^2)}$$

となる.よって,ポアソン和公式は

$$\sum_{m \in \mathbb{Z}} e^{-2\pi|m|} = \sum_{n \in \mathbb{Z}} \frac{1}{\pi(1+n^2)}$$

となる.

左辺は等比数列の和だから以下のように計算できる.

$$\sum_{m \in \mathbb{Z}} e^{-2\pi|m|} = 1 + 2\sum_{m=1}^{\infty} e^{-2\pi m}$$

$$= 1 + \frac{2e^{-2\pi}}{1-e^{-2\pi}} = \frac{1+e^{-2\pi}}{1-e^{-2\pi}}.$$

よって,ポアソン和公式から,以下の結論が得られる.

$$\pi\frac{e^{\pi}+e^{-\pi}}{e^{\pi}-e^{-\pi}} = \sum_{m \in \mathbb{Z}} \frac{1}{m^2+1}$$

右辺の無限和の答えが左辺のように求められるとは驚きである.もちろん,左辺は $\pi\coth\pi$ とも表せるので,coth あるいは cot の部分分数分解の公式に適当な値を代入すればこの式を得ることはできる.ポアソンの和公式はそれらと同等以上の事実を含んでいるということである.

例 2.6 2つの実数 α, x $(x > 0)$ に対し
$$f(n) = e^{-\pi \frac{(n+\alpha)^2}{x}}$$
とする．このとき，
$$\widehat{f}(m) = \int_{-\infty}^{\infty} e^{-\pi \frac{(t+\alpha)^2}{x} - 2\pi i m t} dt$$
となるから，ポアソン和公式を $u = \frac{t+\alpha}{x} + im$ の置き換えによりさらに計算すると，
$$\sum_{n \in \mathbb{Z}} e^{-\pi \frac{(n+\alpha)^2}{x}} = \sum_{m \in \mathbb{Z}} \int_{-\infty}^{\infty} e^{-\pi \frac{(t+\alpha)^2}{x} - 2\pi i m t} dt$$
$$= \sqrt{x} \sum_{m \in \mathbb{Z}} e^{2\pi i m \alpha - \pi x m^2} \tag{2.31}$$
となる．したがって，たとえば $\alpha = 0$ のとき，
$$\sum_{n \in \mathbb{Z}} e^{-\frac{\pi n^2}{x}} = \sqrt{x} \sum_{m \in \mathbb{Z}} e^{-\pi m^2 x} \tag{2.32}$$
となる．これはテータ変換公式であり，リーマン・ゼータ関数の関数等式（3.6節）で用いられる．また，一般の α を含んだ等式 (2.31) は，ディリクレ L 関数の関数等式の証明に用いられる（第5章）．

2.6 アーベルの総和法

2.1節で紹介したオイラー・マクローリンの方法による評価法（命題2.7）は，非負関数を対象としていた．そのため，正項級数の収束性や，級数の絶対収束性をみるためには有用である一方，級数が発散することの証明や，絶対収束ではない一般の収束を証明するためには，必ずしも役立たない．そのためには，項同士の打ち消し合いを捉える必要があるからだ．そのための一つの方法として，本節ではアーベルの総和法を紹介する．

はじめに，部分積分の離散版ともいえる部分和の公式を述べる．以下，自然数 n に対して
$$A(n) = \sum_{r=1}^{n} a(r),$$

また $A(0) = 0$ と置く.

定理 2.29 （部分和の公式 1） 複素数列 $a(r)$ $(r = 1, 2, 3, \ldots)$ と，複素数値関数 $f(r)$ $(r \in \mathbb{C})$ に対し，次式が成り立つ．

$$\sum_{r=m+1}^{n} a(r)f(r) = \sum_{r=m}^{n-1} A(r)(f(r) - f(r+1)) + A(n)f(n) - A(m)f(m).$$

証明 みやすくするために $a_r = a(r)$, $A_r = A(r)$, $f_r = f(r)$ と置く．任意の $r \geq 1$ に対し，$a_r = A_r - A_{r-1}$ かつ $A_0 = 0$ であるから，

$$\text{定理の左辺} = \sum_{r=m+1}^{n} a_r f_r$$

$$= \sum_{r=m+1}^{n} (A_r - A_{r-1}) f_r$$

$$= (A_{m+1} - A_m) f_{m+1} + (A_{m+2} - A_{m+1}) f_{m+2} + \cdots + (A_n - A_{n-1}) f_n$$

$$= -A_m f_{m+1} + \sum_{r=m+1}^{n-1} A_r (f_r - f_{r+1}) + A_n f_n$$

$$= -A_m f_m + \sum_{r=m}^{n-1} A_r (f_r - f_{r+1}) + A_n f_n.$$

これは定理の右辺に等しい． ∎

この定理で $m = 0$ とした場合はよく用いられるので別記しておこう．

系 2.30 複素数列 $a(r)$ $(r = 1, 2, 3, \ldots)$ と，複素数値関数 $f(r)$ $(r \in \mathbb{C})$ に対し，次式が成り立つ．

$$\sum_{r=1}^{n} a(r)f(r) = \sum_{r=1}^{n-1} A(r)(f(r) - f(r+1)) + A(n)f(n).$$

注意 2.31 この定理は部分積分の離散版とみなせる．実際，離散和を積分とみなし，$A(r)$ を $a(r)$ の不定積分，$f(r+1) - f(r)$ を $f(r)$ の導関数 $f'(r)$ とみなせば，定

理の右辺は

$$\left[A(r)f(r)\right]_m^n - \int_m^n A(r)f'(r)dr$$

の形になる．ただし，この考察は端点の寄与の扱いが不正確である．これを精密化したものが，次の定理となる．

定理 2.32 （部分和の公式 2）　複素数列 $a(r)$ $(r = 1, 2, 3, \ldots)$ に対して

$$A(x) = \sum_{r \leq x} a(r)$$

と置く．区間 $y \leq r \leq x$ 上の C^1-級複素数値関数 $f(r)$ に対し，次式が成り立つ．

$$\sum_{y < r \leq x} a(r)f(r) = A(x)f(x) - A(y)f(y) - \int_y^x A(t)f'(t)dt.$$

証明　x, y が整数とは限らないので，整数からのずれによる半端分の寄与と整数間の寄与とを分けて計算する．2つの整数 m, n を，$n \leq x < n+1$, $m \leq y < m+1$ なるものとすると，定理の左辺は

$$\sum_{y < r \leq x} a(r)f(r) = \sum_{r=m+1}^n a(r)f(r)$$

と表せる．これは前定理の左辺と同じ形であるから，前定理の右辺の和を変形する．右辺第一項を次のように変形する．

$$\sum_{r=m}^{n-1} A(r)\left(f(r) - f(r+1)\right)$$

$$= -\sum_{r=m}^{n-1} A(r) \int_r^{r+1} f'(t)dt$$

$$= -\sum_{r=m}^{n-1} \int_r^{r+1} A(t)f'(t)dt \quad (A(t) = A(r) \quad (r \leq t < r+1))$$

$$= -\int_m^n A(t)f'(t)dt.$$

この式を，今示したい定理の右辺の第 2 項 $-\int_y^x$ と比べると，次の関係にある．

$$-\int_m^n A(t)f'(t)dt = -\int_y^x A(t)f'(t)dt + \int_n^x A(t)f'(t)dt - \int_m^y A(t)f'(t)dt.$$

各々の積分は以下のように計算できる．

$$\begin{aligned}\int_m^y A(t)f'(t)dt &= A(m)\int_m^y f'(t)dt \\ &= A(m)\Big[f(t)\Big]_m^y \\ &= A(m)(f(y) - f(m)) \\ &= A(y)f(y) - A(m)f(m).\end{aligned}$$

また，$n \leq t \leq x$ なる任意の t に対して $A(t) = A(n)$ であるから

$$\begin{aligned}\int_n^x A(t)f'(t)dt &= A(n)\int_n^x f'(t)dt \\ &= A(n)\Big[f(t)\Big]_n^x \\ &= A(n)(f(x) - f(n)) \\ &= A(x)f(x) - A(n)f(n).\end{aligned}$$

以上より結論を得る． ■

　後ほど，この定理を用いてリーマン・ゼータ関数のディリクレ級数表示が $\mathrm{Re}(s) < 1$ において発散することを証明する（第 3 章．定理 3.5）．

2.7　二重級数の基礎

　ゼータの理論では，オイラー積の収束性の議論が非常に重要である．それ

は，無限積は収束すれば非零であるから，収束性がそのまま「ゼータが非零であること」に直結するからである．

実際にオイラー積の収束性を扱うには，いったん素数にわたる無限積の対数を取り，素数にわたる無限和の形にする．そして各素数について対数をテイラー展開し，「素数にわたる和」の各項が「自然数にわたる和」となるような二重級数の形に変形する．こうして得た二重級数に対して，項の順序を巧みに変えるなど，様々な工夫を施すことが，オイラー積の収束性を扱うための一つの研究手法になっている．

だが，ここで一つ問題が生ずる．そうやって項の順序を変えた級数の値は，はじめに示したかった無限積の対数の値と同じなのだろうか．通常の（二重でない）級数の場合，解析学でよく知られた事実に「絶対収束級数は和の順序を変えても値が変わらない」という定理があるが，今の目的にはそれだけでは不十分である．

というのは，上で述べた手法では，単に項の順序（すなわち，無限積を構成する素数の順序）を変えているだけでなく，各項をさらに自然数にわたる無限和に分解していったん「素数と自然数の組にわたる二重級数」を作り，その二重級数を構成する組の順序を変えている．そこではもはや，素数の順序を入れ替えるという単純な変更ではなく，素数と自然数の組の順序の取り方を複雑に変更している．最終的にすべての素数とすべての自然数をわたるようにしてはいるが，はたしてその結果が当初の無限積の値と一致しているのか，それで本当にオイラー積の収束性が示せているのか，自明ではない．

本節では，その辺りの解説を目指す．はじめに二重級数の順序交換に関する基本的な事実を掲げる．次の定理は，ゼータ関数の解析接続（定理3.14）の証明で用いられるほか，臨界領域の内部または境界におけるオイラー積の収束性の解明に用いられる（その概要を例2.7および注意2.34で解説した）．

定理 2.33 　二つの添え字を持つ複素数列

$$\{a_{n,m} \in \mathbb{C} \mid n = 1, 2, 3, \ldots,\ m = 1, 2, 3, \ldots\}$$

に対し，極限値

$$\lim_{M\to\infty}\lim_{N\to\infty}\sum_{n=1}^{N}\sum_{m=1}^{M}|a_{n,m}|$$

が存在するとき，二重級数の二通りの極限

$$\sum_{n=1}^{\infty}\left(\sum_{m=1}^{\infty}a_{n,m}\right),\quad \sum_{m=1}^{\infty}\left(\sum_{n=1}^{\infty}a_{n,m}\right)$$

は同一の極限値 L に収束する．さらに，任意の全単射

$$\sigma:\mathbb{N}\longrightarrow\mathbb{N}\times\mathbb{N}$$

に対し，組 (n,m) にわたる二重級数を自然数 $k=\sigma^{-1}(n,m)$ の小さい順に並べ替えた級数

$$\sum_{k=1}^{\infty}b_k\qquad(b_k=a_{\sigma(k)})$$

も，L に収束する．

証明 仮定より，数列

$$c_K=\sum_{k=1}^{K}|b_k|$$

は有界であり，かつ単調増加だから $K\to\infty$ のとき収束する．よって，級数

$$\sum_{k=1}^{\infty}b_k$$

は絶対収束し，とくに収束する．また，これらの部分列の

$$s_n:=\sum_{m=1}^{\infty}a_{n,m},\qquad v_m:=\sum_{n=1}^{\infty}a_{n,m}$$

も絶対収束するのでそれぞれ（m,n にわたる無限級数として）収束する．

c_K がコーシー列であることから，任意の $\varepsilon>0$ に対し，ある $L\in\mathbb{N}$ が存在して，

$$\forall l\geq L\quad\forall j\geq 1\quad |b_{l+1}|+|b_{l+2}|+\cdots+|b_{l+j}|<\varepsilon$$

が成り立つ．自然数 M を十分大きく選んで

$$\{b_1, \ldots, b_L\} \subset \{a_{n,m} \mid 1 \leq n \leq M,\ 1 \leq m \leq M\}$$

となるように取る．すると，任意の $L_1 \geq L$, $M_1 \geq M$, $N_1 \geq M$ に対して不等式

$$\left| \sum_{n=1}^{N_1} \sum_{m=1}^{M_1} a_{n,m} - \sum_{l=1}^{L_1} b_l \right| \leq |b_{L+1}| + |b_{L+2}| + \cdots + |b_{L+j}| < \varepsilon$$

が，j を十分大きく選んで $L_1 < L+j$ かつ

$$\{a_{n,m} \mid 1 \leq n \leq N_1,\ 1 \leq m \leq M_1\} \subset \{b_1, \ldots, b_L, \ldots, b_{L+j}\}$$

となるように取れば，成立する．ここで，$L_1 \to \infty$ とすれば，極限値

$$B = \sum_{l=1}^{\infty} b_l$$

が存在することから，不等式

$$\left| \sum_{n=1}^{N_1} \sum_{m=1}^{M_1} a_{n,m} - B \right| \leq \varepsilon$$

が成り立ち，n, m にわたる有限和の順序を入れ替えた

$$\left| \sum_{m=1}^{M_1} \sum_{n=1}^{N_1} a_{n,m} - B \right| \leq \varepsilon$$

も成り立つ．各不等式でそれぞれ $M_1 \to \infty$, $N_1 \to \infty$ とすれば

$$\left| \sum_{n=1}^{N_1} s_n - B \right| \leq \varepsilon, \qquad \left| \sum_{m=1}^{M_1} v_m - B \right| \leq \varepsilon$$

となる．よって，二つの極限値

$$\sum_{n=1}^{\infty} s_n, \qquad \sum_{m=1}^{\infty} v_m$$

は共に B に収束する． ∎

2.7 二重級数の基礎

例 2.7 リーマン・ゼータ関数のオイラー積

$$\zeta(s) = \prod_{p:\text{素数}} \left(1 - p^{-s}\right)^{-1}$$

の収束性を論じたいとき，両辺の対数を取り，

$$\log \zeta(s) = \sum_{p:\text{素数}} \log(1-p^{-s})^{-1} = \sum_{p:\text{素数}} \sum_{m=1}^{\infty} \frac{1}{m\, p^{ms}} = \sum_{k=1}^{\infty} \frac{\Lambda_1(k)}{k^s}$$

と変形する．ただし $\Lambda_1(1) = 0$ であり，$k \geq 2$ に対し $\Lambda_1(k)$ は，マンゴルト関数

$$\Lambda(k) = \begin{cases} \log p & (k = p^m \text{ とある素数 } p \text{ と自然数 } m \text{ で表されるとき}) \\ 0 & (\text{それ以外のとき}) \end{cases} \tag{2.33}$$

を用いて

$$\Lambda_1(k) = \frac{\Lambda(k)}{\log k}$$

と定義され，$\frac{1}{m\, p^{ms}} = \frac{\Lambda_1(p^m)}{p^{ms}}$ である．このとき，$k = p^m$ の関係により，(小さい方から) l 番目の素数べきから「n 番目の素数 p の m 乗」を表す自然数の組 (n, m) への対応

$$\sigma : \mathbb{N} \ni l \longmapsto (n, m) \in \mathbb{N} \times \mathbb{N}$$

は全単射である．したがって，ゼータの対数をテイラー展開した二重級数

$$\log \zeta(s) = \sum_{p:\text{素数}} \sum_{m=1}^{\infty} \frac{1}{m\, p^{ms}}$$

に対し，定理 2.33 により，これを

$$\log \zeta(s) = \sum_{k=1}^{\infty} \frac{\Lambda_1(k)}{k^s}$$

の k にわたる和の収束性に置き換えて考えることが，二重級数が絶対収束する $\mathrm{Re}(s) > 1$ において許される．絶対収束しない領域 $\mathrm{Re}(s) \leq 1$ については，より重要であるので，次の注意で述べる．

注意 2.34 オイラー積の収束性がより問題になるのは，絶対収束しない領域においてである．「無限積が収束すれば非零」は (絶対でなく普通の) 収束の定義に含まれ

る．オイラー積が絶対収束でない領域であっても，収束さえ示せれば，それすなわち
ゼータが非零である証明になり，リーマン予想に向けた進展になり得る．だから「絶
対収束なら項の順序を変えても構わない」という事実に安易に頼るだけでは真実に近
づけない．むしろ，項の順序に値が影響を受けてしまうような，絶対収束しない状況
で，いかに結果を得るかが鍵である．

オイラー積の収束の問題は，二重級数のうち p にわたる和の収束性のことだから，
リーマン・ゼータ関数のオイラー積の対数

$$\log \zeta(s) = \sum_{p:\,素数} \sum_{m=1}^{\infty} \frac{1}{m\,p^{ms}}$$

の部分和を

$$E_x = \sum_{\substack{p:\,素数 \\ p<x}} \sum_{m=1}^{\infty} \frac{1}{m\,p^{ms}}$$

と置いたときの極限値 $\lim_{x \to \infty} E_x$ の収束を判定することが目標となる．E_x は p に関
しては有限和で，m に関しては $\mathrm{Re}(s) > 0$ で絶対収束しているから，そこでは和の
順序を入れ替えてよい．よって

$$E_x = \sum_{m=1}^{\infty} \sum_{\substack{p:\,素数 \\ p<x}} \frac{1}{m\,p^{ms}} \qquad (\mathrm{Re}(s) > 0)$$

となる．これを，E_x の各項を $k = p^m$ の大きさの順に並べ替えた級数

$$F_x = \sum_{k<x} \frac{\Lambda_1(k)}{k^s}$$

と比較すると，E_x の中で $m=1$ の項は F_x の中の k が素数の項と同一であり，p
の範囲も一致する．E_x の $m=2$ の項は F_x の中の「素数の平方」の項と同一だが，
p のわたる範囲が異なり，E_x は $p<x$，F_x は $k = p^2 < x$ より $p < \sqrt{x}$ となる．
$m \geq 3$ も同様である．二つの級数の差を $m=2$ と $m \geq 3$ に分けて記すと，

$$E_x - F_x = \sum_{\sqrt{x} \leq p < x} \frac{1}{2p^{2s}} + \sum_{m=3}^{\infty} \sum_{\sqrt[m]{x} \leq p < x} \frac{1}{mp^{ms}}.$$

右辺の第一項は，素数 p のわたる範囲を $p<x$ とした級数が

$$\left| \sum_{p<x} \frac{1}{2p^{2s}} \right| \leq \frac{1}{2} \sum_{p<x} \left| \frac{1}{p^{2s}} \right|$$

2.7 二重級数の基礎

$$\leq \frac{1}{2} \sum_{1 \leq n < x} \left|\frac{1}{n^{2s}}\right|$$

$$\leq \frac{1}{2} \zeta(2\operatorname{Re}(s)) \quad \left(\operatorname{Re}(s) > \frac{1}{2}\right)$$

より, $\operatorname{Re}(s) > \frac{1}{2}$ で絶対収束することから

$$\lim_{x \to \infty} \sum_{\sqrt{x} \leq p < x} \frac{1}{2p^{2s}} = 0$$

となる[4]. また, 第二項の二重級数は, 素数 p のわたる範囲を $p < x$ にすると以下の変形で m にわたる和は $\operatorname{Re}(s) > 0$ で絶対収束するから, $\sigma = \operatorname{Re}(s) > 0$ と置くと

$$\left|\sum_{m=3}^{\infty} \sum_{p<x} \frac{1}{mp^{ms}}\right| \leq \frac{1}{3} \sum_{m=3}^{\infty} \sum_{p<x} \left|\frac{1}{p^{ms}}\right| = \frac{1}{3} \sum_{p<x} \sum_{m=3}^{\infty} \left|\frac{1}{p^{ms}}\right| = \frac{1}{3} \sum_{p<x} \frac{p^{-3\sigma}}{1-p^{-\sigma}}$$

$$= \frac{1}{3} \sum_{p<x} \frac{1}{p^{2\sigma}(p^{\sigma}-1)} \leq \frac{1}{3} \sum_{1<n<x} \frac{1}{n^{2\sigma}(n^{\sigma}-1)}$$

$$= O\left(\sum_{1<n<x} \frac{1}{n^{3\sigma}}\right) \quad (x \to \infty).$$

最後の O 記号の中は, $x \to \infty$ としたとき, $\sigma > \frac{1}{3}$ ならば収束する. よって, $E_x - F_x$ の第二項の二重級数は, $x \to \infty$ のとき 0 に収束する.

以上のことから

$$\lim_{x \to \infty} (E_x - F_x) = 0$$

であり, 級数 E_x の収束を調べるには, F_x で $x \to \infty$ の極限を調べれば良いことがわかる. 本書では第3章で, この方法で実際に $\zeta(s)$ のオイラー積の収束性を $\operatorname{Re}(s) = 1$ $(s \neq 1)$ のときに調べる.

---

[4] $s = \frac{1}{2}$ のとき, この極限値は定理 1.17 より

$$\lim_{x \to \infty} \sum_{\sqrt{x} \leq p < x} \frac{1}{2p} = \lim_{x \to \infty} \frac{1}{2} \log \frac{\log x}{\log \sqrt{x}} = \log \sqrt{2}$$

となる. これが,「深いリーマン予想」(第6章) において定数 $\sqrt{2}$ が現れる理由となる (数式 (6.7) を参照).

2.8 メビウス反転公式

数論では,自然数 n の関数 $f(n)$ と $g(n)$ が約数にわたる和の関係で結ばれている状況をよく扱う.記号 $d|n$ を「d が n の約数である」すなわち「d は n を割り切る」と定義すると,$f(n)$ が n の約数 d にわたる $g(d)$ の和として

$$f(n) = \sum_{d|n} g(d)$$

と表される状況がこれに相当する.ここで和は n を割り切る自然数 d の全体にわたる.このとき,逆に $g(n)$ を $f(n)$ で表すことができるだろうか.これに対する解答を,のちの定理 2.37(メビウスの反転公式)で与える.

定義 2.35 (メビウス関数) 自然数 n の関数 $\mu(n)$ を,

$$\mu(n) = \begin{cases} (-1)^k & (n \text{ が異なる } k \text{ 個の素因子の積のとき}) \\ 0 & (n \text{ が平方因子を持つとき}) \end{cases}$$

と定める.これをメビウス関数という.

定理 2.36 (メビウス関数の基本公式)

$$\sum_{d|n} \mu(d) = \begin{cases} 1 & (n=1) \\ 0 & (\text{その他}) \end{cases}$$

証明 n の素因数分解を

$$n = p_1^{\alpha_1} \cdots p_k^{\alpha_k}$$

とする.n の約数 d が平方因子を含む場合は $\mu(d) = 0$ となるので,定理の左辺にある和に貢献するのは d が平方因子を含まない場合のみである.そのような d は,$p_1, \ldots, p_k$ の k 個の素数から r 個を選んで掛け合わせた形をしている.ただし,$r = 0, 1, 2, \ldots, k$ である.そして,素数が r 個であるとき,

$\mu(d) = (-1)^r$ となり，このような d は $\binom{k}{r}$ 個ある．よって，定理の左辺は，もし $n > 1$ ならば

$$\sum_{d|n} \mu(d) = \sum_{r=0}^{k} \binom{k}{r}(-1)^r$$

$$= (1-1)^k = 0$$

となる．$n = 1$ のときは両辺とも 1 となるので成り立つ．∎

定理 2.37 (メビウス反転公式) 関数 f, g に関する次の 3 条件は同値である．

(1) $f(n) = \sum_{d|n} g(d)$ ($\forall n \in \mathbb{N}$).

(2) $g(n) = \sum_{d|n} \mu(d) f\left(\dfrac{n}{d}\right)$ ($\forall n \in \mathbb{N}$).

(2)′ $g(n) = \sum_{d|n} \mu\left(\dfrac{n}{d}\right) f(d)$ ($\forall n \in \mathbb{N}$).

証明 d が n の約数であれば，$\frac{n}{d}$ もまた n の約数であるから，(2) で $\frac{n}{d}$ を d と置き換えれば (2)′ を得る．あとは (1) と (2) が同値であることを示せばよい．

まず，(1) を仮定して (2) を示す．

$$\sum_{d|n} \mu(d) f\left(\frac{n}{d}\right) = \sum_{d|n} \mu(d) \sum_{e|\frac{n}{d}} g(e)$$

$$= \sum_{des=n} \mu(d) g(e) (^\exists s \in \mathbb{N})$$

$$= \sum_{e|n} g(e) \sum_{d|\frac{n}{e}} \mu(d).$$

ここで，内側の和は前定理によって

$$\sum_{d|\frac{n}{e}} \mu(d) = \begin{cases} 1 & (n = e) \\ 0 & (\text{その他}) \end{cases}$$

と計算されるから，外側の和は $e = n$ の項だけとなり，結局

$$\sum_{d|n} \mu(d) f\left(\frac{n}{d}\right) = g(n)$$

となる．これで (2) が示された．

次に，(2) を仮定して (1) を示す．再び前定理を用いることにより，

$$\sum_{d|n} g(d) = \sum_{d|n} \sum_{e|d} \mu(e) f\left(\frac{d}{e}\right)$$

$$= \sum_{est=n} \mu(e) f(s) (\exists t \in \mathbb{N})$$

$$= \sum_{s|n} f(s) \sum_{e|\frac{n}{s}} \mu(e)$$

$$= f(n).$$

これで (1) が示された．

以上より，定理のすべての主張が示された． ∎

第3章 ◇ リーマン・ゼータの基本

3.1 絶対収束域

2.3節で私たちはリーマン・ゼータ関数を，自然数全体にわたる無限和

$$\zeta(s) = \sum_{n=1}^{\infty} \frac{1}{n^s} \tag{2.12}$$

あるいは素数全体にわたる無限積

$$\zeta(s) = \prod_{p:\text{素数}} \left(1 - p^{-s}\right)^{-1} \tag{2.13}$$

として定義した．数式番号は 2.3 節で定義を与えたときのものである．

本節では，(2.12) と (2.13) の絶対収束域が $\mathrm{Re}(s) > 1$ であり，その領域内でこれら2つの表示が等しく，正則関数となることを示す．続いて次節において，絶対収束域外における (2.12) と (2.13) の振る舞いについて考察する．

はじめに，(2.12) の絶対収束性と，収束域内における正則性をみてみよう．

定理 3.1 （ディリクレ級数の絶対収束域） リーマン・ゼータ関数のディリクレ級数表示 (2.12) は，$\mathrm{Re}(s) > 1$ においてのみ絶対収束する．これは広義一様収束であり，とくに，$\zeta(s)$ は $\mathrm{Re}(s) > 1$ において正則である．

証明　$s = \sigma + it \ (\sigma, t \in \mathbb{R})$ と置くと，

$$\left|\frac{1}{n^s}\right| = \frac{1}{n^\sigma}$$

であるから，絶対収束性は正項級数 $\displaystyle\sum_{n=1}^{\infty} \frac{1}{n^\sigma}$ の収束性を調べればわかる．

$f(x) = \frac{1}{x^\sigma}$ と置くと，$\sigma > 0$ のとき $f(x)$ は単調減少な非負関数だからオイラー・マクローリンの定理（命題2.7）により，$\sum_{n=1}^{\infty} \frac{1}{n^\sigma}$ の収束性は以下の広義積分の収束性と同じになる．

$$\int_1^\infty f(x)dx = \int_1^\infty \frac{1}{x^\sigma}dx = \begin{cases} \left[\dfrac{x^{1-\sigma}}{1-\sigma}\right]_1^\infty & (\sigma \neq 1) \\ [\log x]_1^\infty & (\sigma = 1) \end{cases}$$

$$= \begin{cases} \dfrac{1}{\sigma - 1} & (\sigma > 1) \\ \infty & (\sigma \leq 1). \end{cases}$$

以上より，$\sigma > 1$ においてのみ絶対収束する．

次に，$\sigma > 1$ における収束の広義一様性を示す．s が $\mathrm{Re}(s) = \sigma \geq 1 + \delta$ なる集合内を動くとき，無限和と第 N 部分和の値の差は，次のように評価できる．

$$\sum_{n=N+1}^{\infty} \frac{1}{n^\sigma} \leq \int_N^\infty \frac{1}{x^\sigma}dx = \left[\frac{x^{1-\sigma}}{1-\sigma}\right]_N^\infty = \frac{1}{(\sigma-1)N^{\sigma-1}} \leq \frac{1}{\delta N^\delta}.$$

$\frac{1}{\delta N^\delta} < \varepsilon$ なる N は δ のみによって取れ，s に依らない．これで広義一様収束であることが示された．

最後に，ディリクレ級数の各項 n^{-s} が s の正則関数であり，それらの有限和も正則であること，そして「正則関数列の一様収束極限はまた正則関数である」という複素関数論の定理により，$\zeta(s)$ は $\mathrm{Re}(s) > 1$ で正則となる．■

この定理と定義2.11から，オイラー積 (2.13) が $\mathrm{Re}(s) > 1$ において絶対収束することが直ちにわかる．その理由は，不等式

$$\sum_{p: \text{素数}} \left|\frac{1}{p^s}\right| = \sum_{p: \text{素数}} \frac{1}{p^\sigma} \leq \sum_{n=1}^{\infty} \frac{1}{n^\sigma}$$

が成り立つからである．また，オイラー積 (2.13) が $\mathrm{Re}(s) = 1$ において絶対収束しないことも第1章の定理1.17よりわかる．すなわち，$\mathrm{Re}(s) = 1$ のとき，

$$\sum_{p:\text{素数}} \left|\frac{1}{p^s}\right| = \sum_{p:\text{素数}} \frac{1}{p} = \infty$$

となる．以上より，次の事実を得る．

定理 3.2（オイラー積の絶対収束域）　リーマン・ゼータ関数のオイラー積表示 (2.13) は，$\mathrm{Re}(s) > 1$ においてのみ絶対収束する．これは広義一様収束であり，とくに，$\zeta(s)$ は $\mathrm{Re}(s) > 1$ において正則かつ非零である．

広義一様性の証明は定理 3.1 と同様だが，その帰結として，本定理では正則性のみならず非零性も得られたことに注意せよ．第 4 章でみるように，素数の謎の解明にはゼータの零点が重要となるが，オイラー積の収束性はゼータの零点に関する情報と深く関係している．これはディリクレ級数にはない性質である．

定理 3.1 と定理 3.2 より，リーマン・ゼータ関数の 2 つの表示 (2.12)(2.13) の絶対収束域は，ともに $\mathrm{Re}(s) > 1$ である．

定理 3.3（$\zeta(s)$ のオイラー積表示）　絶対収束域 $\mathrm{Re}(s) > 1$ において，2 つの表示 (2.12) と (2.13) は等しい．すなわち，

$$\sum_{n=1}^{\infty} \frac{1}{n^s} = \prod_{p:\text{素数}} \left(1 - p^{-s}\right)^{-1} \qquad (\mathrm{Re}(s) > 1) \tag{3.1}$$

が成り立つ．

証明　$p < x$ なる素数全体からなる (3.1) 右辺の部分積を P_x と置く．無限等比数列の和の公式により，

$$P_x = \prod_{p < x} \left(1 - p^{-s}\right)^{-1}$$
$$= \prod_{p < x} \left(1 + p^{-s} + p^{-2s} + p^{-3s} + \cdots\right) = \sum_{n \in A_x} \frac{1}{n^s}.$$

ただし，A_x は，x 未満の素因子のみを持つような自然数全体の集合である．この式で $x \to \infty$ とした極限値が (3.1) の右辺であるから，(3.1) の左辺と右辺の差は，$\mathrm{Re}(s) > 1$ において

$$|\text{左辺} - \text{右辺}| = \left|\sum_{n=1}^{\infty}\frac{1}{n^s} - \lim_{x\to\infty}\sum_{n\in A_x}\frac{1}{n^s}\right| = \left|\lim_{x\to\infty}\sum_{n\notin A_x}\frac{1}{n^s}\right|$$

$$\leq \lim_{x\to\infty}\sum_{n\geq x}\left|\frac{1}{n^s}\right| = 0$$

となる． ∎

零点を持たない領域を**非零領域**という．定理 3.2 のうち非零領域に関する事実は重要であり，この考え方を後に用いるので，以下に証明と共に再録しておく．

定理 3.4 （自明な非零領域） リーマン・ゼータ関数は，絶対収束域において非零である．すなわち，

$$\zeta(s) \neq 0 \qquad (\mathrm{Re}(s) > 1).$$

証明 定義 2.11 によりオイラー積 (2.13) が収束するので，その値は 0 でない． ∎

この定理の証明からわかるように，ゼータ関数の零点の研究にはオイラー積が重要な役割を果たす．仮にオイラー積 (2.13) を用いずにディリクレ級数 (2.12) のみを用いて非零領域を求めようとすると，たとえば次のようにして

$$\zeta(s) \neq 0 \qquad (\mathrm{Re}(s) > 2) \tag{3.2}$$

まではわかる．

(3.2) の証明 $\mathrm{Re}\, s = \sigma > 2$ とする．

$$|\zeta(\sigma + it)| \leq \zeta(\sigma)$$

かつ，ディリクレ級数の初項を除いた形より

$$|\zeta(\sigma + it) - 1| \leq \zeta(\sigma) - 1$$

であるから，$\zeta(\sigma + it)$ は，複素平面内で 1 を中心とする半径 $\zeta(\sigma) - 1$ の円の内部にある．$\mathrm{Re}(s) = \sigma > 2$ のとき，$1 < \zeta(\sigma) < \zeta(2) < 2$ であるから円の半径は 1 より小さく，円は 0 を含まない．よって，$\zeta(s) = 0$ とはなり得ない．∎

$\zeta(\sigma)$ は $\sigma > 1$ において単調減少な実数値関数であり，$\sigma \to 1 + 0$ のとき $\zeta(\sigma) \to \infty$ であることから，$\zeta(\sigma_0) = 2$ なる $\sigma = \sigma_0$ が区間 $1 < \sigma < 2$ にただ一つ存在する．この σ_0 を用いると，上の証明からわかるように，$\mathrm{Re}(s) \geq \sigma_0$ においてはディリクレ級数表示から $\zeta(s) \neq 0$ がわかる．しかし，$1 < \mathrm{Re}(s) < \sigma_0$ に対して $\zeta(s) \neq 0$ をディリクレ級数だけを使って示すのは困難であろう．実際，ディリクレ級数の各項は

$$\frac{1}{n^s} = \frac{e^{-it \log n}}{n^\sigma}$$

であり，絶対値 $\frac{1}{n^\sigma}$，偏角 $-t \log n$ の複素数である．この絶対値は $n \to \infty$ のとき 0 に収束するが，偏角は n の増大に伴って単調に変動（t の符号によって減少または増加）し，$\pm\infty$ に発散する．したがって，一般項は複素平面内で原点 0 のまわりをらせん状に回転しながら 0 に収束する点列となる．偏角が各方向にまんべんなく分散すれば点列の和に打ち消し合いが起こるので $\zeta(s) = 0$ となる可能性が排除しきれない．このように，絶対収束域内においてすら，ディリクレ級数表示は $\zeta(s) \neq 0$ の判定にほとんど無力なのである．

3.2 絶対収束域外のディリクレ級数

前節では，ゼータ関数の 2 つの表示 (2.12)(2.13) の絶対収束域が，ともに $\mathrm{Re}(s) > 1$ である事実をみた．では，絶対収束域以外における収束性はどうなっているのだろうか．本節では，ディリクレ級数表示 (2.12) が $\mathrm{Re}(s) \leq 1$ において，発散することを証明する．

はじめに，この発散が決して自明でないことを，前節の結論を振り返ることによってみておこう．$s = \sigma + it$ と置く．$s \in \mathbb{R}$ のときは結論は明らかだから，以下 $t \neq 0$ とする．ディリクレ級数の各項

$$\frac{1}{n^s} = \frac{e^{-it \log n}}{n^\sigma}$$

は先ほどみたように絶対値 $\frac{1}{n^\sigma}$，偏角 $-t \log n$ の複素数である．$\sigma > 0$ のとき，n の増大に伴い絶対値は減少して0に近づき，偏角の絶対値は ($t \neq 0$ なので) 対数のオーダーで増大していく．したがって，n が自然数全体を動いたときの複素数 $\frac{1}{n^s}$ の列が，らせん状に原点に収束することは先ほどと同様であり，このような点列の和が収束するかどうかを判定するのは難しい．少なくとも各項が0に収束する上に，らせん状に動くことによってそれらの和には相当な打ち消し合いが起きていると推察されるからである．以上のことから，発散の事実は決して自明でないことがわかる．絶対収束でない（普通の）収束を判定するには，各項を上から評価するだけでなく，項同士の打ち消し合いの様子まで考慮に入れる必要がある．そこで，2.3節で紹介したアーベルの総和法（定理2.32）を使って次の定理を示す．

定理 3.5　　リーマン・ゼータ関数のディリクレ級数表示

$$\zeta(s) = \sum_{n=1}^{\infty} \frac{1}{n^s} \tag{3.3}$$

は，$\text{Re}(s) < 1$ において発散する．

証明　(3.3) が $s_0 = \sigma_0 + it_0$, ($\sigma_0 < 1$) において収束すると仮定する．以下，この仮定の下で (3.3) の $s = 1$ における収束が導けることを証明する．そうすれば，例2.1に矛盾するので，背理法によって証明が完了する．

$a(n) = n^{-s_0}$ と置く．仮定より

$$\zeta(s_0) = \sum_{n=1}^{\infty} a(n)$$

3.2 絶対収束域外のディリクレ級数

は収束するから,数列

$$A(N) = \sum_{n=1}^{N} a(n)$$

はコーシー列となるので,任意の $\varepsilon > 0$ に対してある N_0 が存在して,任意の $M, N > N_0$ に対し

$$|A(N) - A(M)| = \left|\sum_{n=M+1}^{N} a(n)\right| < \varepsilon \tag{3.4}$$

が成り立つ.以下,$M, N > N_0$ とする.

定理 2.32 で

$$a(r) = \frac{1}{r^{s_0}}, \quad f(r) = \frac{1}{r^{s-s_0}}, \quad y = M, \quad x = N$$

とすると,定理 2.32 の結論の左辺は

$$\sum_{M < n \leq N} \frac{1}{n^{s_0}} \cdot \frac{1}{n^{s-s_0}} = \sum_{M < n \leq N} \frac{1}{n^s} \tag{3.5}$$

となる.これより,$\mathrm{Re}(s) > \sigma_0$ を満たす任意の $s \in \mathbb{C}$ に対して

$$\zeta(s) = \sum_{n=1}^{\infty} \frac{1}{n^s}$$

が収束することを示す.そのためには,数列

$$S(N) = \sum_{n=1}^{N} \frac{1}{n^s}$$

がコーシー列であることを示せばよいから,任意の $\varepsilon' > 0$ に対してある N_1 が存在して,任意の $M, N > N_1$ に対し数式 (3.5) の絶対値が ε' より小さいことを言えばよい.

今,$f'(t) = \frac{s_0 - s}{t^{s-s_0+1}}$ であることから,定理 2.32 の結論の右辺は,

$$\frac{A(N)}{N^{s-s_0}} - \frac{A(M)}{M^{s-s_0}} - \int_M^N \frac{(s_0 - s)A(t)}{t^{s-s_0+1}} dt \tag{3.6}$$

となる．このうち最初の二項は，

$$\lim_{N\to\infty} A(N) = \lim_{M\to\infty} A(M) = \zeta(s_0)$$

および $\operatorname{Re}(s) > \sigma_0$ であることから，0に収束する．最後の積分項は，$A(t)$ の上界が (3.4) から $|A(t)| < |\zeta(s_0)| + \varepsilon$ と与えられることと，命題2.1より，次のように評価できる．$\sigma = \operatorname{Re}(s)$ と置くと

$$\left| \int_M^N \frac{(s_0 - s)A(t)}{t^{s-s_0+1}} dt \right| \leq \int_M^N \left| \frac{(s_0 - s)A(t)}{t^{s-s_0+1}} \right| dt$$

$$\leq (|\zeta(s_0)| + \varepsilon) \int_M^N \left| \frac{s_0 - s}{t^{s-s_0+1}} \right| dt$$

$$= (|\zeta(s_0)| + \varepsilon) \frac{|s - s_0|}{\sigma - \sigma_0} \left(\frac{1}{M^{\sigma-\sigma_0}} - \frac{1}{N^{\sigma-\sigma_0}} \right).$$

これも，$\operatorname{Re}(s) > \sigma_0$ であることから，0に収束する．

したがって，与えられた $\varepsilon' > 0$ に対し，(3.6) の三項の絶対値がいずれも $\frac{\varepsilon'}{3}$ より小さくなるような，十分大きな数を取り，それと N_0 との大きな方を N_1 と定めればよい． ∎

これで，リーマン・ゼータ関数のディリクレ級数が $\operatorname{Re}(s) > 1$ で絶対収束し，$\operatorname{Re}(s) < 1$ で発散することがわかった．次に，境界 $\operatorname{Re}(s) = 1$ における様子を調べる．そのうち，$s = 1$ で発散することは定理1.2で既にみた．以下では，それ以外のすべての s において発散（有界振動）することを示す．ただし，絶対収束域ではないので，項の順序を考慮に入れた議論が必要である．ここでは，自然数を小さい方から順に加えた級数の極限

$$\lim_{N\to\infty} \sum_{n=1}^N n^{-1-it}$$

を扱う．

有界性の証明には，偏角がばらつきを持つ複素数列から構成された級数

$$\sum_{n=1}^N n^{-it}$$

3.2 絶対収束域外のディリクレ級数

において，打ち消し合いがある程度起きることを示し，なおかつ，この打ち消し合いの程度が，ディリクレ級数の収束には不十分であることを示す必要がある．

定理 3.6　リーマン・ゼータ関数のディリクレ級数表示

$$\zeta(s) = \sum_{n=1}^{\infty} \frac{1}{n^s} \tag{3.7}$$

は，$\mathrm{Re}(s) = 1\ (s \neq 1)$ において発散（有界振動）する．

証明　実数 t を任意に固定する．オイラーの総和法（定理 2.6）において，$f(x) = x^{-1-it}$，$m = 1$ とすると，$f'(x) = -(1+it)x^{-2-it}$ より，

$$\frac{1}{2} + \sum_{r=2}^{n-1} \frac{1}{r^{1+it}} + \frac{1}{2}f(n) + \frac{n^{-it}-1}{it} = -(1+it)\int_1^n \frac{x-[x]-\frac{1}{2}}{x^{2+it}}dx. \tag{3.8}$$

ここで，右辺の定積分は $n \to \infty$ のとき，

$$\int_1^\infty \left|\frac{x-[x]-\frac{1}{2}}{x^{2+it}}\right|dx = O\left(\int_1^\infty \frac{1}{x^2}dx\right) = O(1)$$

より絶対収束するので，収束する．一方，(3.8) の両辺で $n \to \infty$ としたとき，$\frac{1}{2}f(n) + \frac{n^{-it}-1}{it}$ は一定値に収束しない．n^{-it} が絶対値 1 の円周上を動き続けるからである．示すべき級数の項を除けば，その他のすべての項は $n \to \infty$ で有限の収束値を持つ．したがって，級数は振動する．　■

上の証明により，実質的に $\zeta(s)$ の右半平面への解析接続が得られているので記しておく．

定理 3.7　($\zeta(s)$ の右半平面への解析接続とローラン展開（定数項まで））　以下の (1)(2) が成り立つ．ただし γ はオイラーの定数である．

(1) $\zeta(s)$ は, 極 $s = 1$ を除き, 半平面 $\text{Re}(s) > 0$ 上に解析接続される. 極 $s = 1$ の位数は 1 であり, 留数は 1 である.

(2) $\zeta(s)$ の極 $s = 1$ のまわりのローラン展開 (定数項まで) は次式で与えられる.

$$\zeta(s) = \frac{1}{s-1} + \gamma + O(|s-1|) \qquad (s \to 1).$$

証明 (1) 数式 (3.8) を, $\text{Re}(s) > 1$ の場合において, $n \to \infty$ として再録すると,

$$\sum_{r=2}^{\infty} \frac{1}{r^s} = \int_1^{\infty} \frac{1}{x^s} dx - s \int_1^{\infty} \frac{x - [x] - \frac{1}{2}}{x^{s+1}} dx - \frac{1}{2}$$

となる. よって, リーマン・ゼータ関数の新しい表示

$$\zeta(s) = 1 + \sum_{r=2}^{\infty} \frac{1}{r^s}$$

$$= \frac{1}{2} + \frac{1}{s-1} - s \int_1^{\infty} \frac{x - [x] - \frac{1}{2}}{x^{s+1}} dx \qquad (3.9)$$

を得る. 末尾の定積分の項は, 上の証明と同様の計算により絶対収束し, この収束は $\text{Re}(s) > 0$ で広義一様である. この一様性により, s の関数として微分する操作は定積分と交換できるから, 被積分関数が微分可能であることから, 定積分も微分可能である. よって, 表示 (3.9) により, $\zeta(s)$ は $\text{Re}(s) > 0$ に解析接続される.

また, (3.9) の $\frac{1}{s-1}$ の項より, $\zeta(s)$ が $s = 1$ において一位の極を持つこと, および, その留数が 1 であることがわかる.

(2) (3.9) より,

$$\lim_{s \to 1} \left(\zeta(s) - \frac{1}{s-1} \right) = \frac{1}{2} + \int_1^{\infty} \frac{[x] - x + \frac{1}{2}}{x^2} dx$$

$$= \lim_{n \to \infty} \int_1^n \frac{[x] - x}{x^2} dx + 1$$

$$= \lim_{n \to \infty} \left(\sum_{m=1}^{n-1} m \int_m^{m+1} \frac{1}{x^2} dx - \log n + 1 \right)$$

$$= \lim_{n \to \infty} \left(\sum_{m=1}^{n-1} \frac{1}{m+1} - \log n + 1 \right) = \gamma. \qquad \blacksquare$$

この定理の証明で用いた方法を進めることにより，さらに解析接続の領域の範囲を広げることも可能である．しかし，本書では3.4節において，$\zeta(s)$ の全平面への解析接続をいくつもの方法で証明するので，ここではこれ以上踏み入らない．

3.3　絶対収束域外のオイラー積

　私たちは定理3.2でオイラー積の絶対収束域がちょうど $\mathrm{Re}(s) > 1$ であることを示した．では，（絶対収束と限らない普通の）収束についてはどうなのだろうか．絶対収束の条件を緩めるのだから，収束する領域は（同じであるかまたは）広がるはずである．いったいどこまで広がるのだろう．

　本節では，それが境界 $\mathrm{Re}(s) = 1$ まで広がり，それ以上は広がらないことをみる．すなわち，ゼータ関数のオイラー積表示 (2.13) は，$\mathrm{Re}(s) = 1$ $(s \neq 1)$ において収束し，$\frac{1}{2} < \mathrm{Re}(s) < 1$ において発散することを証明する．収束の証明では，先に，$\mathrm{Re}(s) = 1$ 上で $\zeta(s) \neq 0$ であることを示す（定理3.8）．

　無限積は収束すれば非零であるから，オイラー積の収束は，この「ゼータが非零である」という事実を強めた命題である．後ほど示す定理3.9は，ゼータが単に非零であるだけでなく「オイラー積が収束するような非零」であることを主張している．

|定理 3.8|　($\zeta(1+it)$ の非零性)　$\mathrm{Re}(s) = 1$ 上において，$\zeta(s) \neq 0$ である．

証明

$$\log \zeta(s) = \sum_{p: \text{素数}} \sum_{m=1}^{\infty} \frac{1}{mp^{ms}} \qquad (\sigma > 1)$$

より

$$\log|\zeta(s)| = \sum_{p:\text{素数}} \sum_{m=1}^{\infty} \frac{\cos(mt\log p)}{mp^{m\sigma}} \quad (\sigma > 1).$$

一般に，任意の実数 ϕ に対し，

$$3 + 4\cos\phi + \cos 2\phi = 2(1+\cos\phi)^2 \geq 0$$

であるから，

$$3\log\zeta(\sigma) + 4\log|\zeta(\sigma+it)| + \log|\zeta(\sigma+2it)|$$
$$= \sum_{p:\text{素数}} \sum_{m=1}^{\infty} \frac{3 + 4\cos(mt\log p) + \cos(2mt\log p)}{mp^{m\sigma}}$$

において，右辺の分子は 0 以上である．よって，

$$\zeta(\sigma)^3 |\zeta(\sigma+it)|^4 |\zeta(\sigma+2it)| \geq 1 \quad (\sigma > 1) \tag{3.10}$$

が成り立つ．

ここで，仮に，ある $t \in \mathbb{R}$ に対して $\zeta(1+it) = 0$ が成り立ったとする．このとき，$t \neq 0$ であり，そして，

- $\zeta(z)$ は $z = 1$ で 1 位の極
- $\zeta(z+it)$ は $z = 1$ で零点
- $\zeta(z+2it)$ は $z = 1$ で正則

であることから，極・零点の位数を計算すると，関数 $\zeta(z)^3 \zeta(z+it)^4 \zeta(z+2it)$ は $z = 1$ で正則（除去可能特異点）であり，そこで零点を持つ．とくに $z = 1$ で連続であり，

$$\lim_{\sigma \to 1+0} \zeta(\sigma)^3 \zeta(\sigma+it)^4 \zeta(\sigma+2it) = 0$$

となる．これは (3.10) に矛盾する． ∎

この定理により，これまでオイラー積の絶対収束域によって得られていたゼータの非零領域 $\mathrm{Re}(s) > 1$ を，境界 $\mathrm{Re}(s) = 1$ まで拡張した．これをさらに $\mathrm{Re}(s) = c \ (c < 1)$ まで拡張する問題は未解決である．

それでは，境界 $\mathrm{Re}(s) = 1$ 上でのオイラー積の様子を述べよう．$s = 1$ で発散することは既にみたので，以下では $s \neq 1$ の場合を扱う．

定理 3.9 ($\mathrm{Re}(s) = 1$ 上のオイラー積) リーマン・ゼータ関数のオイラー積表示 (2.13) は，$\mathrm{Re}(s) = 1 \ (s \neq 1)$ において収束する．

証明 $s = 1 + it \ (t \neq 0)$ に対し，以下の (I)〜(IV) を順に示していく．

(I) $\displaystyle\sum_{1 \leq n \leq x} \frac{1}{n^s} = \zeta(s) - \frac{1}{(s-1)x^{s-1}} + O\left(\frac{1}{x}\right) \qquad (x \to \infty).$

(II) $\displaystyle\sum_{1 \leq n \leq x} \frac{\log n}{n^s} = -\zeta'(s) - \frac{1}{(s-1)^2 x^{s-1}} - \frac{\log x}{(s-1)x^{s-1}} + O\left(\frac{\log x}{x}\right)$
$(x \to \infty).$

(III) $\displaystyle\sum_{1 \leq n \leq x} \frac{\Lambda(n)}{n^s} = O(1) \qquad (x \to \infty)$

(IV) オイラー積 (2.13) は s において収束する．

(I) の証明 定理 2.5 において $f(r) = r^{-s}$, $m = [x]$, $n \to \infty$ とし，整数の記号 r を n に書き換えると，

$$\sum_{n > [x]} \frac{1}{n^s} - \int_{[x]}^{\infty} \frac{dt}{t^s} = -s \int_{[x]}^{\infty} \frac{t - [t]}{t^{s+1}} dt \qquad (\mathrm{Re}(s) > 1) \tag{3.11}$$

が成り立つ．左辺を計算すると次式になる．

$$\zeta(s) - \sum_{1 \leq n \leq [x]} \frac{1}{n^s} - \frac{1}{(s-1)[x]^{s-1}} = -s \int_{[x]}^{\infty} \frac{t - [t]}{t^{s+1}} dt.$$

右辺の広義積分は $\mathrm{Re}(s) > 0$ で広義一様絶対収束するので，この表示は $\zeta(s)$

の $\mathrm{Re}(s) > 0$ ($s \neq 1$) への解析接続を与えている．$\mathrm{Re}(s) = 1$ のとき，右辺は

$$-s \int_{[x]}^{\infty} \frac{t-[t]}{t^{s+1}} dt = O\left(\int_{[x]}^{\infty} \frac{1}{t^2} dt\right) = O\left(\frac{1}{x}\right).$$

また，

$$\frac{1}{[x]^{s-1}} = \frac{1}{x^{s-1}} + O\left(\frac{1}{x}\right) \qquad (x \to \infty) \tag{3.12}$$

であるから，(I) が成り立つ．

(II) の証明 (3.11) の両辺を微分して

$$\zeta'(s) + \sum_{1 \leq n \leq [x]} \frac{\log n}{n^s} + \frac{1}{(s-1)^2 [x]^{s-1}} + \frac{\log [x]}{(s-1)[x]^{s-1}}$$
$$= -\int_{[x]}^{\infty} \frac{t-[t]}{t^{s+1}} dt + s \int_{[x]}^{\infty} \frac{(t-[t])\log t}{t^{s+1}} dt.$$

右辺第 1 項は $O(\frac{1}{x})$，第 2 項は $O\left(\frac{\log x}{x}\right)$ となるので，(3.12) と合わせて (II) を得る．

(III) の証明 自然数 n が

$$n = p_1^{e_1} \cdots p_r^{e_r}$$

と，異なる素数べきの積に素因数分解されているとき，n の約数 d に対して

$$\Lambda(d) = \begin{cases} \log p_j & (d = p_j, p_j^2, \ldots, p_j^{e_j}) \\ 0 & (その他の d) \end{cases}$$

である．よって $\Lambda(d) = \log p_j$ なる d は e_j 個あるので，

$$\sum_{d \mid n} \Lambda(d) = \sum_{j=1}^{r} e_j \log p_j = \sum_{j=1}^{r} \log p_j^{e_j} = \log n.$$

したがって，

3.3 絶対収束域外のオイラー積

$$\sum_{1\leq n\leq x}\frac{\log n}{n^s}=\sum_{1\leq n\leq x}\frac{\Lambda(n)}{n^s}\sum_{1\leq k\leq \frac{x}{n}}\frac{1}{k^s}$$

が成り立ち，有限和なので $s\in\mathbb{C}$ に対して正しい．以下，$\mathrm{Re}(s)=1$ $(s\neq 1)$ とする．右辺の末尾の級数に (I) を適用して

$$\sum_{1\leq n\leq x}\frac{\log n}{n^s}=\sum_{1\leq n\leq x}\frac{\Lambda(n)}{n^s}\left(\zeta(s)-\frac{1}{(s-1)(\frac{x}{n})^{s-1}}\right)+O\left(\sum_{1\leq n\leq x}\frac{\Lambda(n)}{n}\frac{n}{x}\right)$$

$$=\zeta(s)\sum_{1\leq n\leq x}\frac{\Lambda(n)}{n^s}-\frac{1}{(s-1)x^{s-1}}\sum_{1\leq n\leq x}\frac{\Lambda(n)}{n}+O\left(\frac{\psi(x)}{x}\right)$$

$$=\zeta(s)\sum_{1\leq n\leq x}\frac{\Lambda(n)}{n^s}-\frac{\log x}{(s-1)x^{s-1}}+O(1)\quad (x\to\infty).$$

ただし，最後の変形では命題 1.15 から得られる

$$\sum_{1\leq n\leq x}\frac{\Lambda(n)}{n}=\log x+O(1)\quad (x\to\infty)$$

ならびに，補題 1.8(iii) と系 1.11 から得る

$$\frac{\psi(x)}{x}=O(1)\quad (x\to\infty)$$

を用いた．この結果と (II) を合わせると，次式が成り立つ．

$$-\zeta'(s)-\frac{1}{(s-1)^2 x^{s-1}}-\frac{\log x}{(s-1)x^{s-1}}+O\left(\frac{\log x}{x}\right)$$

$$=\zeta(s)\sum_{1\leq n\leq x}\frac{\Lambda(n)}{n^s}-\frac{\log x}{(s-1)x^{s-1}}+O(1)\quad (x\to\infty).$$

すなわち，

$$\zeta(s)\sum_{1\leq n\leq x}\frac{\Lambda(n)}{n^s}=-\zeta'(s)-\frac{1}{(s-1)^2 x^{s-1}}+O(1)\quad (x\to\infty)$$

$$=O(1)\quad (x\to\infty)$$

である．定理3.8より $\zeta(s) \neq 0$ であるから，

$$\sum_{1 \leq n \leq x} \frac{\Lambda(n)}{n^s} = O(1) \qquad (x \to \infty)$$

である．

(IV) の証明　リーマン・ゼータ関数のオイラー積の対数を，次のように変形する．

$$\log \zeta(s) = \sum_{p: \text{素数}} \log(1-p^{-s})^{-1} = \sum_{p: \text{素数}} \sum_{m=1}^{\infty} \frac{1}{p^{ms} m} = \sum_{n=1}^{\infty} \frac{\Lambda(n)}{n^s} \frac{1}{\log n}.$$

ただし，オイラー積の定義は素数を小さい方から順に掛けているが，ここでは和の順序を変えて素数べき n の大きさの順にしている．この順序交換が $\mathrm{Re}(s) > \frac{1}{2}$ において正しいことを，注意2.34で証明した．

さて，この級数が収束することは，数列

$$A_N = \sum_{n=1}^{N} \frac{\Lambda(n)}{n^s} \frac{1}{\log n}$$

がコーシー列であることと同値だから，

$$\lim_{M,N \to \infty} |A_M - A_N| = \lim_{M,N \to \infty} \sum_{n=N+1}^{M} \frac{\Lambda(n)}{n^s} \frac{1}{\log n} = 0$$

となることである．一方，先ほど示したように級数 $\sum_{n=1}^{\infty} \frac{\Lambda(n)}{n^s}$ は $\mathrm{Re}(s) = 1$ ($s \neq 1$) 上で有界であるから，部分和の方法により収束が証明された．∎

これで，オイラー積が収束する範囲が境界まで広がった．次は，これ以上広がらないことを示す．前節で領域 $\mathrm{Re}(s) < 1$ におけるディリクレ級数(2.12)の発散を示した際にみたように，この「発散する」という結論は，複素領域においては全く自明でない．前節の証明では，項同士の打ち消し合いがあまり起きないことを示すためにアーベルの総和法を用い，さらに背理法によって「仮

に，$\mathrm{Re}(s_0) < 1$ なるある点 $s = s_0$ で収束すれば，$s = 1$ でも収束することになり矛盾」と論証することが必要であった．本節でも，同じ発想による背理法を用いる．オイラー積の発散を，対数を取った無限和の発散に帰着する．前節に比べて式の形が多少複雑になるため，次のように係数 α_n を付け一般化したディリクレ級数に関する命題を示しておく．

命題 3.10

(1) H を任意の正の数とする．ディリクレ級数

$$\alpha(s) = \sum_{n=1}^{\infty} \alpha_n n^{-s}$$

が点 $s_0 = \sigma_0 + it_0$ で収束すれば，$\alpha(s)$ は領域

$$D = \{\sigma + it \mid \sigma \geq \sigma_0,\ |t - t_0| \leq H(\sigma - \sigma_0)\}$$

で一様収束する．

(2) 任意のディリクレ級数

$$\alpha(s) = \sum_{n=1}^{\infty} \alpha_n n^{-s}$$

に対して，次の性質を満たす $\sigma_\alpha \in \mathbb{R} \cup \{\pm\infty\}$ が存在する：$\mathrm{Re}(s) > \sigma_\alpha$ なる任意の s に対し $\alpha(s)$ は収束し，$\mathrm{Re}(s) < \sigma_\alpha$ なる任意の s に対し $\alpha(s)$ は発散する．

証明 (1) で $H \to \infty$ とすれば (2) を得られるので，以下，(1) を証明する．

定理 2.32 を $a(n) = 0\ (n \leq y)$，$a(n) = \alpha_n n^{-s_0}\ (n > y)$ とし，そして $f(n) = n^{s_0 - s}$ として適用すると，

$$\sum_{y < n \leq x} \alpha_n n^{-s} = A(y, x) f(x) - \int_y^x A(y, t) f'(t) dt$$

となる．ただし

$$A(y, x) = \sum_{y < n \leq x} \alpha_n n^{-s_0}$$

である.任意の $\varepsilon > 0$ に対し, s によらない $M > 0$ が存在して, $x > y > M$ のとき $|A(y,x)| < \varepsilon$ かつ $|f(x)| = x^{\sigma_0-\sigma} \leq 1$ が成り立つ.積分の絶対値は $s = s_0$ すなわち $\sigma = \sigma_0$ のとき 0 であり,それ以外の場合は $\sigma_0 < \sigma$ だから,

$$\left| \int_y^x A(y,t) f'(t) dt \right| \leq \varepsilon \int_y^x |s - s_0| t^{\sigma_0 - \sigma - 1} dt$$
$$\leq \varepsilon \int_1^\infty |s - s_0| t^{\sigma_0 - \sigma - 1} dt$$
$$= \varepsilon \frac{|s - s_0|}{\sigma - \sigma_0} \leq \varepsilon (H + 1).$$

よって,いずれにしても積分の絶対値は $\varepsilon(H+1)$ 以下となる.ゆえに, $x > y > M$ に対して

$$\left| \sum_{y < n \leq x} \alpha_n n^{-s} \right| < \varepsilon(H+2)$$

となるので, $\alpha(s)$ は D で一様収束する. ∎

定理 3.11　リーマン・ゼータ関数のオイラー積表示 (2.13) は $\frac{1}{2} < \text{Re}(s) < 1$ において発散する.

証明　注意 2.34 により, $\text{Re}(s) > \frac{1}{2}$ において,オイラー積の収束はディリクレ級数

$$\sum_{n=1}^\infty \frac{1}{n^s} \frac{\Lambda(n)}{\log n} \tag{3.13}$$

の収束と同値である.

今, $\frac{1}{2} < \text{Re}(s) < 1$ のある一点 $s = s_0$ で (3.13) が収束していたと仮定する.命題 3.10(2) より, $\text{Re}(s) > \sigma_0$ なる任意の s に対し (3.13) は収束する.これは, $\zeta(1) = \infty$ に反する.よって,このような s_0 は存在しない. ∎

注意 3.12 この証明からわかるように，一般に，ディリクレ級数の収束域を，極より左側に拡張することは不可能である．また，一般に，オイラー積の収束域は，対数をとったときの主要項がディリクレ級数で表され，かつ誤差項が適切に評価できる場合には，主要項のディリクレ級数と同じく，極より左側に拡張することは不可能となる．

注意 3.13 オイラー積の収束と (3.13) の収束の同値性（すなわち注意 3.12 で述べた誤差項の適切な評価）は，素数定理を認めれば $\mathrm{Re}(s) = \frac{1}{2}$ においても成り立つことが証明できる．この結果を用いると，定理 3.11 を $\frac{1}{2} \leq \mathrm{Re}(s) < 1$ まで拡張できる．

3.4 解析接続（初等的方法）

これまでみてきたように，リーマン・ゼータ関数 $\zeta(s)$ のディリクレ級数表示 (2.12) あるいは (3.3) は，複素変数 s の実部が 1 より大きいときに絶対収束する．すなわち，リーマン・ゼータ関数 $\zeta(s)$ の絶対収束域は

$$\{s \in \mathbb{C} \mid \mathrm{Re}(s) > 1\} \tag{3.14}$$

である．

本節では，$\zeta(s)$ の新しい表示を得ることにより，解析接続を証明する．本節で紹介する証明は初等的だが，この表示を用いれば，解析接続のみならず，極や留数，負の整数点における特殊値（自明零点を含む）が容易に求められる．

はじめに，形式的な計算によって，証明のアイディアを概観しておく．定義式 (2.12) あるいは (3.3) の第 1 項 $n = 1$ のみを取り分け，第 2 項から先の $n \geq 2$ にわたる無限和と分け，

$$\zeta(s) = 1 + \sum_{n=1}^{\infty} (n+1)^{-s}$$

と書く．この括弧内を $n + 1 = n(1 + \frac{1}{n})$ の形に変形すると

$$\zeta(s) = 1 + \sum_{n=1}^{\infty} n^{-s} \left(1 + \frac{1}{n}\right)^{-s}$$

となる．ここで，二項展開

$$\left(1+\frac{1}{n}\right)^{-s}=\sum_{k=0}^{\infty}\binom{-s}{k}n^{-k}$$

を用いる．$\binom{-s}{k}$ は二項係数

$$\binom{-s}{k}=\frac{-s(-s-1)(-s-2)\cdots(-s-k+1)}{k!}$$

である．すると

$$\zeta(s)=1+\sum_{n=1}^{\infty}n^{-s}\sum_{k=0}^{\infty}\binom{-s}{k}n^{-k}$$

となる．ここで，n にわたる和がリーマン・ゼータ関数で書けることに注意する．すなわち，

$$\zeta(s)=1+\sum_{k=0}^{\infty}\binom{-s}{k}\sum_{n=1}^{\infty}n^{-s-k}$$
$$=1+\sum_{k=0}^{\infty}\binom{-s}{k}\zeta(s+k)$$

となる．こうして得た k にわたる無限和のうち，$k=0,1$ だけを取り出して書くと

$$\zeta(s)=1+\zeta(s)-s\zeta(s+1)+\sum_{k=2}^{\infty}\binom{-s}{k}\zeta(s+k)$$

となる．両辺から $\zeta(s)$ を引き，$\zeta(s+1)$ に関して解くと

$$\zeta(s+1)=\frac{1}{s}+\frac{1}{s}\sum_{k=2}^{\infty}\binom{-s}{k}\zeta(s+k)$$
$$=\frac{1}{s}+\frac{s+1}{2}\zeta(s+2)-\frac{(s+1)(s+2)}{6}\zeta(s+3)+\cdots.$$

s を $s-1$ に置き換えて

3.4 解析接続（初等的方法）

$$\zeta(s) = \frac{1}{s-1} + \frac{1}{s-1}\sum_{k=2}^{\infty} \binom{-(s-1)}{k}\zeta(s-1+k) \tag{3.15}$$

$$= \frac{1}{s-1} + \frac{s}{2}\zeta(s+1) - \frac{s(s+1)}{6}\zeta(s+2) + \cdots$$

となる．ただし，以上の計算では収束性の問題を無視してきた．以下の定理の証明では，収束性まで含めて正確に論証を行う．そのために

$$\zeta(s) = 1 + 2^{-s} + \sum_{n=2}^{\infty}(n+1)^{-s}$$

から出発して，上と同様の計算を進めることになる．

定理 3.14 （$\zeta(s)$ の解析接続）　$\zeta(s)$ は，極 $s=1$ を除く全複素平面 $\mathbb{C}$ 上に解析接続される．極 $s=1$ の位数は 1 であり，留数は 1 である．

証明　$\mathrm{Re}(s) = \sigma > 1$ において，(3.3) を次のように変形する．

$$\zeta(s) = 1 + 2^{-s} + \sum_{n=2}^{\infty}(n+1)^{-s} \tag{3.16}$$

$$= 1 + 2^{-s} + \sum_{n=2}^{\infty} n^{-s}\left(1 + \frac{1}{n}\right)^{-s}$$

$$= 1 + 2^{-s} + \sum_{n=2}^{\infty} n^{-s} \sum_{k=0}^{\infty} \binom{-s}{k} n^{-k}$$

$$= \zeta(s) + 2^{-s} + \sum_{n=2}^{\infty} n^{-s} \sum_{k=1}^{\infty} \binom{-s}{k} n^{-k}.$$

ここで，n と k の二重和の順序を交換したい．そのためには定理 2.33 により，順序交換した後の二重級数が絶対収束することを示せばよい．まず，n にわたる和は

$$\sum_{n=2}^{\infty}\left|\frac{1}{n^{s+k}}\right| \leq \frac{1}{2^{\sigma+k}} + \int_{1}^{\infty}\frac{dx}{(x+1)^{\sigma+k}}$$

$$= \frac{1}{2^{\sigma+k}} + \frac{1}{(\sigma+k-1)2^{\sigma+k-1}}$$

$$< \frac{1}{2^{k+1}} + \frac{1}{k2^k} \leq \frac{3}{2^{k+1}}$$

のように，k に関する公比 $\frac{1}{2}$ の等比数列によって評価できるから，これに二項係数を付けて k にわたらせた無限和は絶対収束する．よって，上の二重和は順序交換が可能であり，

$$\zeta(s) = \zeta(s) + 2^{-s} + \sum_{k=1}^{\infty} \binom{-s}{k} \sum_{n=2}^{\infty} n^{-s-k}$$

$$= \zeta(s) + 2^{-s} + \sum_{k=1}^{\infty} \binom{-s}{k}(\zeta(s+k) - 1). \qquad (3.17)$$

この式から $k=1$ を取り出して書くと

$$\zeta(s) = \zeta(s) + 2^{-s} - s(\zeta(s+1) - 1) + \sum_{k=2}^{\infty} \binom{-s}{k}(\zeta(s+k) - 1)$$

となる．両辺から $\zeta(s)$ を引き，$\zeta(s+1)$ に関して解くと

$$\zeta(s+1) = 1 + \frac{2^{-s}}{s} + \frac{1}{s}\sum_{k=2}^{\infty} \binom{-s}{k}(\zeta(s+k) - 1)$$

$$= 1 + \frac{2^{-s}}{s} + \frac{s+1}{2}(\zeta(s+2) - 1) - \frac{(s+1)(s+2)}{6}(\zeta(s+3) - 1) + \cdots.$$

s を $s-1$ に置き換えて

$$\zeta(s) = 1 + \frac{2^{1-s}}{s-1} + \frac{1}{s-1}\sum_{k=2}^{\infty} \binom{-(s-1)}{k}(\zeta(s-1+k) - 1) \qquad (3.18)$$

$$= 1 + \frac{2^{1-s}}{s-1} + \frac{s}{2}(\zeta(s+1) - 1) - \frac{s(s+1)}{6}(\zeta(s+2) - 1) + \cdots$$

となる．この置き換えによって，これまで $\text{Re}(s) > 1$ としていた仮定が

3.4 解析接続（初等的方法）

Re(s) > 2 となったが，ここで (3.18) を精査し，両辺の各々がより広い範囲の s で定義されるかどうかをみてみよう．

はじめに，$\zeta(s)$ の定義域は Re(s) > 1 であるから，左辺は Re(s) > 1 で定義可能である．次に，(3.18) の右辺の収束性は以下のようになる．まず個々の項についてみると，$\zeta(s-1+k)$ の項は絶対収束域が Re$(s-1+k) > 1$ であるから，Re(s) > 2 − k で定義されている．$k \geq 2$ だから，右辺の全項が Re(s) > 0 で定義されていることになる．次に，(3.18) の k にわたる無限和は，任意の s に対して $\zeta(s-1+k) - 1$ が指数関数的に減少することと，二項係数 $\binom{-(s-1)}{k}$ が k のある多項式 $f(k)$ を用いて $O(f(k))$ となることから，s に関わらず絶対収束する．またこの収束は広義一様であり，極限として得る関数は，正則関数の一様収束極限であるから正則となる．したがって，(3.18) の右辺は，第二項の $s=1$ における極を除き，Re(s) > 0 上で正則となる．よって，(3.18) は左辺が Re(s) > 1，右辺が Re(s) > 0 で定義され，右辺は $s=1$ における極を除き正則である．これで，$\zeta(s)$ の有理型接続を Re(s) > 0 まで得た．

こうして，$\zeta(s)$ の定義域が負の実軸方向に 1 だけ広がった．このようにひとたび定義域が広がれば，あとは (3.18) を繰り返し用いて全複素平面への解析接続ができる．実際，先ほどの結果から $\zeta(s)$ が Re(s) > 0 で定義されたので，これを用いて再び (3.18) の右辺の定義域を確認すると，Re(s) > −1 となる．これをさらに左辺に用いれば $\zeta(s)$ の定義域が Re(s) > −1 まで広がり，その結果から，右辺の定義域が Re(s) > −2 となる．これを繰り返せば帰納的に任意の複素数 $s \neq 1$ に対する $\zeta(s)$ の定義を得ることができる．

また，表示 (3.18) から，極は右辺第二項から来る $s=1$ のみであり，位数は 1 で留数は

$$\lim_{s \to 1}(s-1)\frac{2^{1-s}}{s-1} = 1$$

と求められる．　　　　　　　　　　　　　　　　　　　　　　　　　　　■

以上が，$\zeta(s)$ の解析接続の初等的証明である．

なお，ここで得た $\zeta(s)$ の解析接続の表示 (3.18) には利点がある．それは，特殊値を容易に計算できることだ．

(a) $s=0$ において：

表示 (3.18) において $s \to 0$ とすると,

$$\zeta(0) = 1 - 2 + \frac{1}{2} = -\frac{1}{2}. \tag{3.19}$$

(b) $s=-1$ において：

表示 (3.18) において $s \to -1$ とすると，上の (a) から

$$\zeta(-1) = 1 + \frac{4}{-2} - \frac{1}{2}\left(\left(-\frac{1}{2}\right) - 1\right) - \frac{-1}{6} = -\frac{1}{12}.$$

(c) $s=-2$ において：

表示 (3.18) において $s \to -2$ とすると，上の (a)(b) から

$$\zeta(-2) = 1 + \frac{8}{-3} + \frac{-2}{2}\left(-\frac{1}{12} - 1\right) - \frac{(-2)(-1)}{6}\left(-\frac{1}{2} - 1\right) + \frac{(-2)(-1)}{24}$$
$$= 0.$$

この操作を続けていくと，負の整数点での $\zeta(s)$ の値が次々と求められる．その結果，負の偶数点において $\zeta(s) = 0$ となっていることが観察される．後述するようにこれらは自明零点と呼ばれる零点である．

ところで，はじめに形式的に求めた表示 (3.15) からも同じ値が出てくることに注意しておこう．まず，$s = 1$ において，表示 (3.15) から，$s = 1$ が 1 位の極であること，そこでの留数が 1 であることがみてとれる．すなわち，

$$\lim_{s \to 1}(s-1)\zeta(s) = 1$$

はわかるが，それに加え，以下のように特殊値の計算もできる．

(a) $s=0$ において：

表示 (3.15) において $s \to 0$ とすると,

$$\zeta(0) = -1 + \frac{1}{2} = -\frac{1}{2}.$$

(b) $s = -1$ において：

表示 (3.15) において $s \to -1$ とすると，上の (a) から

$$\zeta(-1) = -\frac{1}{2} - \frac{1}{2}\left(-\frac{1}{2}\right) - \frac{-1}{6} = -\frac{1}{12}.$$

(c) $s = -2$ において：

表示 (3.15) において $s \to -2$ とすると，上の (a)(b) から

$$\zeta(-2) = -\frac{1}{3} + \frac{-2}{2}\left(-\frac{1}{12}\right) - \frac{(-2)(-1)}{6}\left(-\frac{1}{2}\right) + \frac{(-2)(-1)}{24} = 0.$$

3.5　解析接続（積分表示）

本節では，定理 3.14 の再証明を，二つの方法によって与える．一つ目はリーマンの第一積分表示と呼ばれる方法である．リーマンの名前が冠せられているが，もともとは 1769 年にオイラー（全集 I-15 巻, p.112）によって $s = n$（自然数）の場合に発見されていた表示を，リーマンが複素数に拡張したものである．オイラーが発見した公式は，現代の記号で書けば

$$1 + \frac{1}{2^n} + \frac{1}{3^n} + \frac{1}{4^n} + \frac{1}{5^n} + \cdots = \frac{(-1)^{n-1}}{1 \cdot 2 \cdot 3 \cdots (n-1)} \int_0^1 \frac{(\log z)^{n-1}}{1-z} dz$$

である．左辺はのちのリーマン・ゼータ関数の値 $\zeta(n)$ であるから，右辺で $z = e^{-x}$ と置き換えると，この等式は

$$\zeta(n) = \frac{1}{(n-1)!} \int_0^\infty \frac{x^{n-1}}{e^x - 1} dx$$

とも書ける．2.4 節で説明したガンマ関数 $\Gamma(s)$ を用いて $(n-1)! = \Gamma(n)$ と表せるので，この表示は

$$\zeta(n) = \frac{1}{\Gamma(n)} \int_0^\infty \frac{x^{n-1}}{e^x - 1} dx$$

となる．ここで n を一般化し複素数 s にした

$$\zeta(s) = \frac{1}{\Gamma(s)} \int_0^\infty \frac{x^{s-1}}{e^x - 1} dx$$

が，定理 3.15 で示すリーマンの第一積分表示である．

定理 3.15 (リーマンの第一積分表示)　リーマン・ゼータ関数 $\zeta(s)$ は，以下の表示を持つ．

$$\zeta(s) = \frac{1}{\Gamma(s)} \int_0^\infty \frac{x^{s-1}}{e^x - 1} dx \quad (\mathrm{Re}(s) > 1). \tag{3.20}$$

証明　ガンマ関数の定義 (2.18) において $x = nu$ と変数変換して得られる式

$$n^{-s}\Gamma(s) = \int_0^\infty e^{-nu} u^{s-1} du$$

を $n = 1, 2, 3, \cdots$ と足し上げると，左辺は

$$\Gamma(s) \sum_{n=1}^\infty n^{-s} = \Gamma(s) \zeta(s),$$

右辺は，$\mathrm{Re}(s) > 1$ においては n にわたる和が絶対収束するため定積分と無限和が交換でき，

$$\int_0^\infty \sum_{n=1}^\infty e^{-nu} u^{s-1} du = \int_0^\infty \frac{e^{-u}}{1 - e^{-u}} u^{s-1} du$$

$$= \int_0^\infty \frac{1}{e^u - 1} u^{s-1} du$$

となるので，積分変数 u を x に書き換えれば (3.20) を得る． ∎

第一積分表示 (3.20) から，定理 3.14 の再証明を得るにはどうすればよいだろうか．この広義積分が収束するような s に対しては解析接続が得られていると考えられるから，広義積分が発散するような s があればその原因を分析して

突き止めることにより，$\zeta(s)$ の解析接続が証明できるはずである．広義積分の両端点のどちらが問題であるかをみるために，$\int_1^\infty$ と $\int_0^1$ に分けて考えてみよう．積分表示 (3.20) において，$x \to \infty$ では分母が指数関数的に増大しているので $\int_1^\infty$ については積分値の有限性に問題はない．有限性に問題が生ずるとすれば，関数

$$\frac{x^{s-1}}{e^x - 1}$$

の $x = 0$ における挙動に原因がある．この式の分母は

$$e^x - 1 = x + O(x^2) \qquad (x \to 0)$$

であるから，分子から x の 1 乗だけを取り出して分母と対比させることに意味がある．そこで，分子の指数を 1 にした関数 $\frac{x}{e^x - 1}$ の $x = 0$ のまわりのテイラー展開を

$$\frac{x}{e^x - 1} = \sum_{k=0}^\infty \frac{B_k}{k!} x^k$$

と置く．B_k は (2.7) で定義したベルヌーイ数に他ならない．$n = 0, 1, 2$ のときの値は (2.8) に $x = 0$ を代入して

$$B_0 = 1, \quad B_1 = -\frac{1}{2}, \quad B_2 = \frac{1}{6}$$

となる．

後ほど，このべき級数展開を用いて，定理 3.14 の再証明を行うが，その前に，大まかな議論により $s = 1$ における 1 位の極とその留数が得られることをみておこう．(3.20) は，$s \neq 1$ の下で

$$\begin{aligned}\zeta(s) = & \frac{1}{\Gamma(s)} \int_1^\infty \frac{x^{s-1}}{e^x - 1} dx \\ & + \frac{1}{\Gamma(s)} \int_0^1 \left(\frac{x^{s-1}}{e^x - 1} - \frac{x^{s-1}}{x} \right) dx + \frac{1}{\Gamma(s)} \cdot \frac{1}{s-1}\end{aligned} \quad (3.21)$$

と分解できる．これは，$\text{Re}(s) > 1$ に対する積分を $\int_1^\infty$ と $\int_0^1$ に分けて，後者の積分内で $\frac{x^{s-1}}{x}$ を差し引き，別に第3項として

$$\frac{1}{\Gamma(s)} \int_0^1 \frac{x^{s-1}}{x} dx = \frac{1}{\Gamma(s)} \cdot \frac{1}{s-1}$$

を置いたものである．このうち，第3項からは $s = 1$ が1位の極であることがわかり，留数が1であることもみて取れる．第1項はすべての複素数 s に対して意味を持ち，第2項の積分は

$$\lim_{x \to 0} \left(\frac{1}{e^x - 1} - \frac{1}{x} \right) = -\frac{1}{2}$$

であることから $0 < x < 1$ で有界なので，$\text{Re}(s) > 0$ において意味を持つ．以上から，分解 (3.21) によって $\zeta(s)$ は領域 $\text{Re}(s) > 0$ に有理型接続され，この領域の内部に1位の極 $s = 1$ を留数1で持つことが示された．

以下，(3.21) を精密化することにより，有理型接続の領域をすべての複素数 s に拡張する．

定理 3.14 の再証明　任意の自然数 $K = 1, 2, 3, \ldots$ に対し，(3.20) が $\text{Re}(s) > -K$ で意味を持つような式に変形できることを示す．そのために，(3.21) において第3項を生み出すために差し引いた $x^{s-2} = \frac{x^{s-1}}{x}$ の代わりに，ベルヌーイ数の定義 (2.7) で用いたテイラー展開式の最初の K 項を用いた有限和

$$x^{s-2} \sum_{k=0}^{K} \frac{B_k}{k!} x^k$$

を差し引いて同様の計算を行う．すると，

$$\begin{aligned}
\zeta(s) &= \frac{1}{\Gamma(s)} \int_1^\infty \frac{x^{s-1}}{e^x - 1} dx + \frac{1}{\Gamma(s)} \int_0^1 \frac{x^{s-1}}{e^x - 1} dx \\
&= \frac{1}{\Gamma(s)} \int_1^\infty \frac{x^{s-1}}{e^x - 1} dx + \frac{1}{\Gamma(s)} \int_0^1 x^{s-2} \frac{x}{e^x - 1} dx \\
&= \frac{1}{\Gamma(s)} \int_1^\infty \frac{x^{s-1}}{e^x - 1} dx + \frac{1}{\Gamma(s)} \int_0^1 x^{s-2} \left(\frac{x}{e^x - 1} - \sum_{k=0}^{K} \frac{B_k}{k!} x^k \right) dx
\end{aligned}$$

3.5 解析接続（積分表示）

$$+ \frac{1}{\Gamma(s)} \int_0^1 x^{s-2} \sum_{k=0}^{K} \frac{B_k}{k!} x^k dx$$

$$= \frac{I_1(s)}{\Gamma(s)} + \frac{I_2(s)}{\Gamma(s)} + \frac{I_3(s)}{\Gamma(s)} \tag{3.22}$$

となる．ただし，

$$I_1(s) = \int_1^\infty \frac{x^{s-1}}{e^x - 1} dx,$$

$$I_2(s) = \int_0^1 x^{s-2} \left(\frac{x}{e^x - 1} - \sum_{k=0}^{K} \frac{B_k}{k!} x^k \right) dx,$$

$$I_3(s) = \int_0^1 x^{s-2} \sum_{k=0}^{K} \frac{B_k}{k!} x^k dx$$

とおいた．

はじめに，$I_1(s)$ は，$x \to \infty$ で被積分関数が急減少しているので，任意の $s \in \mathbb{C}$ に対して正則な関数である．

次に $I_2(s)$ が $\operatorname{Re}(s) > -K$ で正則であることは

$$\frac{x}{e^x - 1} - \sum_{k=0}^{K} \frac{B_k}{k!} x^k = O(x^{K+1}) \quad (0 < x < 1)$$

よりわかり，

$$I_2(s) = \int_0^1 x^{s-2} \left(\frac{x}{e^x - 1} - \sum_{k=0}^{K} \frac{B_k}{k!} x^k \right) dx$$

$$= \int_0^1 x^{s-2} \left(\sum_{k=0}^{\infty} \frac{B_k}{k!} x^k - \sum_{k=0}^{K} \frac{B_k}{k!} x^k \right) dx$$

$$= \int_0^1 x^{s-2} \sum_{k=K+1}^{\infty} \frac{B_k}{k!} x^k dx$$

$$= \sum_{k=K+1}^{\infty} \frac{B_k}{k!} \int_0^1 x^{s+k-2} dx$$

$$= \sum_{k=K+1}^{\infty} \frac{B_k}{k!} \left[\frac{x^{s+k-1}}{s+k-1} \right]_0^1$$

$$= \sum_{k=K+1}^{\infty} \frac{B_k}{k!} \frac{1}{s+k-1} \qquad (\mathrm{Re}(s) > -K)$$

となることから $I_2(s)$ が全平面で有理型であり

$$s = 1-k \qquad (k = K+1, \ K+2, \ K+3, \cdots)$$

なる留数 $\frac{B_k}{k!}$ の1位の極の列を持つことがわかる.

最後に, $I_3(s)$ は, 同様の計算によって

$$I_3(s) = \sum_{k=0}^{K} \frac{B_k}{k!(s+k-1)}$$

となるので, 有理関数である. ここからも $I_3(s)$ の極として

$$s = 1-k \qquad (k = 0, \ 1, \ 2, \cdots, K)$$

を得る. 上で得た極と合わせると, $I_2(s) + I_3(s)$ の極として

$$s = 1-k \qquad (k = 0, \ 1, \ 2, \cdots)$$

を得るが, これらのうち $s = 1$ ($k=0$) 以外のすべての極は, 命題2.15より, いずれも $\frac{1}{\Gamma(s)}$ の零点と打ち消し合う. 以上より, 表示 (3.22) によって $\zeta(s)$ の極は $s = 1$ (1位で留数1) のみであり, $s \neq 1$ なるすべての複素数 s において $\zeta(s)$ は正則となる. ∎

次に, リーマンの第二積分表示を紹介する. ここではガンマ関数だけでなくテータ関数

$$\widetilde{\vartheta}(x) = \sum_{n=-\infty}^{\infty} e^{-\pi n^2 x} = 1 + 2\sum_{n=1}^{\infty} e^{-\pi n^2 x}$$

を用いる．

$$\vartheta(x) = \sum_{n=1}^{\infty} e^{-\pi n^2 x}$$

と置けば，$\vartheta(x) = \frac{\widetilde{\vartheta}(x)-1}{2}$ である．

定理 3.16 (リーマンの第二積分表示)

$$\pi^{-\frac{s}{2}} \Gamma\left(\frac{s}{2}\right) \zeta(s) = \int_0^\infty \vartheta(x) x^{\frac{s}{2}-1} dx \quad (\mathrm{Re}(s) > 1).$$

証明 $\zeta(s)$ の絶対収束域 $\mathrm{Re}(s) > 1$ において，ガンマ関数表示の変形

$$\pi^{-\frac{s}{2}} \Gamma\left(\frac{s}{2}\right) n^{-s} = \int_0^\infty e^{-\pi n^2 x} x^{\frac{s}{2}-1} dx$$

を $n = 1, 2, 3, \cdots$ について足し上げればよい． ∎

この定理もまた，$\zeta(s)$ の解析接続を与えている．次節で，この定理 3.16 を用いて，$\zeta(s)$ の関数等式を証明する．

3.6 関数等式

関数等式とは，文字通り「関数どうしの間に成り立つ等式」である．本節ではリーマン・ゼータに対する

$$\zeta(s) = \zeta(1-s) \times (\text{ガンマ関数で表せる因子})$$

の形の関数等式を証明する．この式の両辺は s の関数であり，関数等式はこれら二つの関数が互いに等しいことを主張する．すなわち，s における関数値 $\zeta(s)$ は，$1-s$ における右辺の関数値と必ず同じであるということを主張する．なお，右辺の「ガンマ因子」は後ほど具体的に与えるが，その値は全複素平面上で定義され計算が可能である．したがって，この関数等式によれば，2 つの値 $\zeta(s)$, $\zeta(1-s)$ のうち，いずれか一方がわかれば他方もわかることになる．

$s \mapsto 1-s$ の変換によって,右半平面 $\mathrm{Re}(s) \geq \frac{1}{2}$ は左半平面 $\mathrm{Re}(s) \leq \frac{1}{2}$ に移るから,$\zeta(s)$ は,右半平面 $\mathrm{Re}(s) \geq \frac{1}{2}$ での値から自動的に左半平面 $\mathrm{Re}(s) \leq \frac{1}{2}$ での値が定まる.これは,ゼータが美しい対称性を持つ事実を表している.

リーマン・ゼータの関数等式は,前章で示した定理 2.28(ポアソンの和公式)から示される.それをみるためにまず,先ほど定義したテータ関数

$$\vartheta(x) = \sum_{n=1}^{\infty} e^{-\pi n^2 x}$$

が持つ対称性を,以下に示す.これは,上の言葉で言えば,テータ関数に対する「変数 x と $\frac{1}{x}$ の間の関数等式」とも呼べる性質だが,数論では通常「保型形式の保型性」と呼ぶ.これについては本講座『保型関数』『保型形式と保型表現』を参照されたい.

__命題 3.17__ (テータ変換公式)

$$\widetilde{\vartheta}\left(\frac{1}{x}\right) = \sqrt{x}\,\widetilde{\vartheta}(x), \qquad 1 + 2\vartheta\left(\frac{1}{x}\right) = \sqrt{x}(1 + 2\vartheta(x))$$

証明 n の符号で正,負,0 の三種に分けることにより,

$$\sum_{n \in \mathbb{Z}} e^{-\pi n^2 x} = 1 + 2\sum_{n=1}^{\infty} e^{-\pi n^2 x}$$

となるから,前章でポアソン和公式から示した (2.32) において,両辺をこのように書き換えれば命題 3.17 を得る.∎

__定理 3.18__ ($\zeta(s)$ の関数等式(対称型)) 完備リーマン・ゼータ関数を

$$\widehat{\zeta}(s) = \pi^{-\frac{s}{2}} \Gamma\left(\frac{s}{2}\right) \zeta(s)$$

と置くと,関数等式

$$\widehat{\zeta}(s) = \widehat{\zeta}(1-s)$$

が成り立つ.

3.6 関数等式

証明 完備リーマン・ゼータ関数 $\widehat{\zeta}(s)$ が $s \mapsto 1-s$ で不変であることを示す．定理 3.16（第二積分表示）の定積分を $x=1$ で分割して

$$\widehat{\zeta}(s) = \int_0^\infty \vartheta(x) x^{\frac{s}{2}-1} dx$$
$$= \int_0^1 \vartheta(x) x^{\frac{s}{2}-1} dx + \int_1^\infty \vartheta(x) x^{\frac{s}{2}-1} dx.$$

右辺第一項の積分は，$x \mapsto \frac{1}{x}$ と変数変換すると，

$$\int_0^1 \vartheta(x) x^{\frac{s}{2}-1} dx = \int_1^\infty \vartheta\left(\frac{1}{x}\right) x^{-\frac{s}{2}-1} dx$$

となる．この右辺において，命題 3.17 から得られる

$$\vartheta\left(\frac{1}{x}\right) = \frac{1}{2}\left(x^{\frac{1}{2}}(2\vartheta(x)+1) - 1\right)$$

を用いて $\vartheta\left(\frac{1}{x}\right)$ を $\vartheta(x)$ で書き換えると，

$$\int_0^1 \vartheta(x) x^{\frac{s}{2}-1} dx = \int_1^\infty \frac{1}{2}\left(x^{\frac{1}{2}}(2\vartheta(x)+1) - 1\right) x^{-\frac{s}{2}-1} dx$$
$$= \int_1^\infty \vartheta(x) x^{\frac{1-s}{2}-1} dx + \frac{1}{2}\int_1^\infty \left(x^{\frac{1}{2}} - 1\right) x^{-\frac{s}{2}-1} dx$$
$$= \int_1^\infty \vartheta(x) x^{\frac{1-s}{2}-1} dx - \frac{1}{s(1-s)}.$$

したがって，

$$\widehat{\zeta}(s) = \int_1^\infty \vartheta(x) \left(x^{\frac{s}{2}} + x^{\frac{1-s}{2}}\right) \frac{dx}{x} - \frac{1}{s(1-s)}.$$

この表示は s と $1-s$ に関して対称である． ∎

今示した関数等式は，s と $1-s$ について対称な形であり美しい．この関数等式でゼータ関数に掛かっている因子

$$\pi^{-\frac{s}{2}} \Gamma\left(\frac{s}{2}\right)$$

を，リーマン・ゼータ関数の**ガンマ因子**と呼ぶ．オイラー積表示から $\zeta(s)$ は「素数全体にわたる積」であった．各素数 p に対応する因子 $(1-p^{-s})^{-1}$ を**オイラー因子**と呼ぶが，今，ここにもう一つ，ガンマ因子を掛けることによって，完全に対称な関数等式を持つ完備リーマン・ゼータ関数が得られたわけである．この美しい対称性から，ガンマ因子の形には意味があると推察できる．

実際にその意味を理解するには，素数の概念を「素点」に広げて考える必要がある．**素点**とは，代数体を距離空間とみなして完備化するその仕方のことだ．リーマン・ゼータ関数では，代数体として通常の有理数体 $\mathbb{Q}$ を選ぶ．$\mathbb{Q}$ を完備化するには，通常の絶対値で定義される距離で完備化して実数体 $\mathbb{R}$ を作る方法の他，各素数 p に対して p 進付値から距離を定義して p 進体 $\mathbb{Q}_p$ を構成する方法がある．後者は素数 p の分だけあり，これらを**有限素点（非アルキメデス素点）**と呼ぶ．そして，前者によって与えられた完備化がもう一つの素点であり，これを**無限素点（アルキメデス素点）**と呼ぶ．有限素点は素数の分だけ（したがってこの場合は無限個）あるが，無限素点は1個（一般の代数体では有限個）しかない．

以上を踏まえれば，これまで素数にわたる積と思ってきたオイラー積は，より正しくは「素点にわたる積」であり，最後の1個の無限素点のオイラー因子が，今得たガンマ因子であったということになる．実際，全素点に対する（ガンマ因子も含めた）オイラー因子の形をアデール上の積分から統一的に定義することもできる．これは，テイトが有名な学位論文[1]において，1950年に発見した業績である．テイトは，リーマンが発見した対称型関数等式に，見た目の美しさ以上の深い意味があることを見出したのだ．これについての一般論は，本書では触れない．標準的な整数論の教科書[2]を参照されたい．

さて，以上で，関数等式の最終形ともいえる対称型関数等式の解説を終わる．当然，この結果を用いれば，素朴な問いかけ「$\zeta(1-s)$ は $\zeta(s)$ に何を掛けたものか」に対する答え（本節の冒頭で与えた「ガンマ関数で表せる因子」

---

[1] 文献 [33]: J. Tate, *"Fourier analysis in number fields and Hecke's zeta-functions"*（数体におけるフーリエ解析とヘッケのゼータ関数），プリンストン大学，1950年．
[2] たとえば文献 [13] など．

の具体的な形）も，今得たガンマ因子の商として表せる．これを，より簡明な形に計算した結果が，次の定理である．

なお，歴史的には，次の形（非対称型関数等式）が最初に発見された．これは，s が整数の場合にオイラーが 1700 年代に既に気づいていた．

定理 3.19 ($\zeta(s)$ の関数等式（非対称型））

$$\zeta(1-s) = \frac{2\Gamma(s)\cos\frac{\pi s}{2}}{(2\pi)^s}\zeta(s).$$

証明 定理 3.18 より，

$$\zeta(1-s) = \pi^{\frac{1}{2}-s}\frac{\Gamma(\frac{s}{2})}{\Gamma(\frac{1-s}{2})}\zeta(s).$$

分母分子に $\Gamma(\frac{s}{2}+\frac{1}{2})$ を掛け，分子に定理 2.27 を用い，分母に定理 2.25 を用いると，

$$\zeta(1-s) = \pi^{\frac{1}{2}-s}\frac{\Gamma(\frac{s}{2})\Gamma(\frac{s}{2}+\frac{1}{2})}{\Gamma(\frac{1-s}{2})\Gamma(\frac{s}{2}+\frac{1}{2})}\zeta(s)$$

$$= \pi^{\frac{1}{2}-s}\frac{\sqrt{\pi}2^{1-s}\Gamma(s)}{\frac{\pi}{\sin\frac{\pi(s+1)}{2}}}\zeta(s)$$

$$= \frac{2\Gamma(s)\cos\frac{\pi s}{2}}{(2\pi)^s}\zeta(s).$$

∎

3.7 特殊値（正の整数）

はじめに，正の偶数 $s = 2k$ ($k = 1, 2, 3, \ldots$) における $\zeta(s)$ の値を求める．結果を $k = 1, 2, 3$ の場合に記すと，以下のようになる．

$$\zeta(2) = 1 + \frac{1}{2^2} + \frac{1}{3^2} + \frac{1}{4^2} + \frac{1}{5^2} + \frac{1}{6^2} + \frac{1}{7^2} + \frac{1}{8^2} + \cdots = \frac{\pi^2}{6},$$

$$\zeta(4) = 1 + \frac{1}{2^4} + \frac{1}{3^4} + \frac{1}{4^4} + \frac{1}{5^4} + \frac{1}{6^4} + \frac{1}{7^4} + \frac{1}{8^4} + \cdots = \frac{\pi^4}{90},$$

$$\zeta(6) = 1 + \frac{1}{2^6} + \frac{1}{3^6} + \frac{1}{4^6} + \frac{1}{5^6} + \frac{1}{6^6} + \frac{1}{7^6} + \frac{1}{8^6} + \cdots = \frac{\pi^6}{945}.$$

一般の正の偶数 $s = 2k$ ($k = 1, 2, 3, \ldots$) に対する結果は (2.7) で定義したベルヌーイ数 B_k を用いて以下のように表される.

定理 3.20 ($\zeta(s)$ の特殊値（正の偶数）)　正の偶数 $s = 2k$ ($k = 1, 2, 3, \ldots$) における $\zeta(s)$ の値は，次式で与えられる.

$$\zeta(2k) = \frac{(-1)^{k+1}(2\pi)^{2k}B_{2k}}{2(2k)!}.$$

証明　サイン関数の無限積展開

$$\sin x = x \prod_{r=1}^{\infty} \left(1 - \frac{x^2}{\pi^2 r^2}\right)$$

において，$x = \frac{u}{2i}$ (i は虚数単位) と置くと，左辺は

$$\sin \frac{u}{2i} = \frac{e^{\frac{u}{2}} - e^{-\frac{u}{2}}}{2i} = \frac{e^{\frac{u}{2}}(1 - e^{-u})}{2i}.$$

右辺は

$$\frac{u}{2i} \prod_{r=1}^{\infty} \left(1 + \frac{u^2}{4\pi^2 r^2}\right) = \frac{u}{2i} \prod_{r=1}^{\infty} \frac{4\pi^2 r^2 + u^2}{4\pi^2 r^2}$$

であるから，両辺の対数微分を等式で表すと

$$\frac{1}{2} + \frac{1}{e^u - 1} = \frac{1}{u} + \sum_{r=1}^{\infty} \frac{2u}{4\pi^2 r^2 + u^2}.$$

ベルヌーイ数の定義 (2.7)

$$\frac{1}{e^u - 1} = \frac{1}{u} \sum_{k=0}^{\infty} \frac{B_k}{k!} u^k$$

より
$$\frac{1}{2} + \frac{1}{u}\sum_{k=0}^{\infty}\frac{B_k}{k!}u^k = \frac{1}{u} + \sum_{r=1}^{\infty}\frac{2u}{4\pi^2 r^2 + u^2}.$$

先ほど計算した $B_0 = 1, B_1 = -\frac{1}{2}$ を用いると,
$$\frac{1}{2} + \frac{1}{u} - \frac{1}{2} + \frac{1}{u}\sum_{k=2}^{\infty}\frac{B_k}{k!}u^k = \frac{1}{u} + \sum_{r=1}^{\infty}\frac{2u}{4\pi^2 r^2 + u^2}.$$

これより,
$$\begin{aligned}
\sum_{k=2}^{\infty}\frac{B_k}{k!}u^k &= 2u^2 \sum_{r=1}^{\infty}\frac{1}{4\pi^2 r^2 + u^2} \\
&= 2\sum_{r=1}^{\infty}\left(\frac{u}{2\pi r}\right)^2 \frac{1}{1+\left(\frac{u}{2\pi r}\right)^2} \\
&= 2\sum_{r=1}^{\infty}\left(\frac{u}{2\pi r}\right)^2 \sum_{n=0}^{\infty}(-1)^n \left(\frac{u}{2\pi r}\right)^{2n} \\
&= 2\sum_{n=0}^{\infty}(-1)^n \sum_{r=1}^{\infty}\left(\frac{u}{2\pi r}\right)^{2n+2} \\
&= 2\sum_{k=1}^{\infty}(-1)^{k+1} \sum_{r=1}^{\infty}\left(\frac{u}{2\pi r}\right)^{2k} \\
&= 2\sum_{k=1}^{\infty}\frac{(-1)^{k+1}}{(2\pi)^{2k}}\zeta(2k)u^{2k}.
\end{aligned}$$

両辺を u のべき級数として比較すると,右辺は偶数次の項のみからなるので,k が 3 以上の奇数のとき $B_k = 0$ であることがわかる.また,u^{2k} の係数比較により
$$\frac{B_{2k}}{(2k)!} = 2\frac{(-1)^{k+1}}{(2\pi)^{2k}}\zeta(2k).$$

これより結論を得る. ∎

上の証明中で得た事実を,命題として挙げておく.

命題 3.21 k が 3 以上の奇数のとき $B_k = 0$ である.

注意 3.22 上の定理 3.20 では，正の偶数における特殊値が

$$(\pi のべき乗) \times (有理数)$$

の形に表された．これに対し，正の奇数における $\zeta(s)$ の特殊値は，未解決である．たとえば，$\zeta(3)$ の値を具体的に表示する明確な予想すら知られていない．一般的に奇数における特殊値は

$$(\pi のべき乗) \times (有理数) \times (高次単数規準と呼ばれる因子)$$

の形をしていると考えられており，π の指数を特定したり，有理数部分の分母・分子や高次単数規準を K 群の用語を用いて代数的に意義づけたりする予想（リヒテンバウム予想，ブロック・ベイリンソン予想など）もあるが，いずれも，$\zeta(3)$ の完全な表示の予想には至っていない．

3.8 特殊値（0 または負の整数）

0 または負の整数 $s = -m$ $(m = 0, 1, 2, 3, \ldots)$ におけるリーマン・ゼータの値 $\zeta(-m)$ は，次の定理で与えられる．この定理で述べるように，リーマン・ゼータ関数は負の偶数で零点を持つ．これを**自明零点**と呼ぶ．

定理 3.23（$\zeta(s)$ の特殊値（**0 または負の整数**））$m = 0, 1, 2, 3, \ldots$ に対し，

$$\zeta(-m) = (-1)^m \frac{B_{m+1}}{m+1}. \tag{3.23}$$

とくに，$m = 2, 4, 6, \ldots$ のとき，$\zeta(-m) = 0$ である．

証明 定理の最後の部分は，(3.23) が示せれば命題 3.21 から直ちに得られるので，以下の証明では (3.23) のみを示す．定理 3.20（$\zeta(s)$ の積分表示）の証明の過程で得た式 (3.22)

$$\zeta(s) = \frac{I_1(s)}{\Gamma(s)} + \frac{I_2(s)}{\Gamma(s)} + \frac{I_3(s)}{\Gamma(s)}$$

3.8 特殊値（0 または負の整数）

を利用する．ただし，

$$I_1(s) = \int_1^\infty \frac{x^{s-1}}{e^x - 1} dx,$$

$$I_2(s) = \int_0^1 x^{s-2} \left(\frac{x}{e^x - 1} - \sum_{k=0}^K \frac{B_k}{k!} x^k \right) dx,$$

$$I_3(s) = \int_0^1 x^{s-2} \sum_{k=0}^K \frac{B_k}{k!} x^k dx$$

であり，そこでみたように $I_1(s)$ は任意の $s \in \mathbb{C}$ で正則，$I_2(s)$ は $\mathrm{Re}(s) > -K$ で正則であった．

$\zeta(-m)$ を求めるには，$K > m$ なる K に対して上の (3.22) を利用する．このとき，$s = -m$ において $I_1(s), I_2(s)$ は共に正則である．一方，$\frac{1}{\Gamma(s)}$ は命題 2.15(4) より $s = -m$ で零点を持つから，

$$\lim_{s \to -m} \frac{I_1(s)}{\Gamma(s)} = 0, \quad \text{かつ} \quad \lim_{s \to -m} \frac{I_2(s)}{\Gamma(s)} = 0$$

となる．有限和 $I_3(s)$ をなす有限項のうち，$s \to -m$ のときに有界な項は $\frac{1}{\Gamma(s)} \to 0$ によって寄与しなくなる．よって結論に影響するのは $k = m+1$ の項のみである．命題 2.15(5) より

$$\lim_{s \to -m} \frac{1}{(s+m)\Gamma(s)} = \frac{1}{\underset{s=-m}{\mathrm{Res}} \Gamma(s)} = \frac{m!}{(-1)^m}$$

であるから，

$$\begin{aligned} \zeta(-m) &= \lim_{s \to -m} \frac{I_3(s)}{\Gamma(s)} \\ &= \lim_{s \to -m} \frac{1}{(s+m)\Gamma(s)} \cdot (s+m)I_3(s) \\ &= \frac{m!}{(-1)^m} \cdot \frac{B_{m+1}}{(m+1)!} \\ &= (-1)^m \frac{B_{m+1}}{m+1}. \end{aligned}$$

∎

3.9 ゼータ関数の位数とアダマール積

定理 3.18 で置いたように，完備リーマン・ゼータ関数を

$$\widehat{\zeta}(s) = \pi^{-\frac{s}{2}} \Gamma\left(\frac{s}{2}\right) \zeta(s)$$

で定義する．命題 2.15(4) と定理 3.14 および定理 3.23 より，$\widehat{\zeta}(s)$ は $s=0,1$ に極を持つ以外は全平面で正則である．よって，

$$\xi(s) := s(1-s)\widehat{\zeta}(s)$$

と置けば，$\xi(s)$ は全平面で正則である．$\xi(s)$ もまた完備リーマン・ゼータ関数と呼ぶことがある．$\zeta(s)$ の関数等式（定理 3.18）より，$\xi(s)$ も関数等式 $\xi(s) = \xi(1-s)$ を満たす．

本節の目標は，ゼータ関数のアダマール積表示を求めることだ．そのためにまず，次の定理でゼータ関数の位数が 1 であることを証明する．

一般に，整関数 $f(s)$ の**位数**は，

$$\lambda = \limsup_{r \to \infty} \frac{\log \log \max_{|s|=r} |f(s)|}{\log r}$$

で定義される．すなわち，任意の $\varepsilon > 0$ に対して，r が十分大きいかぎり

$$\max_{|s|=r} |f(s)| \leq e^{r^{\lambda+\varepsilon}}$$

が成り立つような λ のうちで最小の数が位数である．

定理 3.24（完備ゼータの位数） 整関数 $\xi(s) = s(1-s)\widehat{\zeta}(s)$ の位数は 1 である．

証明 はじめに，$\xi(s)$ の位数が 1 以下であることを，関数の絶対値を不等式で評価して示す．関数等式 $\xi(s) = \xi(1-s)$ より，半平面 $\sigma \geq \frac{1}{2}$ で $|\xi(s)|$ を評価すれば十分である．

3.9 ゼータ関数の位数とアダマール積

スターリングの公式（定理 2.23）$\Gamma(s) \sim \sqrt{2\pi} s^{s-\frac{1}{2}} e^{-s}$ $(|s| \to \infty)$ より，とくに $s = \sigma \in \mathbb{R}$ のとき，

$$\Gamma(\sigma) \sim \sqrt{2\pi} \sigma^{\sigma-\frac{1}{2}} e^{-\sigma} = O(e^{\sigma \log \sigma}) \quad (\sigma \to \infty)$$

である．したがって，$s \in \mathbb{C}$ に対し，

$$\left|\Gamma\left(\frac{s}{2}\right)\right| = \left|\int_0^\infty e^{-u} u^{\frac{s}{2}-1} du\right|$$
$$\leq \int_0^\infty e^{-u} u^{\frac{\sigma}{2}-1} du$$
$$= \Gamma\left(\frac{\sigma}{2}\right) = O\left(e^{\frac{1}{2}\sigma \log \sigma}\right) = O\left(e^{\frac{1}{2}|s| \log |s|}\right) \quad (|s| \to \infty).$$

という評価が成り立つ．また，$\zeta(s)$ については，(3.9) により

$$\zeta(s) = \frac{1}{2} + \frac{1}{s-1} - s \int_1^\infty \frac{x - [x] - \frac{1}{2}}{x^{s+1}} dx$$

という表示が得られているから，$\sigma \geq \frac{1}{2}$ ならば

$$\zeta(s) = O\left(|s| \int_1^\infty \frac{dx}{x^{\frac{3}{2}}}\right) = O(|s|) \quad (|s| \to \infty)$$

となる．以上を合わせると，任意の $\varepsilon > 0$ と $\sigma \geq \frac{1}{2}$ に対して

$$\xi(s) = O\left(e^{(\frac{1}{2}+\varepsilon)|s| \log |s|}\right) \quad (|s| \to \infty)$$

が成り立つので，$\xi(s)$ の位数は 1 以下である．

次に，$\xi(s)$ の位数が 1 以上であることを示す．$s = \sigma \in \mathbb{R}$ のとき，ガンマ因子についてはスターリングの公式から

$$\Gamma\left(\frac{s}{2}\right) = \Gamma\left(\frac{\sigma}{2}\right) \sim \sqrt{2\pi} e^{\frac{1}{2}(\sigma-1)\log\frac{\sigma}{2} - \frac{\sigma}{2}} \quad (s = \sigma \to \infty)$$

となる．$\zeta(s)$ については，オイラー積表示から

$$\log \zeta(s) = \sum_{p:\text{素数}} \sum_{m=1}^\infty \frac{1}{p^{ms} m}$$

であるから，
$$\log \zeta(s) \sim 2^{-s} \quad (s = \sigma \to \infty).$$
よって，$s \in \mathbb{R}$ のとき，
$$\log |\xi(s)| \sim \frac{1}{2} s \log s \quad (s \to \infty)$$
となるので，$\xi(s)$ の位数は最低でも 1 である．

以上のことから，$\xi(s)$ の位数がちょうど 1 であることが示された． ∎

これより，$\zeta(s)$ のアダマール積表示を述べる．以下，本書ではとくに断らない限り，記号 ρ によって $\zeta(s)$ の非自明零点を表す．**非自明零点**とは，$\zeta(s)$ の零点のうち，3.8 節で定義した自明零点（負の偶数）以外のものである．また，積や和の記号
$$\prod_{\rho} \quad , \quad \sum_{\rho} \tag{3.24}$$
は，とくに断らない限り「$\zeta(s)$ の非自明零点 ρ の全体にわたる積」「$\zeta(s)$ の非自明零点 ρ の全体にわたる和」を表すものとする．

定理 3.18 で定義した完備リーマン・ゼータ関数
$$\widehat{\zeta}(s) = \pi^{-\frac{s}{2}} \Gamma\left(\frac{s}{2}\right) \zeta(s)$$
は，$s = 0, 1$ に極を持つ以外は全平面で正則である．そこで，ゼータ関数の整関数による完備化として
$$\xi(s) = s(1-s) \pi^{-\frac{s}{2}} \Gamma\left(\frac{s}{2}\right) \zeta(s)$$
が考えられる．これは，$\xi(1-s) = \xi(s)$ という対称型関数等式を持ちながら，かつ $s = 0, 1$ も含めた全平面で正則な関数である．この $\xi(s)$ を用いて，次の定理で $\zeta(s)$ のアダマール積表示を与える．

定理 3.25（$\zeta(s)$ のアダマール積表示） $\zeta(s)$ の整関数の完備化 $\xi(s)$ のアダマール積は，次式で与えられる．

3.9 ゼータ関数の位数とアダマール積

$$\xi(s) = -e^{as} \prod_{\rho} \left(1 - \frac{s}{\rho}\right) e^{\frac{s}{\rho}}.$$

ただし，積記号は (3.24) で定義され，$a = \log 2 + \frac{1}{2}\log \pi - 1 - \frac{1}{2}\gamma$ であり，γ は 1.8 節で定義したオイラーの定数である．

証明 はじめに，整関数 $\xi(s)$ の零点とそれらの位数について，わかっていることを確認する．これまでにみてきたように，$\zeta(s)$ の極は $s = 1$ のみで，位数は 1 である．これは $\xi(s)$ の因数 $s - 1$ と打ち消し合うので，$\xi(s)$ は $s = 1$ において非零正則である．

次に，$\zeta(s)$ のすべての自明零点が位数 1 であることをみる．s を自明零点とすると，$\frac{s}{2}$ においてガンマ関数は 1 位の極を持つ（命題 2.15）ので，関数等式（定理 3.18）

$$\widehat{\zeta}(1-s) = \widehat{\zeta}(s) = \pi^{-\frac{s}{2}} \Gamma\left(\frac{s}{2}\right) \zeta(s) \tag{3.25}$$

において，もし，自明零点の位数が 2 以上ならば右辺が 0 になる．しかし，左辺は，ガンマ関数が零点を持たないこと，および，$\zeta(1-s) \neq 0 \ (\mathrm{Re}(1-s) > 1)$ より，非零であるから矛盾する．これで，自明零点の位数が 1 であることが示された．

したがって，$\zeta(s)$ の自明零点は，$\Gamma\left(\frac{s}{2}\right)$ の極と打ち消し合う．そこにおいて，$\xi(s)$ は非零正則である．

最後に，$\xi(s)$ の因数 s により $s = 0$ が 1 位の零点となるが，これは $\Gamma\left(\frac{s}{2}\right)$ の 1 位の極 $s = 0$ と打ち消し合い，$s = 0$ においても $\xi(s)$ は非零正則となる．

以上により，$\xi(s)$ の零点は，$\zeta(s)$ の非自明零点のみであることがわかった．前定理により $\xi(s)$ は整関数としての位数が 1 であるから，アダマール積

$$\xi(s) = Ce^{as} \prod_{\rho} \left(1 - \frac{s}{\rho}\right) e^{\frac{s}{\rho}}$$

で表せる[3]．あとは，定数 C, a を求めればよい．

---

[3] 文献 [1] などを参照．

C を求めるには，アダマール積より $C = \xi(0)$ を計算する．まず，$\Gamma\left(\frac{s}{2}\right)$ は $s = 0$ で 1 位の極を持ち留数は 2 であるから，$\xi(0) = 2\zeta(0)$．(3.19) より，$\xi(0) = \xi(1) = -1$．よって $C = -1$．

次に a を求める．今得たアダマール積

$$\xi(s) = -e^{as} \prod_\rho \left(1 - \frac{s}{\rho}\right) e^{\frac{s}{\rho}}$$

より

$$\zeta(s) = -\frac{\pi^{s/2} e^{as}}{s(1-s)\Gamma(\frac{s}{2})} \prod_\rho \left(1 - \frac{s}{\rho}\right) e^{\frac{s}{\rho}}$$

$$= \frac{\pi^{s/2} e^{as}}{2(s-1)\Gamma(\frac{s}{2}+1)} \prod_\rho \left(1 - \frac{s}{\rho}\right) e^{\frac{s}{\rho}}$$

の対数微分を取り

$$\frac{\zeta'(s)}{\zeta(s)} = \frac{\log \pi}{2} + a - \frac{1}{s-1} - \frac{1}{2}\frac{\Gamma'(\frac{s}{2}+1)}{\Gamma(\frac{s}{2}+1)} + \sum_\rho \left(-\frac{1}{\rho-s} + \frac{1}{\rho}\right).$$

ここで $s \to 0$ とする．次で示す命題 3.26 より $\frac{\zeta'(0)}{\zeta(0)} = \log 2\pi$ であり，命題 2.16 で求めたように $\Gamma'(1) = -\gamma$ であったから，

$$\log 2\pi = \frac{\log \pi}{2} + a + 1 + \frac{\gamma}{2}.$$

すなわち，

$$a = \log 2\pi - \frac{\log \pi}{2} - 1 - \frac{\gamma}{2}. \qquad \blacksquare$$

命題 3.26

$$\frac{\zeta'}{\zeta}(0) = \log 2\pi.$$

証明　定理 3.7(2) のローラン展開式と，その微分 $\zeta'(s) = -\frac{1}{(s-1)^2} + O(1) \, (s \to 1)$ により，$\frac{\zeta'}{\zeta}(s) = -\frac{1}{s-1} - \gamma + O(|s-1|) \, (s \to 1)$ であるから，s を $1-s$ に

置き換えて，

$$-\frac{\zeta'}{\zeta}(1-s) = -\frac{1}{s} - \gamma + O(|s|) \qquad (s \to 0).$$

この式と，定理 2.15(4) の両辺の対数微分から得られる

$$\frac{\Gamma'(s)}{\Gamma(s)} = -\frac{1}{s} - \gamma + O(|s|) \qquad (s \to 0)$$

を，定理 3.19 の両辺の対数微分である

$$-\frac{\zeta'}{\zeta}(1-s) = \frac{\Gamma'}{\Gamma}(s) - \frac{\pi}{2}\tan\frac{\pi s}{2} - \log 2\pi + \frac{\zeta'}{\zeta}(s)$$

に代入して，

$$-\frac{1}{s} - \gamma + O(|s|) = -\frac{1}{s} - \gamma + O(|s|) - \frac{\pi}{2}\tan\frac{\pi s}{2} - \log 2\pi + \frac{\zeta'}{\zeta}(s) \qquad (s \to 0).$$

すなわち，

$$\frac{\zeta'}{\zeta}(s) = \log 2\pi + O(|s|) \qquad (s \to 0).$$

∎

第4章 ◇ 明示公式と素数定理

4.1 臨界領域

$\zeta(s)$ は $s \neq 1$ なる全複素平面に解析接続される．したがって，零点すなわち，$\zeta(\rho) = 0$ となる複素数 ρ を考えることができる．本節では，零点 ρ が複素平面内のどの辺りにあるのかについて，大まかな図をみておきたい．最初にわかることは，定理 3.4 でみたように，オイラー積の絶対収束域 $\mathrm{Re}(s) > 1$ には零点も極も存在しないということである．また，ガンマ関数 $\Gamma(s)$ は零点を持たず，0 以下の整数に極を持つ（命題 2.15）ことから，この領域 $\mathrm{Re}(s) > 1$ では完備ゼータ

$$\widehat{\zeta}(s) = \pi^{-\frac{s}{2}} \Gamma\left(\frac{s}{2}\right) \zeta(s)$$

も零点や極を持たない．今得た非零領域を図 4.1 に示す．

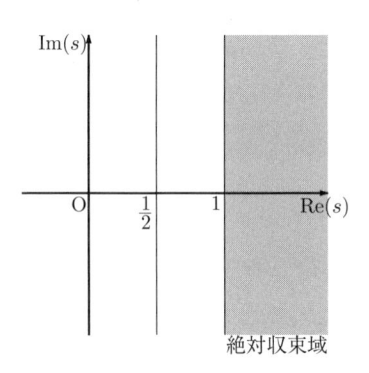

図 4.1　$\zeta(s)$ のオイラー積による非零領域

次に，$\zeta(s)$ の関数等式 $\widehat{\zeta}(s) = \widehat{\zeta}(1-s)$ を考える．非零領域 $\mathrm{Re}(s) > 1$ は，変換 $s \longleftrightarrow 1-s$ により $\mathrm{Re}(s) < 0$ に移る．したがって，完備ゼータ $\widehat{\zeta}(s)$ は $\mathrm{Re}(s) < 0$ でも零点を持たない．こうして得た $\widehat{\zeta}(s)$ の非零領域を図 4.2 に示す．

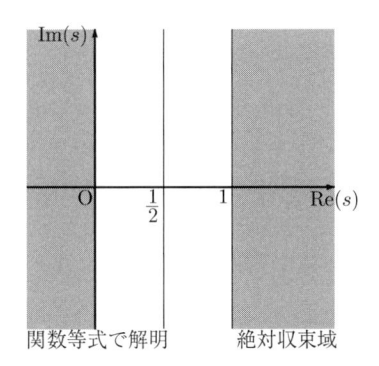

図 4.2 $\widehat{\zeta}(s)$ の関数等式による非零領域

また，$\widehat{\zeta}(s)$ は $\mathrm{Re}(s) < 0$ で正則であることから，$\Gamma\left(\frac{s}{2}\right)$ の極は $\zeta(s)$ の零点と打ち消し合う必要がある．この事実から $\zeta(s)$ は負の偶数において零点を持つこと（自明零点，定理 3.23）の別証明を得る．そして $\zeta(s)$ は $\mathrm{Re}(s) < 0$ においてそれ以外の零点を持たない．

さらに，定理 3.8 でみたように，$\mathrm{Re}(s) = 1$ 上でも $\zeta(s)$ は零点を持たない．関数等式より，$\mathrm{Re}(s) = 0$ にも零点を持たない．

したがって，$\zeta(s)$ の非自明零点は必ず $0 < \mathrm{Re}(s) < 1$ の範囲にある．あるいは $\widehat{\zeta}(s)$ を用いて言い換えれば，$\widehat{\zeta}(s)$ のすべての零点は $0 < \mathrm{Re}(s) < 1$ の範囲にあると言ってもよい．この領域を**臨界領域**と呼ぶ．

4.2 非自明零点の個数

非自明零点はどれくらいたくさんあるのだろうか．本節を通じ，正数 T は，$\zeta(s)$ の非自明零点の虚部ではないとする．$N(T)$ を，$\zeta(s)$ の零点で

$$0 < \mathrm{Re}(s) < 1, \qquad 0 < \mathrm{Im}(s) \leq T$$

を満たすものの個数とする．ただし m 位の零点は m 個と数える．

本節では $N(T)$ の挙動を求めていく．まず次の定理で，虚部が一定の範囲にあるような零点の個数を評価しよう．

定理 4.1

$$N(T+1) - N(T) = O(\log T) \qquad (T \to \infty).$$

証明 ゼータ関数のアダマール積表示（定理 3.25）より，定数 $a = \log 2 + \frac{1}{2} \cdot \log \pi - 1 - \frac{1}{2} \cdot \gamma$ に対し

$$\xi(s) = -e^{as} \prod_\rho \left(1 - \frac{s}{\rho}\right) e^{\frac{s}{\rho}}$$

が成り立つ．完備ゼータの中身を書いてみると，

$$s(1-s)\pi^{-\frac{s}{2}} \Gamma\left(\frac{s}{2}\right) \zeta(s) = -e^{as} \prod_\rho \left(1 - \frac{s}{\rho}\right) e^{\frac{s}{\rho}}.$$

再び両辺の対数微分を取り，

$$\frac{1}{s} - \frac{1}{1-s} - \frac{\log \pi}{2} + \frac{\Gamma'(\frac{s}{2})}{2\Gamma(\frac{s}{2})} + \frac{\zeta'(s)}{\zeta(s)} = a + \sum_\rho \left(-\frac{1}{\rho - s} + \frac{1}{\rho}\right).$$

$s = 2 + iT$ のとき，次に示す補題 4.3 により，

$$\frac{\Gamma'(\frac{s}{2})}{2\Gamma(\frac{s}{2})} = \frac{\Gamma'(1 + \frac{iT}{2})}{2\Gamma(1 + \frac{iT}{2})} = O(\log T) \qquad (T \to \infty)$$

が成り立つ．また，ゼータ関数については絶対収束域内なので，

$$\frac{\zeta'(s)}{\zeta(s)} = \frac{\zeta'(2 + iT)}{\zeta(2 + iT)} = O(1) \qquad (T \to \infty)$$

である．したがって，上の対数微分の式より

$$\sum_\rho \left(\frac{1}{2 + iT - \rho} + \frac{1}{\rho}\right) = O(\log T) \qquad (T \to \infty).$$

ここで，$\rho = \beta + i\gamma$ と置くと，$0 < \beta < 1$ より，

$$\mathrm{Re}\left(\frac{1}{2+iT-\rho}+\frac{1}{\rho}\right)=\frac{2-\beta}{(2-\beta)^2+(T-\gamma)^2}+\frac{\beta}{\beta^2+\gamma^2}$$
$$\geq \frac{2-\beta}{(2-\beta)^2+(T-\gamma)^2}$$

が成り立ち，$2-\beta$ を 1 に置き換えても，$T\to\infty$ におけるオーダーは変わらないので，

$$\sum_\rho \frac{1}{1+(T-\gamma)^2} = O\left(\sum_\rho \mathrm{Re}\left(\frac{1}{2+iT-\rho}+\frac{1}{\rho}\right)\right)$$
$$= O(\log T) \qquad (T\to\infty)$$

が成り立つ．この左辺の和は非自明零点の全体にわたるが，そのうち $T<\gamma\leq T+1$ なる零点は $\frac{1}{1+(T-\gamma)^2}\geq \frac{1}{2}$ を満たすので，

$$\frac{N(T+1)-N(T)}{2} \leq \sum_\rho \frac{1}{1+(T-\gamma)^2}$$

が成り立つ．以上を合わせると，

$$N(T+1)-N(T) = O(\log T) \qquad (T\to\infty)$$

を得る． ∎

この定理より，リーマン・ゼータ関数の非自明零点にわたる級数の挙動がわかる．

系 4.2 以下の級数で，ρ はリーマン・ゼータ関数の非自明零点とし，指定された領域内の非自明零点の全体をわたるものとする．

(1) $\displaystyle\sum_{0<\mathrm{Im}(\rho)\leq T} \frac{1}{|\rho|} = O\left((\log T)^2\right)$.

(2) $\displaystyle\sum_{0<\mathrm{Im}(\rho)\leq T} \frac{1}{|\rho|^2}$ は $T\to\infty$ で収束する．

証明 (1) 定理 4.1 より，

$$\sum_{0 < \mathrm{Im}(\rho) \leq T} \frac{1}{|\rho|} \leq \sum_{\substack{\rho \\ 0 < \mathrm{Im}(\rho) \leq 1}} \frac{1}{|\rho|} + \sum_{1 \leq m \leq T} \frac{1}{m} \#\{\rho \mid m < \mathrm{Im}(\rho) \leq m+1\}$$

$$= O(1) + O\left(\sum_{1 \leq m \leq T} \frac{\log m}{m}\right) \quad (T \to \infty)$$

$$= O\left((\log T)^2\right) \quad (T \to \infty).$$

(2) 同様に

$$\sum_{0 < \mathrm{Im}(\rho) \leq T} \frac{1}{|\rho|^2} = O(1) + O\left(\sum_{1 \leq m \leq T} \frac{\log m}{m^2}\right) \quad (T \to \infty)$$

$$= O(1) \quad (T \to \infty).$$

∎

定理 4.1 により，虚部の長さ 1 の区間に属する零点の個数が高々 $\log T$ のオーダーであることがわかったので，虚部を T 以下としたときの個数 $N(T)$ は，高々 $T \log T$ のオーダーであることがわかる．

以下，本節ではより正確に $N(T)$ の挙動を求めていく．そのために，完備リーマン・ゼータ関数の対数微分を積分するというテクニックを用いる．ただし，定理 3.18 で導入した完備リーマン・ゼータ関数 $\widehat{\zeta}(s)$ は $s = 0, 1$ で一位の極を持っていた．以下の計算では極がない方が扱いやすいので，3.9 節で定義した整関数

$$\xi(s) = s(1-s)\widehat{\zeta}(s)$$

を用いることにし，その対数微分 $\frac{\xi'(s)}{\xi(s)}$ を考察する．以下，しばしば $\frac{\xi'(s)}{\xi(s)}$ を $\frac{\xi'}{\xi}(s)$ と略記する．

$\xi(s)$ が $s = \rho$ で m_ρ 位の零点を持つとする．記号の簡略のため当面 m_ρ を m と略記すると，

$$\xi(s) = (s - \rho)^m R(s)$$

4.2 非自明零点の個数

と書ける．$R(s)$ は $s = \rho$ で非零な関数である．ここで対数を取ると，

$$\log \xi(s) = m \log(s - \rho) + \log R(s).$$

さらに微分すると

$$\frac{\xi'}{\xi}(s) = \frac{m}{s - \rho} + \frac{R'}{R}(s)$$

となるが，$\frac{R'}{R}(s)$ は $s = \rho$ で正則だから，$\frac{\xi'}{\xi}(s)$ は $s = \rho$ で 1 位の極を持ち，そこでの留数が m に等しいことがわかる．

複素平面内の 4 頂点 $2 \pm iT$, $-1 \pm iT$ を正の向きに一周する閉曲線 C 上での積分

$$\int_C \frac{\xi'}{\xi}(s)ds$$

は，コーシーの積分定理から極にわたる留数の和となるが，上の考察により，この積分は C の内部にある $\xi(s)$ の各零点 ρ にわたる和として表される．被積分関数は $s = \rho$ において 1 位の極を持ち留数が m_ρ であるから，

$$\int_C \frac{\xi'}{\xi}(s)ds = 2\pi i \sum_\rho m_\rho$$

となる．ここで，ρ は C の内部にある $\xi(s)$ の零点をわたる．この範囲の零点の重複度の総和は，重複度分も数えた際の零点の個数，すなわち $2N(T)$ に等しい（上半平面と下半平面の零点の個数は同じであることが，鏡像の原理[1]または関数等式によりわかる）から，

$$\int_C \frac{\xi'}{\xi}(s)ds = 4\pi i N(T)$$

が成り立つ．よって，あとは左辺の積分を計算すればよい．

以上，$N(T)$ を求めるための方針を述べてきた．この方針により，$N(T)$ をより詳しく理解するには，完備ゼータの対数微分をより正確に評価することが

---
[1] 文献 [1]§6.5 定理 24.

大切であることがわかる．そこで，完備ゼータを構成するガンマ因子とゼータ関数について，それらの対数微分の $t \to \infty$（ただし $t = \mathrm{Im}(s)$）における挙動を調べておこう．次の補題は，補題 4.4(3) の証明で用いる．

補題 4.3（ガンマ関数の対数微分の評価） 集合 A を

$$A = \left\{ s \in \mathbb{C} \setminus (-\infty, 0] \;\middle|\; |s + k| \geq \frac{1}{4} \; (k = 0, 1, 2, 3, \ldots) \right\}$$

とするとき，A 内で一様に次式が成り立つ．

$$\frac{\Gamma'(s)}{\Gamma(s)} = \log s - \frac{1}{2s} + O\left(\frac{1}{|s|^2}\right) \qquad (|s| \to \infty).$$

証明 定理 2.22 の両辺を微分すればよい． ∎

次に，$\zeta(s)$ の対数微分の評価を調べる．興味があるのは臨界領域内での $t = \mathrm{Im}(s) \to \infty$ における挙動である．対数微分の挙動には，$\zeta(s)$ の極と非自明零点が寄与するが，s が非自明零点（すなわち対数微分の極）の近くにあれば，対数微分の値は当然大きくなる．そして，それらの極の影響を除いた関数の増大度を評価したものが，次の補題である．

補題 4.4（ゼータ関数の対数微分の評価）

(1) $-1 \leq \sigma \leq 2$, $s = \sigma + it$ と置くとき[2]，

$$\frac{\zeta'(s)}{\zeta(s)} = -\frac{1}{s-1} + \sum_{|t-\gamma_n| \leq 1} \frac{1}{s - \rho_n} + O(\log(|t|+2)). \tag{4.1}$$

ここで，$\zeta(s)$ の非自明零点を $\rho_n = \beta_n + i\gamma_n$ と置き，和は各 t に対し $|t - \gamma_n| \leq 1$ を満たすような ρ_n にわたる．とくに，$|t| \to \infty$ のとき

---

[2] 式 (4.1) で log の中身が $|t|$ でなく $|t| + 2$ となっているのが，初心者には奇異に思えるかもしれない．これは，すべての t に対して式を成り立たせるための表記上のテクニックである．$\log|t|$ だと $t = 1$ のときに 0 になってしまうため記号 $O(\log|t|)$ は定数関数 0 を意味し評価は成り立たない．これに対し $O(\log(|t|+2))$ は有界を意味し正しい記述となる．実質的には $t \to \infty$ における挙動が重要であり，極限付きの (4.2) が評価の本質を表している．

4.2 非自明零点の個数

$$\frac{\zeta'(s)}{\zeta(s)} = \sum_{|t-\gamma_n|\leq 1} \frac{1}{s-\rho_n} + O(\log|t|) \qquad (|t|\to\infty). \tag{4.2}$$

(2) 任意の $T \geq 2$ に対し, $T \leq t \leq T+1$ なる t が存在して, 領域 $-1 \leq \sigma \leq 2$ で一様に次式が成り立つ.

$$\frac{\zeta'}{\zeta}(\sigma+it) = O\left((\log T)^2\right).$$

(3) 集合 B を

$$B = \left\{ s \in \mathbb{C} \ \middle|\ \operatorname{Re}(s) \leq -1,\ |s+2k| \geq \frac{1}{4}\ (k=1,2,3,\ldots)\right\}$$

とするとき, B 内で一様に

$$\frac{\zeta'}{\zeta}(s) = O(\log(|s|+1))$$

が成り立つ.

証明 (1) ゼータ関数のアダマール積表示 (定理 3.25) より,

$$s(1-s)\pi^{-\frac{s}{2}}\Gamma\left(\frac{s}{2}\right)\zeta(s) = -e^{as}\prod_\rho \left(1-\frac{s}{\rho}\right)e^{\frac{s}{\rho}}.$$

両辺の対数微分を取り,

$$\frac{1}{s} - \frac{1}{1-s} - \frac{\log\pi}{2} + \frac{\Gamma'(\frac{s}{2})}{2\Gamma(\frac{s}{2})} + \frac{\zeta'(s)}{\zeta(s)} = a + \sum_\rho \left(-\frac{1}{\rho-s} + \frac{1}{\rho}\right).$$

ここで, 命題 2.15(4) の両辺の対数の微分より,

$$\frac{\Gamma'(s)}{\Gamma(s)} = -\frac{1}{s} - \gamma - \sum_{n=1}^\infty \left(\frac{1}{n+s} - \frac{1}{n}\right)$$

であるから,

$$\frac{\zeta'(s)}{\zeta(s)} = \frac{1}{1-s} + \sum_\rho \left(-\frac{1}{\rho-s} + \frac{1}{\rho}\right) + \frac{1}{2}\sum_{n=1}^\infty \left(\frac{1}{n+\frac{s}{2}} - \frac{1}{n}\right) + a + \frac{\gamma}{2} + \frac{\log\pi}{2}$$

$$= \frac{1}{1-s} + \sum_{\rho}\left(\frac{1}{s-\rho} + \frac{1}{\rho}\right) + \sum_{n=1}^{\infty}\left(\frac{1}{2n+s} - \frac{1}{2n}\right) + a + \frac{\gamma}{2} + \frac{\log \pi}{2}.$$

ここで, $n < |t|$ のとき

$$|2n + s| = |2n + \sigma + it| > |2n + \sigma + in| > n$$

より, $\frac{1}{|2n+s|} < \frac{1}{n}$ であるから,

$$\left|\frac{1}{2n+s} - \frac{1}{2n}\right| \leq \left|\frac{1}{2n+s}\right| + \left|\frac{1}{2n}\right| \leq \frac{1}{n} + \frac{1}{n} = \frac{2}{n}.$$

また, $n \geq |t|$ のとき

$$\left|\frac{1}{2n+s} - \frac{1}{2n}\right| = \frac{|s|}{2n|2n+s|} \leq \frac{|s|}{2n(2n+\sigma)} \leq \frac{|s|}{2n(2n-1)}$$

であり, これは n を自然数にわたらせて和をとると収束し,

$$\left|\sum_{n=1}^{\infty}\left(\frac{1}{2n+s} - \frac{1}{2n}\right)\right| \leq \sum_{n<|t|}\left|\frac{1}{2n+s} - \frac{1}{2n}\right| + \sum_{n\geq|t|}\left|\frac{1}{2n+s} - \frac{1}{2n}\right|$$

$$\leq \sum_{n<|t|} \frac{2}{n} + \sum_{n\geq|t|} \frac{|s|}{2n(2n-1)}$$

$$= O(\log(|t|+2)).$$

これで, 次式が示された.

$$\frac{\zeta'(s)}{\zeta(s)} = \frac{1}{1-s} + \sum_{\rho}\left(\frac{1}{s-\rho} + \frac{1}{\rho}\right) + O(\log(|t|+2)).$$

この式と, この式で $s = 2 + it$ とした式

$$\frac{\zeta'(2+it)}{\zeta(2+it)} = \frac{1}{-1-it} + \sum_{\rho}\left(\frac{1}{2+it-\rho} + \frac{1}{\rho}\right) + O(\log(|t|+2)) \quad (4.3)$$

とを辺々引くと, $\frac{\zeta'}{\zeta}(2+it)$ は絶対収束域内なので有界だから,

$$\frac{\zeta'(s)}{\zeta(s)} = \frac{1}{1-s} + \sum_{\rho}\left(\frac{1}{s-\rho} - \frac{1}{2+it-\rho}\right) + O(\log(|t|+2))$$

4.2 非自明零点の個数

となる．$\rho = \beta + i\gamma$ とおけば，

$$\left|\frac{1}{s-\rho} - \frac{1}{2+it-\rho}\right| \leq \frac{2-\sigma}{(\gamma-t)^2} \leq \frac{3}{(\gamma-t)^2}. \tag{4.4}$$

一方，(4.3) より

$$\sum_{\rho}\left(\frac{1}{2+it-\rho} + \frac{1}{\rho}\right) = O(\log(|t|+2))$$

であるが，この左辺の実部を計算すると，

$$\operatorname{Re}\left(\frac{1}{2+it-\rho} + \frac{1}{\rho}\right) = \frac{2-\beta}{(2-\beta)^2 + (t-\gamma)^2} + \frac{\beta}{\beta^2 + \gamma^2}$$
$$\geq \frac{2-\beta}{(2-\beta)^2 + (t-\gamma)^2}$$

となるから，(4.3) より

$$\sum_{\rho}\frac{2-\beta}{(2-\beta)^2 + (t-\gamma)^2} = O(\log(|t|+2))$$

が成り立っている．今，$\beta = \operatorname{Re}(\rho)$ は $0 < \beta < 1$ を満たすから，$1 < 2-\beta < 2$ であり，この評価式の左辺を t の関数とみたとき，$2-\beta$ を 1 で置き換えた関数は，元の関数の高々定数倍で押さえられる．すなわち，

$$\sum_{\rho}\frac{1}{1+(t-\gamma)^2} = O\left(\sum_{\rho}\frac{2-\beta}{(2-\beta)^2 + (t-\gamma)^2}\right) = O(\log(|t|+2)).$$

よって，(4.4) を ρ にわたらせて和を取るとき，γ が t に近い有限個を除いた無限個の和は，$O(\log(|t|+2))$ となる．以上より，

$$\frac{\zeta'(s)}{\zeta(s)} = \frac{1}{1-s} + \sum_{|t-\gamma|\leq 1}\left(\frac{1}{s-\rho} - \frac{1}{2+it-\rho}\right) + O(\log(|t|+2))$$
$$= \frac{1}{1-s} + \sum_{|t-\gamma|\leq 1}\frac{1}{s-\rho} + O(\log(|t|+2))$$

が示された.

(2) 任意の $T > 0$ に対し,区間 $T < t \leq T+1$ 内の実数 t であって,かつ求める集合 A の元となるものを構成する.定理 4.1 より,ある $C > 0$ が存在して任意の $T > 0$ に対して

$$N(T+1) - N(T) \leq C \log T$$

が成り立つ.ここで,$N(T+1) - N(T) = 1$ のときは,その 1 個の零点を ρ と置くと,$\mathrm{Im}(\rho)$ は T または $T+1$ の少なくとも一方から距離 $\frac{1}{2}$ 以上離れているので,その離れている方と $\mathrm{Im}(\rho)$ との平均値(中点)を t とする.すなわち,$t = \frac{1}{2}(\mathrm{Im}(\rho) + T)$ または $t = \frac{1}{2}(\mathrm{Im}(\rho) + T + 1)$ である.すると,t は T 及び $T+1$ から距離 $\frac{1}{4}$ 以上離れており,かつ,最も近い零点の虚部からも距離 $\frac{1}{4}$ 以上離れている.よって,任意の零点 ρ_n に対し,$|t - \mathrm{Im}(\rho_n)| \geq \frac{1}{4}$ が成り立つから,(4.1) の右辺第 2 項の和は,$N(T+1) - N(T) = 1$ なる T に対して上の方法で定めた各 t ($T < t \leq T+1$) について,定理 4.1 より

$$\sum_{|t-\gamma_n| \leq 1} \frac{1}{|s-\rho_n|} \leq \sum_{|t-\gamma_n| \leq 1} \frac{1}{|t-\mathrm{Im}(\rho_n)|} \leq 4 \sum_{|t-\gamma_n| \leq 1} 1 = O(\log T).$$

次に,$N(T+1) - N(T) \geq 2$ であるような T について考える.

$$n = N(T+1) - N(T) \geq 2$$

と置き,$T < \mathrm{Im}(\rho) \leq T+1$ を満たす零点を虚部が小さい順に ρ_j ($j = 1, 2, 3, \ldots, n$) とする.定理 4.1 より,T によらない定数 $C > 0$ が存在して,

$$N(T+1) - N(T) \leq C \log T$$

が成り立つので,$n+1$ 個の区間

$$(T, \mathrm{Im}(\rho_1)), \quad (\mathrm{Im}(\rho_1), \mathrm{Im}(\rho_2)), \quad (\mathrm{Im}(\rho_2), \mathrm{Im}(\rho_3)),$$
$$\ldots, \quad (\mathrm{Im}(\rho_{n-1}), \mathrm{Im}(\rho_n)), \quad (\mathrm{Im}(\rho_n), T+1)$$

のうち,少なくとも一つは長さが $\frac{1}{1+C\log T}$ 以上である.このような区間を一つ選び,その中点を t と置けば,t と最も近い零点の虚部との距離は $\frac{1}{2(1+C\log T)}$

以上となるので，(4.1) の右辺第2項の和は，$N(T+1) - N(T) \geq 2$ なる T に対して上の方法で定めた各 t ($T < t \leq T+1$) について

$$\sum_{|t-\gamma_n|\leq 1} \frac{1}{|s-\rho_n|} \leq 2(1 + C\log T) \sum_{|t-\gamma_n|\leq 1} 1 = O((\log T)^2)$$

となる．

以上で，任意の T に対し，$T < t \leq T+1$ なる t を構成した．t の集合が求める非有界集合 A である．

(3) 関数等式（定理3.19）より，

$$\frac{\zeta'}{\zeta}(s) = \log(2\pi) - \frac{\Gamma'}{\Gamma}(1-s) + \frac{\pi}{2}\cot\frac{\pi s}{2} - \frac{\zeta'}{\zeta}(1-s).$$

$s \in B$ のとき，右辺の第1項，第3項，第4項は有界である．第2項は補題4.3により $O(\log(|s|+1))$ となる． ∎

これより，本節の結論である主定理を述べる．この主定理で得る $N(T)$ の主要項のオーダーは $T\log T$ であり，これは $T \to \infty$ のとき $+\infty$ に発散するので，非自明零点は無限個存在することがわかる．

証明は，先に述べた方針により，$\xi(s)$ の対数微分の積分を $\xi(s)$ を構成する二つの因子（ガンマ関数とリーマン・ゼータ関数）の各々について計算しており，証明中の (I) がガンマ関数，(II) がリーマン・ゼータ関数の計算に相当している．

定理 4.5 ($N(T)$ の挙動)

$$N(T) = \frac{T\log T}{2\pi} - \frac{1+\log 2\pi}{2\pi}T + O(\log T) \qquad (T \to \infty).$$

証明 記号 $S(T)$ を，

$$S(T) = \frac{\arg\zeta(\frac{1}{2}+iT)}{\pi}$$

と置く．ただし，$\arg\zeta(\frac{1}{2}+iT)$ は偏角であるから，2π の整数倍の曖昧さがあり，これ単独では定義できない．そこで，複素平面内の逆L字型の経路

$2 \to 2+iT \to \frac{1}{2}+iT$ を指定し，$s=2$ のとき $\arg\zeta(2)=0$ と定め，そこから s をこの経路に沿って連続的に動かし，それに伴って $\arg\zeta(s)$ が連続的に動いた結果を $\arg\zeta(\frac{1}{2}+iT)$ とする（図 4.3）．

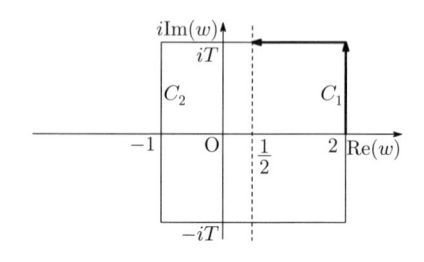

図 4.3

次の二段階に分けて証明する．

(I) $\quad N(T) = \dfrac{T\log T}{2\pi} - \dfrac{1+\log 2\pi}{2\pi}T + \dfrac{7}{8} + S(T) + O\left(\dfrac{1}{T}\right) \qquad (T\to\infty).$

(II) $\quad S(T) = O(\log T) \qquad (T\to\infty).$

(I) の証明：積分路 C を，4 頂点

$$2 \pm iT, \qquad -1 \pm iT$$

を反時計まわりに一周する経路と置くと，上で述べたことから，

$$2N(T) = \frac{1}{2\pi i}\int_C \frac{\xi'}{\xi}(s)ds$$

となる．右辺の積分を計算する．

$\zeta(s)\in\mathbb{R}$ ($s\in\mathbb{R}$) であるから $\overline{\xi(s)}=\xi(\overline{s})$ であり，また，リーマン・ゼータ関数の関数等式 $\xi(s)=\xi(1-s)$ から $\frac{\xi'}{\xi}(s) = -\frac{\xi'}{\xi}(1-s)$ であるので，長方形 C の右半分（$\mathrm{Re}(s)\geq\frac{1}{2}$）の部分を C_1，左半分（$\mathrm{Re}(s)\leq\frac{1}{2}$）の部分を C_2 と置く（図 4.3）と，$s\in C_1 \iff 1-s\in C_2$ であるから，

$$\int_{C_1}\frac{\xi'}{\xi}(s)ds = -\int_{C_1}\frac{\xi'}{\xi}(1-s)ds = -\int_{C_2}\frac{\xi'}{\xi}(s)(-ds) = \int_{C_2}\frac{\xi'}{\xi}(s)ds$$

が成り立つ．したがって，

$$N(T) = \frac{1}{4\pi i} \int_C \frac{\xi'}{\xi}(s)ds$$
$$= \frac{1}{4\pi i} \int_{C_1} \frac{\xi'}{\xi}(s)ds + \frac{1}{4\pi i} \int_{C_2} \frac{\xi'}{\xi}(s)ds = \frac{1}{2\pi i} \int_{C_1} \frac{\xi'}{\xi}(s)ds$$

となる．

$$C_1 = C_1^+ \cup C_1^- \quad (C_1^+ = \{s \in C_1 | \operatorname{Im}(s) \geq 0\},\ C_1^- = \{s \in C_1 | \operatorname{Im}(s) \leq 0\})$$

とおけば，

$$N(T) = \frac{1}{2\pi i} \left(\int_{C_1^+} \frac{\xi'}{\xi}(s)ds + \int_{C_1^-} \frac{\xi'}{\xi}(s)ds \right)$$
$$= \frac{1}{\pi} \operatorname{Im} \left(\int_{C_1^+} \frac{\xi'}{\xi}(s)ds \right)$$
$$= 1 + \frac{1}{\pi} \operatorname{Im} \left(\int_{C_1^+} \left(-\frac{\log \pi}{2} + \frac{1}{2}\frac{\Gamma'}{\Gamma}\left(\frac{s}{2}\right) + \frac{\zeta'}{\zeta}(s) \right) ds \right)$$
$$= 1 - \frac{\log \pi}{2\pi}T + \frac{1}{\pi} \operatorname{Im} \left(\int_{C_1^+} \left(\frac{1}{2}\frac{\Gamma'}{\Gamma}\left(\frac{s}{2}\right) + \frac{\zeta'}{\zeta}(s) \right) ds \right)$$
$$= 1 - \frac{\log \pi}{2\pi}T + \frac{1}{\pi} \operatorname{Im} \left(\int_{C_1^+} \frac{1}{2}\frac{\Gamma'}{\Gamma}\left(\frac{s}{2}\right) ds \right) + S(T).$$

ここで，ガンマ関数の項は定理 2.22 より

$$\frac{1}{\pi} \operatorname{Im} \left(\int_{C_1^+} \frac{1}{2}\frac{\Gamma'}{\Gamma}\left(\frac{s}{2}\right) ds \right) = \frac{1}{\pi} \operatorname{Im} \log \Gamma \left(\frac{1}{4} + \frac{1}{2}iT \right)$$
$$= \frac{T}{2\pi} \log \frac{T}{2} - \frac{T}{2\pi} - \frac{1}{8} + O\left(\frac{1}{T}\right)\ (T \to \infty)$$

であるから，

$$N(T) = \frac{T}{2\pi} \log \frac{T}{2} - \frac{1 + \log \pi}{2\pi}T + \frac{7}{8} + S(T) + O\left(\frac{1}{T}\right)\ (T \to \infty)$$

$$= \frac{T}{2\pi}\log T - \frac{1+\log 2\pi}{2\pi}T + \frac{7}{8} + S(T) + O\left(\frac{1}{T}\right) \ (T \to \infty).$$

これで (I) が示された.

次に (II) を示す. $\mathrm{Im}(\log \zeta(s)) = \arg(\zeta(s))$ より,

$$\int_2^{\frac{1}{2}} \mathrm{Im}\left(\frac{\zeta'(\sigma+iT)}{\zeta(\sigma+iT)}\right) d\sigma = \left[\arg(\zeta(\sigma+iT))\right]_2^{\frac{1}{2}}$$
$$= \arg(\zeta(\tfrac{1}{2}+iT)) - \arg(\zeta(2+iT)).$$

ここで, $s = 2+iT$ のとき, 絶対収束域内であることから

$$|\arg(\zeta(s))| = |\mathrm{Im}(\log \zeta(s))| \le |\log \zeta(s)| = \left|\sum_{m=1}^{\infty}\sum_{p:\text{素数}} \frac{1}{mp^{ms}}\right|$$
$$\le \sum_{m=1}^{\infty}\sum_{p:\text{素数}} \frac{1}{mp^{2m}} = \log \zeta(2)$$

と T に関して有界となるので,

$$\arg(\zeta(\tfrac{1}{2}+iT)) = \int_2^{\frac{1}{2}} \mathrm{Im}\left(\frac{\zeta'(\sigma+iT)}{\zeta(\sigma+iT)}\right) d\sigma + O(1).$$

ここで, 補題 4.4 より,

$$\arg(\zeta(\tfrac{1}{2}+iT)) = \sum_{|\gamma_n - T| \le 1} \int_2^{\frac{1}{2}} \mathrm{Im}\left(\frac{1}{\sigma+iT-\rho_n}\right) d\sigma + O(\log T) \ (T \to \infty)$$

であり, 定積分は

$$\left[\arg(\sigma+iT-\rho_n)\right]_2^{\frac{1}{2}} = \arg\left(\frac{1}{2}+iT-\rho_n\right) - \arg(2+iT-\rho_n)$$

と計算され, この値は有界であり, 和の項数は定理 4.1 より $O(\log T) \ (T \to \infty)$ であるから,

$$\arg(\zeta(\tfrac{1}{2}+iT)) = O(\log T) \quad (T \to \infty)$$

を得る. ∎

4.3 解析接続できない例

　リーマン・ゼータ関数が解析接続できるという事実が，ゼータ関数論において重要であることは言うまでもない．だが，いったい関数が解析接続されるという現象は，どの程度貴重なものなのだろう．一般のディリクレ級数を，分子の増大度を正規化して適当に与えれば，ディリクレ級数がある右半平面で絶対収束するようにできるが，これが全平面に有理型に解析接続されるという現象は，普通に起きることなのか．それとも滅多に起きない珍しいことなのか．

　結論を先に述べると，それは非常に珍しいことであり，これぞまさに数論の価値を表している，とすらいえるのである．全平面への解析接続がなされるためには，ディリクレ級数の分母に現れる整数が，きわめてバランスの取れた数論的に意味のある集合上をわたり，かつ，ディリクレ級数の分子（係数）もまた，整数上の関数として数論的に意味のあるものでなくてはならない．無作為に勝手に与えたディリクレ級数が全平面に解析接続される可能性はほぼ 0 であると言ってよい．

　たとえば，リーマン・ゼータ関数の解析接続により，$\zeta(-1)$ は存在し，関数等式を用いれば，$\zeta(2) = \frac{\pi^2}{6}$ とガンマ因子の計算から実際の値 $\zeta(-1) = -\frac{1}{12}$ を求められる．一方，リーマン・ゼータ関数の定義式 (2.12) に形式的に $s = -1$ を代入すると，

$$\sum_{n=1}^{\infty} n = 1 + 2 + 3 + 4 + \cdots$$

となり，$\zeta(-1)$ は「すべての自然数の和」となる．これを称してよく「すべての自然数の和は $-\frac{1}{12}$ である」と言ったりするが，この発言は，明らかに無限大となるゼータの特殊値に無理やり有限値を着せようとしているようなものである．そんなことをして何の意味があるのかと，疑問に思う節もあるだろう．実は，最も重要なのは，値そのものではない．$-\frac{1}{12}$ という数値よりもまず，有限の値が存在するという事実こそが，重要で貴重なのである．その事実とはすなわち，リーマン・ゼータ関数が $s = -1$ に解析接続されることだ．そしてその解析接続は，リーマン・ゼータ関数の分母が「すべての自然数の集合」という，実数全体の部分集合の中でも稀有な数論的価値を持った集合をわたってい

ること，そして，分子が「恒等的に1」というきわめて規則的な美しい関数で与えられているという背景に基づいている．

「ゼータ関数」という数学用語には，厳密な数学的定義がない．リーマン・ゼータ関数をはじめとする多くの実例は定義されているものの，ゼータとそれ以外の関数を厳密に分けることはできない．こうした状況は数学という学問においては珍しい．この分野を初めて学ぶ学習者が，まず「ゼータ」の定義から調べようとしても，どこにもみつからなくて混乱するかもしれない．なぜこんなことになっているのだろうか．それは，ゼータ関数とその他の関数を分ける境界が，突き詰めて考えれば，数論的な価値観や美しさという人間の感覚によるものだからなのだろう．そして，そうした美的感覚から生まれた価値基準が数学的な事象として具現化された一つの形が，解析接続なのだと私は思う．

本節では，通常のゼータ学習では当たり前として無意識に受け入れがちな事柄の価値を再確認する目的で，対比のために敢えて数論的な意義をあまり持たないと思われる「ゼータ関数もどき」の例を紹介する．以下の内容は本書の中でいわば孤立しており，以下に述べる事実を今後用いることはない．この解説は，ゼータの学習者がゼータの理論における解析接続の重要性と位置づけを認識し，精神的な納得感を得るために敢えて行うものである．したがって，主たる目標を結果の紹介に置き，証明はスケッチにとどめる．

全平面に解析接続されないディリクレ級数やオイラー積として，次の3つの例を挙げる．

(1) にせゼータ関数（ランダウ・ワルフィッツ）
(2) 非ユニタリ因子によるオイラー積（エスターマン）
(3) 井草ゼータ関数によるオイラー積（黒川）

以下，必要な用語を定義する．はじめに，にせゼータ関数[3]を次式で定義

---

[3] この名称は前著 [14]：小山信也『素数からゼータへ，そしてカオスへ』（日本評論社）による．ランダウ・ワルフィッツは特にこの関数を名付けていない．一部のインターネット・サイトでは「素数ゼータ関数（prime zeta function）」と名付けているものもあるが，その名称は関数の

4.3 解析接続できない例

する．

$$\zeta_{\text{にせ}}(s) = \sum_{p:\text{素数}} \frac{1}{p^s}$$

第1章でみたように，リーマン・ゼータ関数 $\zeta(s)$ は「自然数全体にわたる和」，あるいは「素数全体にわたる積」であった．これを間違えて「素数全体にわたる和」としてしまったものが，にせゼータ関数である．

次に，定数項が1であるような複素係数多項式

$$H(T) = 1 + \sum_{k=1}^{n} a_k T^k \in 1 + T\mathbb{C}[T]$$

が**ユニタリ**であるとは，ある n 次ユニタリ行列 M によって

$$H(T) = \det(I_n - MT)$$

の形に表されることである（I_n は n 次単位行列）．

有限個（r 個とする）の整数係数 n 変数多項式系 $f_j(T_1, \ldots, T_n) \in \mathbb{Z}[T_1, \ldots, T_n]$ $(j = 1, 2, 3, \ldots, r)$ の $\bmod m$ $(m \in \mathbb{N})$ における共通零点の集合を

$$V(\mathbb{Z}/(m)) = \{(x_1, \ldots, x_n) \in (\mathbb{Z}/(m))^n \mid f_j(x_1, \ldots, x_n) \equiv 0 \pmod{m}\} \tag{4.5}$$

とするとき，$\mathrm{Re}(s) > 1$ で収束する級数によって定義される関数

$$L(s, V) = \sum_{m=1}^{\infty} \frac{|V(\mathbb{Z}/(m))|}{m^s} \tag{4.6}$$

を**井草ゼータ関数**[4]と呼ぶ．$|V(\mathbb{Z}/(m))|$ は m の関数として乗法的であるから，$L(s, V)$ は以下のオイラー積表示を持つ．

$$L(s, V) = \prod_{p:\text{素数}} L(s, V^{(p)}) \quad \left(L(s, V^{(p)}) = \sum_{k=0}^{\infty} \frac{|V(\mathbb{Z}/(p^k))|}{p^{ks}} \right).$$

性質の貧弱さに反する印象を与えるため不適切と考え，ここでは採用しなかった．
[4] 井草 [10] はオイラー因子 $L(s, V^{(p)})$ の p^{-s} に関する有理性を証明した．通常，$L(s, V^{(p)})$ を井草ゼータ関数と呼ぶことが多く，井草自身はこれを「局所ゼータ関数」と呼んでいる．一方，p をわたらせた積（大域ゼータ関数）は，黒川ら（[21] [22] [23]）によって研究された．

位相群 G の既約表現の同値類の集合を $\widehat{G}$ と置くとき，$\mathrm{tr}(\rho)$ $(\rho \in \widehat{G})$ の整数係数の形式的有限和を**仮想指標**と呼び，それらの全体がなす集合

$$R(G) = \left\{ \sum_{\rho \in \widehat{G}} c(\rho)\mathrm{tr}(\rho) : c(\rho) \in \mathbb{Z}, \text{有限和} \right\}$$

を**仮想指標環**という．群 G の共役類 α と仮想指標係数の多項式

$$H(T) = 1 + \sum_{k=1}^{n} a_k T^k \in 1 + TR(G)[T]$$

に対し，

$$H_\alpha(T) = 1 + \sum_{k=1}^{n} a_k(\alpha) T^k \in 1 + T\mathbb{C}[T]$$

と置く．G の任意の共役類 α に対して $H_\alpha(T)$ がユニタリであるとき，$H(T)$ は**ユニタリ**であるという．

定理 4.6 以下の 3 つの関数は，$\mathrm{Re}(s) > 0$ に解析接続されるが，$\mathrm{Re}(s) = 0$ に解析接続されない．すなわち，$\mathrm{Re}(s) = 0$ は自然境界である．

(1) にせゼータ関数 $\zeta_{\text{にせ}}(s)$．

(2) 非ユニタリな因子 $H(T) \in 1 + T\mathbb{Z}[T]$ からオイラー積で定義される関数

$$L(s, H) = \prod_{p: \text{素数}} H(p^{-s}).$$

(3) 素数列 $l_1, \ldots, l_n$ に対し，n 個の多項式を $f_j(T_1, \ldots, T_n) = T_j^{l_j} - 1$ $(j = 1, 2, 3, \ldots, n)$ と置くとき，(4.5),(4.6) によって定義される井草ゼータ関数 $L(s, V)$．

なお，(2)(3) は $\mathrm{Re}(s) > 0$ で有理型であるが，(1) は $\mathrm{Re}(s) > 0$ で有理型でなく分岐点を持つ．

4.3 解析接続できない例

証明の概略 (1) はじめに，次の表示を示す．

$$\zeta_{\text{にせ}}(s) = \sum_{n=1}^{\infty} \frac{\mu(n)}{n} \log \zeta(ns). \tag{4.7}$$

オイラー積表示より

$$\log \zeta(s) = \sum_{m=1}^{\infty} \sum_{p:\text{素数}} \frac{1}{mp^{ms}} = \sum_{m=1}^{\infty} \frac{\zeta_{\text{にせ}}(ms)}{m}$$

であるから，(4.7) の右辺は

$$\sum_{n=1}^{\infty} \frac{\mu(n)}{n} \log \zeta(ns) = \sum_{n=1}^{\infty} \frac{\mu(n)}{n} \sum_{m=1}^{\infty} \frac{\zeta_{\text{にせ}}(mns)}{m} = \sum_{r=1}^{\infty} \frac{\zeta_{\text{にせ}}(rs)}{r} \sum_{n|r} \mu(n).$$

定理 2.36 により，内側の和で $r \neq 1$ なる項は 0 になるので，外側の和は $r = 1$ の項のみが残り，結果は $\zeta_{\text{にせ}}(s)$ となる．以上で (4.7) が示された．

$\text{Re}(s) > 0$ において (4.7) の右辺の級数が広義一様収束であることを示すことで，$\text{Re}(s) > 0$ における $\zeta_{\text{にせ}}(s)$ の解析性が示される．ただし，$\zeta(s)$ の非自明零点を ρ とおくと，$\log \zeta(ns)$ は $\frac{\rho}{n}$ で分岐点を持つので，$\zeta_{\text{にせ}}(s)$ は有理型ではない．$n \to \infty$ のとき，$\text{Re}\left(\frac{\rho}{n}\right) \to 0$ であるから，$\text{Re}(s) = 0$ 上の各点が特異点の集積点となる．ただし，$\log \zeta(ns)$ の係数 $\frac{\mu(n)}{n}$ を考慮し，特異点どうしの寄与が互いに打ち消し合わずに残ることを示す必要がある．ランダウ・ワルフィッツ [24] はこれを示すことにより，$\text{Re}(s) = 0$ が自然境界であることを証明した．

(2) 証明はエスターマン（[6]）による．基本的には (1) の証明の発想を生かし，$\zeta(ns)$ の積で近似する方法を用いる．証明は以下の 3 つの Step による．

Step 1 まず，形式べき級数環において

$$H(T) = \prod_{n=1}^{\infty} (1 - T^n)^{\kappa(n)} \qquad (\kappa(n) \in \mathbb{Z})$$

の形にただ一通りに表示できることを，両辺の展開式で低次の項から順に係数比較をしていくことにより示す．

Step 2　次に，H が非ユニタリであるとの仮定は，今得た数列 $\kappa(n)$ が無限型（すなわち，任意の N に対し，$\kappa(n) \neq 0$ なる $n > N$ が存在）であることと同値であることを示す．

Step 3　無限型であることから，無限積

$$L(s,H) = \prod_{n=1}^{\infty} \zeta(ns)^{\kappa(n)}$$

を得る．これを (4.7) の代わりに用いることにより，(1) と同様にして結論を得られる．

(3)　(2) で示したエスターマンの定理は，黒川 [21] により，任意の位相群 G の仮想指標を係数とする多項式 $H(T) \in 1 + TR(G)[T]$ と，G の任意の共役類 α に対する $H_\alpha(T) \in 1 + T\mathbb{C}[T]$ に拡張されている．その定理の結論は $H(T)$ が非ユニタリの場合に，各素数 p に対して G の共役類 $\alpha(p)$ を与える任意の写像 α に対し，関数

$$L(s,H) = \prod_{p:\text{素数}} H_{\alpha(p)}(p^{-s})$$

が，$\text{Re}(s) = 0$ に自然境界を持つというものである．この定理を

$$G = \text{Gal}\left(\frac{\mathbb{Q}(\zeta_{l_1},\ldots,\zeta_{l_n})}{\mathbb{Q}}\right) \qquad \left(\zeta_{l_j} = \exp\left(\frac{2\pi i}{l_j}\right)\right),$$

および，$\alpha(p)$ は素数 p から定義されるフロベニウス共役類，として適用すると，示すべき結論を得る．■

注意 4.7　ここで挙げた (3) は，黒川 [21] による一般的な定理から得られる帰結の一例に過ぎない．文献 [21][22] では，より豊富な実例が挙げられている．

定理 4.3 のうち，素数にわたるディリクレ級数 (1) は自然境界を持つ具体的な関数が発見された例として歴史的に重要である．これに対し，エスターマンの結果 (2) や黒川の一般化 (3) は，逆の事実（ユニタリな場合に全平面に解析接続されること）も示しており，オイラー積が解析接続可能となるための必要十分条件を求めている．一般に，係数をランダムに与えてユニタリな多項式が

得られる可能性は限りなく 0 に近い．このことからも，全平面への解析接続がいかに稀にしか起き得ない性質であるかがわかるのである．

4.4 明示公式と素数定理

本節では素数定理を証明する．まず，補題 1.8 で導入した関数
$$\psi(x) = \sum_{\substack{p,n \\ p^n \leq x}} \log p$$
および
$$\psi_0(x) = \sum_{\substack{p,n \\ p^n \leq x}}{}' \log p$$
の挙動を求める．ただし $\sum'$ は定理 2.4 で定義した記号である．

定理 4.8 (ψ の明示公式) $x \geq 2$ かつ $T \geq 2$ とするとき，次式が成り立つ．

(1)
$$\psi_0(x) = x - \sum_{|\gamma| \leq T} \frac{x^\rho}{\rho} - \log 2\pi - \frac{\log(1 - x^{-2})}{2} + R(x, T). \quad (4.8)$$

ただし，$\langle x \rangle = \min_{n \in \mathbb{Z} \setminus \{x\}} |x - n|$ として $R(x, T)$ は次式を満たす．

$$R(x, T) = O\left((\log x) \min\left\{\frac{x}{T\langle x \rangle}, 1\right\} + \frac{x}{T}(\log xT)^2\right). \quad (4.9)$$

(2) とくに $x \geq T$ のとき，

$$\psi(x) = x - \sum_{|\gamma| \leq T} \frac{x^\rho}{\rho} + O\left(\frac{x(\log x)^2}{T}\right) \quad (T \to \infty). \quad (4.10)$$

証明 まず，(1) を仮定して (2) を示す．(1) が正しければ

$$\psi_0(x) = x - \sum_{|\gamma| \leq T} \frac{x^\rho}{\rho} + O\left(\log x + \frac{x(\log xT)^2}{T}\right)$$

となるが，$x \geq T$ ならばこの誤差項は $O\left(\frac{x(\log x)^2}{T}\right)$ となる．

一方，$\psi(x) - \psi_0(x) = O(\log x)$ であり，これは $x \geq T$ の下で今得た誤差項 $O\left(\frac{x(\log x)^2}{T}\right)$ に含まれる．よって (2) が成り立つ．

あとは，(1) を示せばよい．与えられた $T \geq 2$ に対し，補題 4.4(2) で存在を示した $t \in [T, T+1]$ を $t = T_1$ と置く．定理 2.4 において $L(s) = \frac{\zeta'}{\zeta}(s)$，$c = 1 + \frac{1}{\log x}$ と置くと，$a_n = -\Lambda(n)$，$x^c = O(x)$ だから，

$$\psi_0(x) = -\frac{1}{2\pi i} \int_{c-iT_1}^{c+iT_1} \frac{\zeta'}{\zeta}(s) \frac{x^s}{s} ds$$

$$+ O\left(\sum_{\substack{\frac{x}{2} < n < 2x \\ n \neq x}} \Lambda(n) \min\left\{\frac{1}{T_1|\log \frac{x}{n}|}, 1\right\} + \frac{x}{T_1} \sum_{n=1}^{\infty} \frac{\Lambda(n)}{n^c}\right).$$

O 記号内の第 2 項は

$$\frac{x}{T_1} \sum_{n=1}^{\infty} \frac{\Lambda(n)}{n^c} = O\left(\frac{x}{T}\left|\frac{\zeta'}{\zeta}(c)\right|\right) = O\left(\frac{x}{T}\frac{1}{c-1}\right) = O\left(\frac{x}{T}\log x\right)$$

と評価できる．一方，O 記号内の第 1 項は以下のように計算できる．まず，平均値の定理から，n と x の間にある実数 $\xi = O(x)$ を用いて

$$\frac{1}{|\log \frac{x}{n}|} = \frac{1}{|\log x - \log n|} = \frac{\xi}{|x - n|} = O\left(\frac{x}{\langle x \rangle}\right).$$

$x + 1 \leq n < 2x$ にわたる部分和は，min において常に $1/(T_1|\log \frac{x}{n}|)$ を選び，

$$\sum_{x+1 \leq n < 2x} \frac{\Lambda(n)}{T_1|\log \frac{x}{n}|} \leq \sum_{x+1 \leq n < 2x} \frac{\Lambda(n)\xi}{T(n-x)}$$

$$= O\left(\sum_{x+1 \leq n < 2x} \frac{\Lambda(n)x}{T(n-x)}\right) = O\left(\frac{x(\log x)^2}{T}\right).$$

$\frac{x}{2} < n \leq x - 1$ にわたる部分和も同様である．残りの部分 $x - 1 < n < x + 1$ の項は，(4.9) の右辺第 1 項に一致する．以上より，

4.4 明示公式と素数定理

$$\psi_0(x) = -\frac{1}{2\pi i}\int_{c-iT_1}^{c+iT_1}\frac{\zeta'}{\zeta}(s)\frac{x^s}{s}ds$$
$$+ O\left((\log x)\min\left\{\frac{x}{T\langle x\rangle}, 1\right\} + \frac{x}{T}(\log x)^2\right) \quad (4.11)$$

となる．あとは (4.11) の右辺第 1 項の積分を計算すればよい．この積分路を C_1 と置く．正の奇数 K を用い，$T_1 \geq 2$ に対して積分路 $C = C(T_1)$ を図 4.4 のような四角形の周と定義し，

$$C(T_1) = C_1 \cup C_2 \cup C_3 \cup C_4,$$
$$C_1 = \{s \in \mathbb{C} \mid \mathrm{Re}(s) = c,\ |\mathrm{Im}(s)| \leq T_1\},$$
$$C_2 = \{s \in \mathbb{C} \mid -K \leq \mathrm{Re}(s) \leq c,\ \mathrm{Im}(s) = T_1\},$$
$$C_3 = \{s \in \mathbb{C} \mid \mathrm{Re}(s) = -K,\ |\mathrm{Im}(s)| \leq T_1\},$$
$$C_4 = \{s \in \mathbb{C} \mid -K \leq \mathrm{Re}(s) \leq c,\ \mathrm{Im}(s) = -T_1\}$$

とする．C 上の積分をコーシーの定理を用いて計算し，C_1 上の積分と比較する．

コーシーの定理より

$$-\frac{1}{2\pi i}\int_{C(T_1)}\frac{\zeta'}{\zeta}(s)\frac{x^s}{s}ds = x - \sum_{\substack{\rho\\|\gamma|\leq T_1}}\frac{x^\rho}{\rho} - \sum_{1\leq k < \frac{K}{2}}\frac{x^{-2k}}{-2k} - \frac{\zeta'}{\zeta}(0).$$

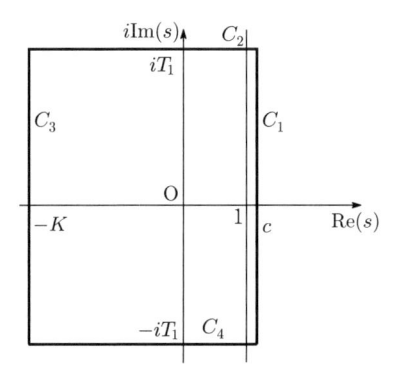

図 4.4 積分路 $C(T_1)$

最後の項は命題 3.26 より $-\frac{\zeta'}{\zeta}(0) = -\log 2\pi$ であり，その直前の項は $K \to \infty$ のとき $-\frac{1}{2}\log(1-x^{-2})$ に収束する．一方，

$$\frac{1}{2\pi i}\int_{C(T_1)} \frac{\zeta'}{\zeta}(s)\frac{x^s}{s}ds = \sum_{j=1}^{4} \frac{1}{2\pi i}\int_{C_j} \frac{\zeta'}{\zeta}(s)\frac{x^s}{s}ds$$

であり，このうち C_2, C_4 上の積分は $\operatorname{Re}(s) = -1$ で分割して計算する．C_2 の $\operatorname{Re}(s) \geq -1$ なる部分は，補題 4.4(2) より

$$\frac{1}{2\pi i}\int_{-1+iT_1}^{c+iT_1} \frac{\zeta'}{\zeta}(s)\frac{x^s}{s}ds$$
$$= O\left(\frac{(\log T)^2}{T}\int_{-1}^{c} x^\sigma d\sigma\right) = O\left(\frac{x(\log T)^2}{T\log x}\right) = O\left(\frac{x(\log T)^2}{T}\right).$$

また，$\operatorname{Re}(s) \leq -1$ なる部分は，補題 4.4(3) および $\frac{\log|s|}{|s|} = O\left(\frac{\log T}{T}\right)$ より

$$\frac{1}{2\pi i}\int_{-K+iT_1}^{-1+iT_1} \frac{\zeta'}{\zeta}(s)\frac{x^s}{s}ds$$
$$= O\left(\frac{\log T}{T}\int_{-\infty}^{-1} x^\sigma d\sigma\right) = O\left(\frac{\log T}{xT\log x}\right) = O\left(\frac{\log T}{T}\right).$$

次に，C_3 上の積分は

$$\frac{1}{2\pi i}\int_{-K-iT_1}^{-K+iT_1} \frac{\zeta'}{\zeta}(s)\frac{x^s}{s}ds = O\left(\frac{\log KT}{K}x^{-K}\int_{-T}^{T} dt\right) = O\left(\frac{T\log KT}{Kx^K}\right).$$

C_4 については C_2 と同様である．あとは，$K \to \infty$ とすればよい．以上で証明が完了した． ∎

$\psi(x)$ の各項の $\log p$ は，素数定理で目指している「x 以下の素数の個数 $\pi(x)$」が各素数 p に対して 1 加えているところを，やや多めに $\log p$ だけ加えていることに相当する．$\psi(x)$ の明示公式 (4.10) の右辺第 1 項の x は，$\pi(x)$ に翻訳すれば $\frac{x}{\log x}$ となり，これが素数定理の主要項 $\operatorname{li}(x)$ に相当することが後

4.4 明示公式と素数定理

にわかる（定理 4.9, 定理 4.10）. したがって，今示した (4.10) によって「素数はどれだけたくさんあるか」に対する答えが一段階得られたことになる.

問題は次の段階である．右辺の第 2 項

$$\sum_{\substack{\rho \\ |\gamma| \leq T}} \frac{x^\rho}{\rho}$$

の大きさはどれくらいだろうか.

$$\left|\frac{x^\rho}{\rho}\right| = \frac{x^{\mathrm{Re}(\rho)}}{|\rho|}$$

であるから，非自明零点の実部 $\mathrm{Re}(\rho)$ がこの第 2 項の挙動に決定的に影響する．非自明零点の実部が大きければ大きいほど，$x \to \infty$ のときの $\psi(x)$ 及び $\pi(x)$ が大きくなるのだ.

$$\Theta := \sup_{\rho:\ \zeta(\rho)=0} \mathrm{Re}(\rho) \qquad (4.12)$$

とおけば，第 2 項の無限和は

$$\sum_{\substack{\rho \\ |\gamma| \leq T}} \frac{x^\rho}{\rho} = O\left(x^\Theta \sum_{\substack{\rho \\ |\gamma| \leq T}} \frac{1}{|\rho|}\right) = O\left(x^\Theta (\log T)^2\right) \quad (T, x \to \infty)$$

となる．よって，Θ すなわちリーマン・ゼータ関数の非自明零点の実部の範囲を知ることは，素数の個数の振る舞いを知りたいと願う者にとって重大な問題なのである．

まず，オイラー積の絶対収束域には零点は存在しないので，自明に $\Theta \leq 1$ である．だがこれだけだと，第 2 項は第 1 項と同じオーダーになってしまう．そこで，$\Theta < 1$ を示すことが素朴な目標となる．これは数学界で最大の難問と呼ばれているリーマン予想に直結する．

リーマン予想（リーマン[5] (1859)）

$$\Theta = \frac{1}{2}.$$

これはすなわち，「リーマン・ゼータ関数のすべての非自明零点の実部が $\frac{1}{2}$ であること」を意味する．$\Theta \leq 1$ を改善し，たとえば $\Theta \leq \frac{3}{4}$ などの評価式を経て最終的に $\Theta = \frac{1}{2}$ を証明するのが，通常の数論の発展のパターンなのだろうが，Θ に関しては，リーマンが1859年にこの予想を提起してから全く進展がない．

だが，零点の実部について，本書では自明な評価から少しだけ進展を得ていた．それは，実部が1の線上には零点が存在しない，すなわち，個々の零点 ρ に関する $\mathrm{Re}(\rho) < 1$ という事実である．これでもまだ上限が $\Theta = 1$ となる可能性は残っているが，$\mathrm{Re}(\rho) = 1$ なる可能性を排除したことは進展である．私たちは定理3.8においてこれを示した．Θ については同じ不等式「$\Theta \leq 1$」しかわからないから x の指数の改善はできないが，素数定理を示すために必要な評価

$$\sum_{\substack{\rho \\ |\gamma| \leq T}} \frac{x^\rho}{\rho} = o(x) \quad (T \to \infty, x \to \infty)$$

は，この $\mathrm{Re}(\rho) < 1$ を用いて得られ，その恩恵として素数定理が証明できる．

定理 4.9 （**素数定理**）　正の数 x に対し，$\pi(x)$ を x 以下の素数の個数，$\psi(x)$ を補題1.8の関数（マンゴルト関数値の和）とするとき，以下の漸近式が成り立つ．

(1)　　$\psi(x) \sim x$　　$(x \to \infty)$.　　　　　　　　　　　　(4.13)

---

[5] 初出はリーマン自身による原論文 [30]：B. Riemann, *"Ueber die Anzahl der Primzahlen unter einer gegebenen Grösse"*（与えられた数より小さい素数の個数について），Monatsberichte der Koniglich Preussischen Akadademie der Wissenschaften zu Berlin（ベルリン学士院月報），1859.「リーマン予想」は英語で「the Riemann Hypothesis」であり，しばしばRHと略記される．

$$(2) \quad \pi(x) \sim \frac{x}{\log x} \quad (x \to \infty). \tag{4.14}$$

証明 はじめに, $\psi(x)$ の積分に関する漸近式

$$\int_2^x \psi(t)dt \sim \frac{x^2}{2} \quad (x \to \infty)$$

を示す. (4.8) より,

$$\int_2^x \psi(t)dt = \int_2^x \left(t - \sum_{\substack{\rho \\ |\gamma| \leq T}} \frac{t^\rho}{\rho} - \log 2\pi - \frac{\log(1-t^{-2})}{2} + R(t,T) \right) dt$$

$$= \frac{x^2}{2} - \sum_{\substack{\rho \\ |\gamma| \leq T}} \frac{x^{\rho+1}}{\rho(\rho+1)} + O\left(x\log x + \frac{x^2(\log xT)^2}{T} \right). \tag{4.15}$$

となることが, 不等式

$$\left| \int_2^x \log(1-t^{-2})dt \right| < x \log \frac{4}{3}$$

および

$$\int_2^x R(t,T)dt = O\left(\int_2^x \left((\log t)\min\left\{ \frac{t}{T\langle t \rangle}, 1 \right\} + \frac{t}{T}(\log tT)^2 \right) dt \right)$$

$$= O\left(\int_2^x \left(\log t + \frac{t}{T}(\log tT)^2 \right) dt \right)$$

$$= O\left(x\log x + \frac{x^2(\log xT)^2}{T} \right).$$

を用いてわかる. とくに $T \to \infty$ のとき,

$$\int_2^x R(t,T)dt = O(x \log x)$$

となる. あとは (4.15) の右辺第 2 項の級数をみればよい. 各項が $\mathrm{Re}(\rho) < 1$ を満たすので,

$$\sum_{\substack{\rho \\ |\gamma|\leq T}} \frac{x^{\rho+1}}{\rho(\rho+1)} = o\left(x^2 \sum_{\rho} \frac{1}{|\rho(\rho+1)|}\right) = o(x^2).$$

これで,
$$\int_0^x \psi(t)dt \sim \frac{x^2}{2} \qquad (x \to \infty)$$
が示された.

$\psi_1(x) = \int_0^x \psi(t)dt$ と置くと, $\psi_1(x) = \frac{x^2}{2} + o(x^2)$ が成り立つ. $\psi(x)$ は単調増加であるから, $\psi(x) \leq \frac{1}{h}(\psi_1(x+h) - \psi_1(x))$. よって, $\psi(x) = x + R(x)$ と置くと,

$$\begin{aligned} R(x) &= \psi(x) - x \\ &\leq \frac{1}{h}(\psi_1(x+h) - \psi_1(x)) - x \\ &= \frac{1}{h}\left(\frac{(x+h)^2}{2} - \frac{x^2}{2} + o((x+h)^2)\right) - x \qquad (x, h \to \infty) \\ &= \frac{h}{2} + o\left(\frac{(x+h)^2}{h}\right) \qquad (x, h \to \infty). \end{aligned}$$

すなわち, 任意の $\varepsilon > 0$ に対し, ある X が存在して, 任意の $x > X$ に対し

$$R(x) \leq \frac{h}{2} + \varepsilon \frac{(x+h)^2}{h}$$

が成り立つ. $h = \beta x$ ($\beta > 0$) と置くと,

$$R(x) \leq \frac{\beta x}{2} + \varepsilon x \frac{(1+\beta)^2}{\beta}.$$

これが任意の $\beta > 0$ について成り立つから, $\beta = \sqrt{\varepsilon}$ と取れば

$$R(x) \leq \sqrt{\varepsilon}\left(\frac{1}{2} + (1+\sqrt{\varepsilon})^2\right)x.$$

すなわち,
$$\limsup_{x \to \infty} \frac{R(x)}{x} \leq 0$$
が成り立つ．あとは
$$\liminf_{x \to \infty} \frac{R(x)}{x} \geq 0$$
を示せばよいが，これは，不等式 $\psi(x) \geq \frac{1}{h}(\psi_1(x) - \psi_1(x-h))$ から出発して同様に計算すれば示される．以上より，$\psi(x) - x = o(x)$. すなわち，(1) が示された．

次に (2) を示す．補題 1.8(iii) より,
$$\psi(x) - \sqrt{x}\log x \leq \theta(x) \leq \psi(x)$$
であるが，(1) より $\psi(x) \sim x$ なので
$$\theta(x) \sim \psi(x) \sim x \quad (x \to \infty)$$
である．また，定理 1.13 の証明の冒頭で示したように，任意の $x \geq 2$ と任意の $0 < \varepsilon < 1$ に対し
$$\frac{\theta(x)}{\log x} \leq \pi(x) \leq \frac{1}{1-\varepsilon}\frac{\theta(x)}{\log x} + x^{1-\varepsilon} \tag{4.16}$$
が成り立っている．以上を合わせると,
$$\pi(x) \sim \frac{x}{\log x}.$$
(2) の結論が成り立つ． ∎

この定理 4.9 が，本書の大きな目標の一つ，素数定理である．だが，この素数定理には，これまで重要だとしてきたゼータの零点が影を潜めている．定理 4.9 の証明の源である (4.10) では，$\psi(x)$ とゼータの非自明零点 ρ の関係が克

明に記されていた．だから，具体的な評価の良し悪しを別にすれば，$\psi(x)$ も $\pi(x)$ も，ゼータの零点たちを用いて完全に（誤差項なしでピッタリと）記述できる．では，素数定理にゼータの零点はどのように反映されるのだろうか．

定理 4.9 にゼータの零点が現れていない理由は，(4.12) で定義される Θ が未解明であるからだ．現在知られている評価 $\Theta \leq 1$ から得られるのは定理 4.9 が最善であり，残念ながらそこにはゼータの零点が現れない．しかし，将来，仮にリーマン予想 ($\Theta = \frac{1}{2}$) に向けた研究が進み，$\Theta < 1$ が証明されれば，その瞬間に素数定理は劇的に改善される．そのときに零点の影響が具体的に表れるということになる．

次に掲げる定理は，現状の $\Theta \leq 1$ では何も新たな情報を与えないが，将来 Θ の評価が少しでも改善された場合に価値を持つ．

定理 4.10 （Θ 付き素数定理） 次式で対数積分関数を定義する．

$$\mathrm{li}(x) = \int_2^x \frac{du}{\log u}.$$

また，

$$\Theta := \sup_{\rho:\ \zeta(\rho)=0} \mathrm{Re}(\rho)$$

と置く．このとき，

(1) $\quad \psi(x) = x + O\left(x^\Theta (\log x)^2\right) \qquad (x \to \infty).$ \hfill (4.17)

(2) $\quad \pi(x) = \mathrm{li}(x) + O\left(x^\Theta \log x\right) \qquad (x \to \infty).$ \hfill (4.18)

証明 (1) 数式 (4.10) を $T = x$ に対して適用すれば，系 4.2(1) より，

$$\psi(x) = x - \sum_{\substack{\rho \\ |\gamma| \leq x}} \frac{x^\rho}{\rho} + O\left((\log x)^2\right)$$

$$= x + O\left(x^\Theta \sum_{\substack{\rho \\ |\gamma| \leq x}} \frac{1}{|\rho|}\right) + O\left((\log x)^2\right)$$

$$= x + O\left(x^\Theta (\log x)^2\right).$$

(2)
$$\Pi(x) = \sum_{\substack{p,\,m \\ p^m \leq x}} \frac{1}{m} = \sum_{m=1}^\infty \frac{1}{m} \pi(x^{\frac{1}{m}})$$

と置く．置き方から
$$\Pi(x) - \pi(x) = O(x^{\frac{1}{2}}) \tag{4.19}$$
である．マンゴルト関数 (2.33) を用いて
$$\Pi(x) = \sum_{2 \leq n \leq x} \frac{\Lambda(n)}{\log n}$$
と表記してアーベルの総和法（定理 2.32）を用いると，
$$\Pi(x) = \frac{\psi(x)}{\log x} + \int_2^x \frac{\psi(u)}{u(\log u)^2} du.$$

一方，部分積分により
$$(\mathrm{li}(x) =) \int_2^x \frac{1}{\log u} du = \frac{x}{\log x} - \frac{2}{\log 2} + \int_2^x \frac{u}{u(\log u)^2} du.$$

辺々引いて，
$$\Pi(x) - \mathrm{li}(x) = \frac{\psi(x) - x}{\log x} + \int_2^x \frac{\psi(u) - u}{u(\log u)^2} du + O(1).$$

この式に (1) の結果と (4.19) を合わせて，
$$\pi(x) - \mathrm{li}(x) = O\left(\int_2^x u^{\Theta-1} du\right) + O(x^\Theta \log x) + O(x^{\frac{1}{2}})$$
$$= O(x^\Theta \log x). \qquad \blacksquare$$

部分積分により

$$\mathrm{li}(x) = \left[\frac{u}{\log u}\right]_2^x + \int_2^x \frac{du}{(\log u)^2}$$

$$= \frac{x}{\log x} + \left[\frac{u}{(\log u)^2}\right]_2^x + 2\int_2^x \frac{du}{(\log u)^3} + O(1) \qquad (x \to \infty)$$

$$= \cdots$$

$$= \sum_{n=1}^{m} \frac{(n-1)!x}{(\log x)^n} + O\left(\frac{x}{(\log x)^{m+1}}\right) \qquad (x \to \infty)$$

であるから，このうち $n=1$ の項が定理 4.9 で与えた $\frac{x}{\log x}$ である．定理 4.9 と定理 4.10 を並べると

$$\pi(x) \sim \frac{x}{\log x} \sim \mathrm{li}(x) \qquad (x \to \infty)$$

となり，$\pi(x)$ の挙動について二通りの表示を得たことになる．このうち，最初に得た $\frac{x}{\log x}$ よりも，二番目に得た $\mathrm{li}(x)$ の方がより $\pi(x)$ に近いことを，定理 4.10 は主張している．なぜなら，$\mathrm{li}(x)$ を上のように部分積分で展開したものは，どの項も x のべき指数としては 1 である．すなわち，$\log x$ のべき乗項は x のべき乗項に比べて小さいから無視すると，どの項も「ほぼ x の 1 乗」といえるが，定理 4.10 は，このような x のべき指数 1 であるような項がこれですべてであり，あとは非自明零点から来る誤差項のみであることを主張しているからである．定理 4.9 は，そのようなべき指数 1 の項のうちの最初の項を記述したに過ぎない．定理 4.9 の誤差項には依然としてべき指数 1 の項がたくさん含まれており，ゼータの非自明零点を議論する以前の段階の評価しか得ていないことになる．

以上の議論を，「素数はどれだけたくさんあるか」という素朴な疑問に立ち返って解釈し直してみよう．定理 4.9 で得た $\frac{x}{\log x}$ とは，x 以下の自然数のうちで素数であるものが $\frac{x}{\log x}$ 個あるという意味だから，1 から x までの約 x 個（正確には $[x]$ 個）の整数のうち，割合として $\frac{1}{\log x}$ が素数であることを意味している．やや直感的に「x 以下の自然数が素数である確率」を考えれば，それ

がほぼ $\frac{1}{\log x}$ であるというのが，定理 4.9 の主張である．大きさ x くらいの数が素数である確率は，x が大きいほど小さくなる．その割合が $\frac{1}{\log x}$ という数式で与えられるというわけである．

これに対して定理 4.10 は，これを精密化している．x 個の整数を一律に扱って一定の確率 $\frac{1}{\log x}$ を適用するのではなく，個々の数により最適な数式を適用していることに相当しているのだ．1 から x までの整数の中でも，大きい数ほど素数になりにくく，小さい数ほど素数になりやすいから，1 と x の途中の数 t が素数である確率 $\frac{1}{\log t}$ を，x 以下の t にわたらせて積分したものが li(x) であり，これがより精確に $\pi(x)$ の挙動を表しているというわけである．

残念なことに，現状では $\Theta \leq 1$ しか知られていないため，定理 4.10 は定理 4.9 以上の評価を与えていない．そのため，素数定理として定理 4.9 しか扱っていない書籍も多い．また，非自明零点の実部の上限である Θ という概念を導入していない教科書も多くみられる．しかし，現状で証明されている事実とは別に，リーマン予想の下で成り立つ事実をも理解すべきであり，それを踏まえてゼータ関数論の見通しを立て，将来への研究の目標と方向性を決めていく必要がある．そう言う意味で，Θ の重要性を表している定理 4.10 は，素数定理としてしばしば記される定理 4.9 以上に本質的であると言っても過言ではないだろう．

実際，定理 4.10 の逆が成立する．この事実を定理 4.11 として以下に挙げる．

定理 4.11　$\alpha \in \mathbb{R}$ に対し，次の (1) と (2) は同値である．

(1) 　$\psi(x) = x + O\left(x^\alpha (\log x)^2\right) \qquad (x \to \infty)$.

(2) 　$\zeta(s) \neq 0 \qquad (\mathrm{Re}(s) > \alpha)$.

証明　(1) が成り立つと仮定する．

$$-\frac{\zeta'}{\zeta}(s) = \sum_{n=1}^{\infty} \frac{\Lambda(n)}{n^s}, \qquad \psi(x) = \sum_{n \leq x} \Lambda(n)$$

および部分和の公式から

$$-\frac{\zeta'}{\zeta}(s) = s \int_1^{\infty} \frac{\psi(x)}{x^{s+1}} dx \qquad (\mathrm{Re}(s) > 1).$$

すなわち

$$-\frac{\zeta'}{\zeta}(s) - \frac{s}{s-1} = s \int_1^{\infty} \frac{\psi(x) - x}{x^{s+1}} dx \qquad (\mathrm{Re}(s) > 1) \qquad (4.20)$$

が成り立つ．$\sigma = \mathrm{Re}(s)$ と置くと仮定より

$$\left| \frac{\psi(x) - x}{x^{s+1}} \right| = O\left(\frac{x^{\alpha}(\log x)^2}{x^{\sigma+1}} \right) = O\left(x^{-1+\alpha-\sigma}(\log x)^2 \right) \qquad (x \to \infty).$$

(4.20) の積分は，$-1 + \alpha - \sigma < -1$ すなわち $\sigma > \alpha$ で広義一様絶対収束するから，半平面 $\mathrm{Re}(s) > \alpha$ で正則関数を表す．よって，$\zeta(s)$ は $\mathrm{Re}(s) > \alpha$ で零点を持たない．ゆえに (2) が成り立つ．

逆に，(2) の下で (1) が成り立つことは，定理 4.10 でみた． ■

定理 4.10 と定理 4.11 より「素数はどれだけたくさんあるか」と「$\zeta(s)$ の非零領域はどこまで広がるか」という二つの問題が，同義であることがわかる．

第5章 ◇ ディリクレの素数定理

5.1　ディリクレ L 関数とは

　本書ではこれまで，リーマンのゼータ関数を，最も素朴に「ディリクレ級数」（自然数にわたる和）によって定義し，次にそれが「オイラー積」（素数にわたる積）として表示されることを証明し用いてきた．だが，歴史に詳しい読者は，これらの名称に疑問を感じるかもしれない．オイラーは 18 世紀の数学者であり，ディリクレが活躍したのは 19 世紀である．$\zeta(s)$ の最も素朴な定義であるかにみえるディリクレ級数がオイラーより 100 年も後の数学者の名を冠せられているのはなぜか？

　その理由は単純である．上に記したディリクレ級数は，当然ディリクレが最初に考えたものではなくオイラーの時代からあった．実際，オイラーは $\zeta(s)$ だけでなく，いくつかの変形をも考えていた．だがディリクレはこれをさらに一般化したいろいろな形の級数を考えた．その業績を讃えてディリクレ級数と呼んでいるのである．ディリクレは，

$$1+\frac{1}{2^s}+\frac{1}{3^s}+\frac{1}{4^s}+\frac{1}{5^s}+\frac{1}{6^s}+\frac{1}{7^s}+\frac{1}{8^s}+\cdots$$

の分子の 1 をいろいろな数に変えてみた．たとえば，

$$1+\frac{0}{2^s}+\frac{1}{3^s}+\frac{0}{4^s}+\frac{1}{5^s}+\frac{0}{6^s}+\frac{1}{7^s}+\frac{0}{8^s}+\cdots,$$

$$1+\frac{1}{2^s}+\frac{0}{3^s}+\frac{1}{4^s}+\frac{1}{5^s}+\frac{0}{6^s}+\frac{1}{7^s}+\frac{1}{8^s}+\cdots,$$

$$1+\frac{-1}{2^s}+\frac{0}{3^s}+\frac{1}{4^s}+\frac{-1}{5^s}+\frac{0}{6^s}+\frac{1}{7^s}+\frac{-1}{8^s}+\cdots$$

のようにである．すなわち，一般に分子の数列を $\chi(n)$ とおけば，

$$\chi(1)+\frac{\chi(2)}{2^s}+\frac{\chi(3)}{3^s}+\frac{\chi(4)}{4^s}+\frac{\chi(5)}{5^s}+\frac{\chi(6)}{6^s}+\frac{\chi(7)}{7^s}+\frac{\chi(8)}{8^s}+\cdots$$

の形の級数について考えたのだ．一般に，ゼータ関数の各項の分子1を他の数列 $\chi(n)$ に変えた級数を L 関数と呼ぶ習慣がある．ここでは，この L 関数を $L(s,\chi)$ と置く．

その中でとくにディリクレが深く研究したのは，$\chi(n)$ がある自然数 N に対し，次のような性質を持つ場合である．

(i) $\chi(n)$ の値は n を N で割った余りによって定まる．
(ii) n が N と互いに素でないとき，またそのときに限り $\chi(n) = 0$ である．
(iii) 任意の自然数の組 n, m に対して $\chi(nm) = \chi(n)\chi(m)$ が成り立つ．

すなわち，群論の用語で言い換えれば，χ は剰余環 $\mathbb{Z}/N\mathbb{Z}$ の乗法群 $(\mathbb{Z}/N\mathbb{Z})^\times$ から $\mathbb{C}^\times$ への準同型写像であり，$n \notin (\mathbb{Z}/N\mathbb{Z})^\times$ に対して $\chi(n) = 0$ と定めることにより定義域を $n \in \mathbb{Z}/N\mathbb{Z}$，さらに $\mathbb{Z}$ へと拡張したものである．このような χ を「N を法とするディリクレ指標」と呼び，このときの $L(s,\chi)$ をディリクレ L 関数と呼ぶ．

χ が N を法とするディリクレ指標であるとき，N の任意の倍数 $M > 0$ に対し，M を法とするディリクレ指標 $\tilde{\chi}$ を，$(M,n) > 1$ ならば $\tilde{\chi}(n) = 0$，$(M,n) = 1$ ならば $\tilde{\chi}(n) = \chi(n \bmod N)$ と定義できる．このとき，$\tilde{\chi}$ は χ から誘導された指標であるという．χ が N を法とするディリクレ指標であり，N 以下の数を法とするディリクレ指標から誘導されるとき，その最小の数 K を χ の**導手**と呼ぶ．とくに $K = N$ のとき「χ は N を法とする原始的なディリクレ指標である」という．

例 5.1 (1 を法とするディリクレ指標) $N = 1$ のとき，ディリクレ指標は一つだけ存在し，それは任意の $n \in \mathbb{Z}$ に対して $\chi(n) = 1$ なるものである．この χ を「自明なディリクレ指標」と呼ぶ．この χ の導手は1である．このとき，$L(s,\chi) = \zeta(s)$ である．

例 5.2 (2 を法とするディリクレ指標) $N = 2$ のとき，ディリクレ指標 χ は，定義より任意の偶数 n に対して $\chi(n) = 0$ を満たす．さらに，任意の奇数 n は $n \equiv 1 \pmod 2$ であることから，$\chi(n) = \chi(1) = 1$ を満たす．よって，2を法とするディリクレ指標はこの一つに限られ，この χ は自明な指標から誘導された指標であり，導手は1である．L 関数とゼータ関数の関係式は次のようになっている．

5.1 ディリクレ L 関数とは

$$L(s,\chi) = \prod_{p:\text{奇素数}} (1-p^{-s})^{-1} = (1-2^{-s})\zeta(s).$$

例 5.3（3 を法とするディリクレ指標） $N=3$ のとき，ディリクレ指標 χ は，定義より任意の 3 の倍数 n に対して $\chi(n) = 0$ を満たす．さらに，$n \equiv 1 \pmod{3}$ のとき $\chi(n) = \chi(1) = 1$ を満たす．$n \equiv 2 \equiv -1 \pmod 3$ のときの値は，$\chi(n)^2 = \chi(-1)^2 = \chi(1) = 1$ より，$\chi(n) = \pm 1$ に限られる．よって，3 を法とするディリクレ指標は 2 つある．そのうち $\chi(2) = 1$ なる χ は自明な指標から誘導された指標であり，導手は 1 である．このとき，L 関数とゼータ関数の関係式は次のようになっている．

$$L(s,\chi) = \prod_{p \neq 3} (1-p^{-s})^{-1} = (1-3^{-s})\zeta(s).$$

また，$\chi(2) = -1$ なる χ は原始的であり，導手は 3 である．

このとき，$\zeta(s)$ で表せない新たなディリクレ L 関数

$$L(s,\chi) = \left(\prod_{p \equiv 1 \pmod 3} (1-p^{-s})^{-1} \right) \left(\prod_{p \equiv 2 \pmod 3} (1+p^{-s})^{-1} \right)$$

を得る．

例 5.4（4 を法とするディリクレ指標） $N=4$ のとき，ディリクレ指標 χ は，定義より任意の偶数 n に対して $\chi(n) = 0$ を満たす．さらに，$n \equiv 1 \pmod 4$ のとき $\chi(n) = \chi(1) = 1$ を満たす．$n \equiv 3 \equiv -1 \pmod 4$ のときの値は，$\chi(n)^2 = \chi(-1)^2 = \chi(1) = 1$ より，$\chi(n) = \pm 1$ に限られる．よって，4 を法とするディリクレ指標は 2 つある．そのうち $\chi(-1) = 1$ なる χ は自明な指標から誘導された指標であり，導手は 1 である．この指標は例 5.2 の指標と同一であるから，L 関数，ゼータ関数についても同じ関係式が成り立つ．

また，$\chi(-1) = -1$ なる χ は原始的であり，導手は 4 である．このとき，

$$L(s,\chi) = \left(\prod_{p \equiv 1 \pmod 4} (1-p^{-s})^{-1} \right) \left(\prod_{p \equiv 3 \pmod 4} (1+p^{-s})^{-1} \right)$$

となる．

例 5.5（5 を法とするディリクレ指標） $N=5$ のとき，ディリクレ指標 χ は，定義より任意の 5 の倍数 n に対して $\chi(n) = 0$ を満たす．2 は $(\mathbb{Z}/5\mathbb{Z})^\times$ の生成元であるから，$\chi(2)$ によって χ は決まる．$\chi(2)^4 = \chi(1) = 1$ より，$\chi(2) = \pm 1, \pm i$ に限られる．よって，5 を法とするディリクレ指標は 4 つある．

このうち $\chi(2) = 1$ なる χ は，5 の倍数以外のすべての整数 n に対し $\chi(n) = 1$ を満たす．これは，自明な指標から誘導された指標であり，導手は 1 である．このとき，L 関数とゼータ関数の関係式は次のようになっている．

$$L(s, \chi) = \prod_{p \neq 5}(1 - p^{-s})^{-1} = (1 - 5^{-s})\zeta(s).$$

それ以外の 3 通りの χ はすべて原始的で導手 5 であり，次表の 3 通り χ_1, χ_2, χ_3 で与えられる．

n	0	1	2	3	4
$\chi_1(n)$	0	1	i	$-i$	-1
$\chi_2(n)$	0	1	-1	-1	1
$\chi_3(n)$	0	1	$-i$	i	-1

例 5.6（6 を法とするディリクレ指標） $N = 6$ のとき，ディリクレ指標 χ は，$n \equiv 2, 3, 4, 6 \pmod{6}$ なる任意の n に対して $\chi(n) = 0$ を満たす．さらに，$n \equiv 1 \pmod{6}$ のとき $\chi(n) = \chi(1) = 1$ を満たす．$n \equiv 5 \equiv -1 \pmod{6}$ のときの値は，$\chi(n)^2 = \chi(-1)^2 = \chi(1) = 1$ より，$\chi(n) = \pm 1$ に限られる．よって，6 を法とするディリクレ指標は 2 つある．そのうち $\chi(-1) = 1$ なる χ は自明な指標から誘導された指標であり，導手は 1 である．このとき，L 関数とゼータ関数の関係式は次のようになっている．

$$L(s, \chi) = \prod_{p \neq 2, 3}(1 - p^{-s})^{-1} = (1 - 2^{-s})(1 - 3^{-s})\zeta(s).$$

また，$\chi(-1) = -1$ なる χ の導手は 3 である．このとき，

$$L(s, \chi) = \left(\prod_{p \equiv 1 \, (\mathrm{mod} \, 6)}(1 - p^{-s})^{-1}\right)\left(\prod_{p \equiv 5 \, (\mathrm{mod} \, 6)}(1 + p^{-s})^{-1}\right)$$

となる．

例 5.7（7 を法とするディリクレ指標） $N = 7$ のとき，ディリクレ指標 χ は，定義より任意の 7 の倍数 n に対して $\chi(n) = 0$ を満たす．3 は $(\mathbb{Z}/7\mathbb{Z})^{\times}$ の生成元であるから，$\chi(3)$ によって χ は決まる．$n \equiv 3 \pmod{7}$ のときの値は，$\chi(n)^6 = \chi(3)^6 = \chi(1) = 1$ より，$\chi(n) = \pm 1, \pm \omega, \pm \omega^2$ の 6 通りに限られる．ただし，$\omega = \exp\left(\frac{\pi i}{3}\right)$ は 1 の原始 6 乗根である．よって，7 を法とするディリクレ指標は 6 つある．

5.1 ディリクレ L 関数とは

このうち $\chi(3) = 1$ なる χ は,7の倍数以外のすべての整数 n に対し $\chi(n) = 1$ を満たす.これは,自明な指標から誘導された指標であり,導手は1である.このとき,L 関数とゼータ関数の関係式は次のようになっている.

$$L(s,\chi) = \prod_{p \neq 7}(1-p^{-s})^{-1} = (1-7^{-s})\zeta(s).$$

それ以外の5通りの χ はすべて原始的で導手7であり,次表の5通り $\chi_1, \chi_2, \chi_3, \chi_4, \chi_5$ で与えられる.

n	0	1	2	3	4	5	6
$\chi_1(n)$	0	1	ω^2	ω	$-\omega$	$-\omega^2$	-1
$\chi_2(n)$	0	1	$-\omega$	ω^2	ω^2	$-\omega$	1
$\chi_3(n)$	0	1	1	-1	1	-1	-1
$\chi_4(n)$	0	1	ω^2	$-\omega$	$-\omega$	ω^2	1
$\chi_5(n)$	0	1	$-\omega$	$-\omega^2$	ω^2	ω	-1

例 5.8(8を法とするディリクレ指標) $N = 8$ のとき,ディリクレ指標 χ は,定義より偶数 n に対して $\chi(n) = 0$ を満たす.$(\mathbb{Z}/8\mathbb{Z})^\times \cong (\mathbb{Z}/2\mathbb{Z}) \times (\mathbb{Z}/2\mathbb{Z})$ は2元生成であり,$\{3, 5\}$ が生成系をなすから,$\chi(3)$ と $\chi(5)$ によって χ は決まる.$3^2 \equiv 1 \pmod 8$ ならびに $5^2 \equiv 1 \pmod 8$ より $\chi(3) = \pm 1, \chi(5) = \pm 1$ の組み合わせで,χ は4通りに限られる.よって,8を法とするディリクレ指標は4つある.

このうち $\chi(3) = \chi(5) = 1$ なる χ は,すべての奇数 n に対し $\chi(n) = 1$ を満たす.これは,例5.2の指標と同一で,自明な指標から誘導された指標であり,導手は1である.

$\chi(3) = -1, \chi(5) = 1$ なる χ は,$\chi(7) = \chi(3)\chi(5) = -1$ となるので,例5.4で与えた導手4のディリクレ指標と同一である.

それ以外の2通りの χ は原始的で導手8であり,次表の χ_1, χ_2 で与えられる.

n	0	1	2	3	4	5	6	7
$\chi_1(n)$	0	1	0	1	0	-1	0	-1
$\chi_2(n)$	0	1	0	-1	0	-1	0	1

以上の例でみてきたように,導手が1のディリクレ指標に対する L 関数はリーマン・ゼータ関数に有限個のオイラー因子を掛けたものになっているから,$L(s,\chi)$ の性質は既知である.本章の目標は,導手が2以上のディリクレ指標に対するディリクレ L 関数の性質を求めることである.

ディリクレは，$L(s,\chi)$ がリーマン・ゼータ関数 $\zeta(s)$ と類似の種々の性質を持つことを示し，その結果，次の有名な算術級数定理を証明した．

定理 5.1 （算術級数定理） 二つの自然数 N と a が互いに素であるとき，$p \equiv a \pmod{N}$ なる素数 p が無数に存在する．

この定理は，$p \equiv a \pmod{N}$ なる素数 p が単に無限個存在することを主張しているだけであり，どれくらい大きな無限かについては触れていない．それは無理もないことである．というのは，ディリクレが活躍した1800年代前半には，まだ素数定理が証明されておらず，その形 $\pi(x) \sim \frac{x}{\log x}$ $(x \to \infty)$ が予想されていただけだった．ディリクレは，もしその予想が正しければ，$p \equiv a \pmod{N}$ なる素数 p はどの a に対しても等しい割合で存在することを証明した．1890年代に素数定理が証明された時点で，その結論は自動的に証明されることになった．これをディリクレの素数定理と呼ぶ．

定理 5.2 （ディリクレの素数定理） 二つの自然数 N と a が互いに素であるとき，x 以下の素数のうちで，$p \equiv a \pmod{N}$ なる素数の個数を $\pi(x,N,a)$ と置く．このとき，

$$\pi(x,N,a) \sim \frac{1}{\varphi(N)} \pi(x) \qquad (x \to \infty)$$

が成り立つ．ただし，$\varphi(N) = |(\mathbb{Z}/N\mathbb{Z})^\times|$ はオイラーの関数（例1.7参照）である．

本章の目的は，この定理を証明することである．それに先立ち，もし $L(s,\chi)$ が $\zeta(s)$ と類似の性質を持てば，どのようにして定理5.2が証明されるのか，そのからくりを概説しておこう．

まず，前章までで素数定理を証明した際の $\zeta(s)$ の代わりにディリクレ L 関数 $L(s,\chi)$ を用いることにより，「指標付き ψ の明示公式」を証明する．前章で明示公式を示すに当たっては，リーマン・ゼータ関数の性質を次の手順で証

5.1 ディリクレ L 関数とは

明して用いていた.

(1) オイラー積表示
(2) 解析接続
(3) 関数等式
(4) $\psi(x)$ の明示公式
(5) $\mathrm{Re}(s) = 1$ 上に零点がないこと

(1) のオイラー積表示の対数微分に $\frac{x^s}{s}$ を掛けて積分したものが (4) の明示公式であった. 明示公式が得られればほぼ目標を達することになる. 明示公式を証明する過程でペロンの公式を用いた解析を行い, (2) の解析接続や (3) の関数等式が必要となった. それらの結果, 素数の個数を表す $\pi(x)$ あるいは $\psi(x)$ を明示的に表す公式を得ることができ,「ゼータ関数の零点の実部の大きさによって素数の個数が評価される」という結果に至った. 実部が 1 より大きいところに零点が存在しないことは自明であったが, それだけでは $\pi(x)$ に関する結果は得られず, (5) の実部が 1 の線上に零点が存在しないことを示した上で, 素数定理を得た.

以上の方針を, ディリクレ L 関数に対して行う. その結果, $\psi(x)$ の代わりに $\psi(x, \chi)$ という, 指標 χ のついた関数の挙動がわかる.

以上, $\zeta(s)$ を $L(s, \chi)$ に置き換えて行う証明の道筋を述べてきた. だが, これだけではまだ, 今の目標である「N で割って a 余る素数」は登場しない. そのような素数の個数 $\pi(x, N, a)$ を求めるには, 前章で $\pi(x)$ を求めた際にしたように, 各素数 p に対して 1 を数える代わりに $\log p$ を数えた $\psi(x, N, a)$ (定義は p.225 で与える) を求めなくてはならない.

そこで, 上で求めた $\psi(x, \chi)$ を, 今の目標である $\psi(x, N, a)$ に関連付ける必要がある. これは「ディリクレ指標の直交性」により可能となる.

本章では, まず $L(s, \chi)$ の性質を調べ (5.2〜5.3 節), $\psi(x, \chi)$ の明示公式を得る. 続いてディリクレ指標の直交性など必要な性質を準備し, それを用いて $\psi(x, N, a)$ との関連をみる. 以上の知識を総動員して最終的にディリクレの素数定理を証明していく (5.4 節).

5.2 絶対収束域 $(\mathrm{Re}(s) > 1)$ と右半平面 $(\mathrm{Re}(s) > 0)$

以後,χ を導手 N のディリクレ指標と置く.はじめに,ディリクレ L 関数 $L(s,\chi)$ がリーマン・ゼータ関数 $\zeta(s)$ と同様にディリクレ級数

$$L(s,\chi) = \sum_{n=1}^{\infty} \frac{\chi(n)}{n^s} \tag{5.1}$$

およびオイラー積

$$L(s,\chi) = \prod_{p:\text{素数}} \left(1 - \frac{\chi(p)}{p^s}\right)^{-1} \tag{5.2}$$

の 2 通りの表示を持ち,それらの絶対収束域が共に $\mathrm{Re}(s) > 1$ であることを示す.

定理 5.3 (**オイラー積表示と絶対収束域**)　(5.1), (5.2) の各々の右辺の無限和,無限積の絶対収束域は $\mathrm{Re}(s) > 1$ であり,その領域内で両者は等しい.

証明　ディリクレ指標 χ は $|\chi(n)| \leq 1$ を満たすので,(5.1) の右辺の各項の絶対値は

$$\left|\frac{\chi(n)}{n^s}\right| \leq \frac{1}{n^{\mathrm{Re}(s)}}$$

とリーマン・ゼータの場合と同じ形で上から押さえられる.よって,(5.1) の右辺は $\mathrm{Re}(s) > 1$ で絶対収束する.一方,$\mathrm{Re}(s) \leq 1$ において絶対収束しないことは,$n \equiv 1 \pmod{N}$ の項(このとき $\chi(n) = 1$)のみを取り出して

$$\sum_{n=1}^{\infty}\left|\frac{\chi(n)}{n^s}\right| \geq \sum_{k=1}^{\infty} \frac{1}{(kN+1)^{\mathrm{Re}(s)}} \geq \sum_{k=2}^{\infty} \frac{1}{(kN)^{\mathrm{Re}(s)}} = \frac{1}{N^{\mathrm{Re}(s)}} \sum_{k=2}^{\infty} \frac{1}{k^{\mathrm{Re}(s)}}$$

となることからわかる.最後の右辺の級数は $\zeta(s)$ のディリクレ級数表示から 1 を引いたものであり,これが $\mathrm{Re}(s) \leq 1$ で発散することは第 3 章で証明しているからである.

同様にして，(5.2) の右辺についても，絶対収束の考察に際しては $|\chi(p)| = 0, 1$ を用いれば $\zeta(s)$ の場合に帰着でき，$\mathrm{Re}(s) > 1$ が絶対収束域であることがわかる．

さらに，絶対収束域内で両者が等しいことは，定理3.3と同じ証明により示せる．その証明では，両者の差を，大きな素因数のみで構成された自然数たちにわたる和の評価に帰着したが，各項に $\chi(n)$ が掛かるだけの違いであるから，項の評価が良くなることはあっても悪くなることはない．よって今の指標付きの場合も両者の差は0に収束し，値は等しくなる． ∎

次に，絶対収束域外の様子を調べる．ここで，$\zeta(s)$ と大きく異なる性質があらわれる．まずディリクレ級数の収束域が $\mathrm{Re}(s) > 0$ まで伸びる．そして，これが $L(s, \chi)$ の最初の解析接続を与える．とくに，$L(s, \chi)$ はこの範囲で正則となり，$\zeta(s)$ が持っていた $s = 1$ における極を持たないことがわかる．

定理5.4 (ディリクレ級数の条件収束域) $N \geq 2$ とする．$L(s, \chi)$ のディリクレ級数表示 (5.1) は $\mathrm{Re}(s) > 0$ において収束する．また $L(s, \chi)$ は，この範囲で正則である．

証明

$$A(x) = \sum_{n \leq x} \chi(n)$$

と置けば，後ほど示す定理5.16より，$N \geq 2$ のとき $A(x)$ は有界で $|A(x)| \leq \varphi(N)$ を満たす．アーベルの総和法（定理2.32）により，

$$\sum_{n=1}^{m} \frac{\chi(n)}{n^s} = \frac{A(m)}{m^s} + s \int_1^m A(x) x^{-s-1} dx \quad (5.3)$$

が成り立つ．右辺で $\mathrm{Re}(s) > 0$ において $m \to \infty$ とした広義積分は，収束する．よって左辺で $m \to \infty$ とした無限和も収束するから，(5.1) は $\mathrm{Re}(s) > 0$ において収束する．

また，右辺の広義積分の収束は広義一様であるから，この範囲で正則関数を表す．よって，$L(s, \chi)$ は $\mathrm{Re}(s) > 0$ において正則である． ∎

|定理 5.5| (Re$(s) = 1$ 上のオイラー積) χ は N を法とするディリクレ指標であり, $N \geq 2$ とする. ディリクレ L 関数 $L(s, \chi)$ は $L(s, \chi) \neq 0$ (Re$(s) = 1$) を満たす. さらに, ディリクレ L 関数のオイラー積表示 (5.2) は, Re$(s) = 1$ において収束する.

証明 はじめに定理 3.8 の $L(s, \chi)$ への一般化である

$$L(1+it, \chi) \neq 0 \qquad (t \in \mathbb{R})$$

を示す. 以下, p は素数を表し, $\sum_p$ は素数全体にわたる和を表す. まず, $t = 0$ かつ χ が複素指標の (すなわち, $\chi(n) \notin \mathbb{R}$ なる n が存在する) 場合に証明する. Re$(s) > 1$ においてオイラー積の対数微分より

$$\frac{L'}{L}(s, \chi) = -\sum_p \frac{\chi(p) \log p}{p^s} + g(s)$$

と, ある Re$(s) \geq 1$ 上の正則関数 $g(s)$ を用いて表せる. ここで,

$$\lambda_\chi = -\lim_{s \to 1} (s-1) \frac{L'}{L}(s, \chi)$$

と置き, $L(s, \chi)$ の $s = 1$ における零点の位数を τ_χ $(0 \leq \tau_\chi \in \mathbb{Z})$ と置くと,

$$\lambda_\chi = \begin{cases} 1 & (\chi \text{ が自明な指標のとき}) \\ -\tau_\chi & (\text{その他のとき}) \end{cases}$$

となる. よって, 自明な指標を χ_0 と置くと, 後ほど示す定理 5.18 を用いて

$$\sum_\chi \lambda_\chi = 1 - \sum_{\chi \neq \chi_0} \tau_\chi$$

$$= \lim_{x \to 1+0} (x-1) \sum_\chi \sum_p \frac{\chi(p) \log p}{p^x}$$

$$= \lim_{x \to 1+0} (x-1) \sum_p \sum_\chi \frac{\chi(p) \log p}{p^x}$$

5.2 絶対収束域 (Re(s) > 1) と右半平面 (Re(s) > 0)

$$= \varphi(N) \lim_{x \to 1+0} (x-1) \sum_{p \equiv 1 \pmod{N}} \frac{\log p}{p^x} \geq 0$$

が成り立つ．これより

$$\sum_{\chi \neq \chi_0} \tau_\chi \leq 1$$

となる．すなわち，高々一つの χ を除いて $\tau_\chi = 0$ である．ところが，$\tau_\chi \neq 0$ ならば $\tau_{\overline{\chi}} \neq 0$ であるから，χ が複素指標ならば $\tau_\chi \neq 0$ なる χ は 2 個以上となってしまい，矛盾する．よって，複素指標 χ に対して $L(1, \chi) \neq 0$ が示された．

次に，$t = 0$ かつ χ が実指標のときに示す．引き続き，N を法とする自明な指標を χ_0 とし，

$$f(s) = \frac{L(s, \chi) L(s, \chi_0)}{L(2s, \chi_0)} = \prod_{\substack{p \\ \chi(p) = 1}} \frac{p^s + 1}{p^s - 1}$$

と置く．$L(s, \chi_0)$ は $\zeta(s)$ に有限個の因子を掛けたものであるから，$\zeta(s)$ と同様に $s = 1$ に 1 位の極を持つ他は正則である．ここで，$L(1, \chi) \neq 0$ を背理法で示す．もし $L(1, \chi) = 0$ ならば，前定理より $f(s)$ は $\text{Re}(s) > \frac{1}{2}$ で正則である．また，$f(\frac{1}{2}) = 0$ である．よって，$\varepsilon > 0$ に対し，$f(1 + \varepsilon + s)$ は $\text{Re}(s) > -\frac{1}{2} - \varepsilon$ で正則であり，マクローリン展開が

$$f(1 + \varepsilon + s) = f(1 + \varepsilon) + \sum_{j=1}^{\infty} \frac{f^{(j)}(1 + \varepsilon)}{j!} s^j$$

と表せ，収束半径は $\frac{1}{2} + \varepsilon$ 以上である．一方，定義から $f(s)$ はディリクレ級数として $\text{Re}(s) > 1$ において

$$f(s) = \sum_{n=1}^{\infty} \frac{\alpha_n}{n^s}$$

と，ある非負の係数 α_n を用いて表せる．両辺を j 回微分して $s = 1 + \varepsilon$ を代入すると，

$$f^{(j)}(1 + \varepsilon) = (-1)^j A_j \quad \left(\text{ただし } A_j = \sum_{n=1}^{\infty} \frac{\alpha_n (\log n)^j}{n^{1+\varepsilon}} > 0 \right)$$

となる．これより，

$$f(1+\varepsilon+s) = f(1+\varepsilon) + \sum_{j=1}^{\infty}(-1)^j \frac{A_j}{j!}s^j$$

となるから，$s = -\frac{1}{2} - \varepsilon$ のとき

$$0 = f\left(\frac{1}{2}\right) = f(1+\varepsilon) + \sum_{j=1}^{\infty}\frac{A_j}{j!}\left(\frac{1}{2}+\varepsilon\right)^j > 0.$$

これは矛盾である．よって背理法により $L(1,\chi) \neq 0$ である．

以上で，任意の χ に対して $L(1,\chi) \neq 0$ が示された．

次に，$L(1+it,\chi) \neq 0$ $(t \in \mathbb{R} \setminus \{0\})$ を示す．これは，定理3.8と同じ方針で証明できる．定理3.8の証明は，$\zeta(s)$ の以下の性質を用いていた．

(i) $\zeta(s)$ の対数 $\log \zeta(s)$ が一般ディリクレ級数 $\sum_n a_n e^{-\lambda_n s}$ ($a_n \in \mathbb{C}$, $0 < \lambda_n < \lambda_{n+1}$) の和の形の表示を持つ．

(ii) $\zeta(s)$ はこのディリクレ級数の収束域の境界上で，一点を除いて正則である．その一点では一位の極を持つ．

この (i) (ii) の性質を持っていれば，境界上で非零という結果が，定理3.8と同様の証明によって示される．そこで，

$$h(s) = \prod_{\chi} L(s,\chi) \tag{5.4}$$

と置き，(i)(ii) の $\zeta(s)$ を $h(s)$ で置き換えた条件が成り立つことをみる．ただし，χ は N を法とするすべてのディリクレ指標をわたる．$\mathrm{Re}(s) > 1$ において，

$$\log h(s) = \sum_{\chi} \log L(s,\chi)$$

$$= \sum_{\chi}\sum_{r=1}^{\infty}\frac{1}{r}\sum_{p}\frac{\chi(p^r)}{p^{rs}}$$

$$= \sum_{r=1}^{\infty}\frac{1}{r}\sum_{p}\frac{\sum_{\chi}\chi(p^r)}{p^{rs}}.$$

5.2 絶対収束域 (Re(s) > 1) と右半平面 (Re(s) > 0)

ここで，後ほど示す定理 5.18 を用いて分子を計算すると，

$$\log h(s) = \sum_{r=1}^{\infty} \frac{1}{r} \sum_{\substack{p \\ p^r \equiv 1 \pmod{N}}} \frac{\varphi(N)}{p^{rs}}$$

$$= \varphi(N) \sum_{r=1}^{\infty} \frac{1}{r} \sum_{\substack{p \\ p^r \equiv 1 \pmod{N}}} \frac{1}{p^{rs}}.$$

これが，$\log h(s)$ の表示を与えているので，$h(s)$ は上の条件 (i) を満たしている．そしてこのディリクレ級数の収束域の境界は，$\log L(s, \chi_0)$ が $s=1$ で発散することから，$\mathrm{Re}(s) = 1$ である．また，$h(s)$ の定義式 (5.4) の各因子 $L(s, \chi)$ は，χ が自明な指標 χ_0 のときだけ $s=1$ に一位の極を持つが，それ以外のすべての χ に対し $L(s, \chi)$ は $\mathrm{Re}(s) = 1$ 上で正則であるから，$h(s)$ は条件 (ii) も満たす．したがって，$h(s)$ に対して定理 3.8 と同様の証明が適用可能であり，$h(1+it) \neq 0$ $(t \neq 0)$ が示される．よって $L(1+it, \chi) \neq 0$ $(t \neq 0)$ となり，定理 3.8 の $L(s, \chi)$ への一般化を完了した．

次に，これを用いてオイラー積の収束を示す部分は，定理 3.9 の証明と同様である． ∎

ここまで来たら，次は $\mathrm{Re}(s) < 1$ におけるオイラー積の収束・発散を論ずるのが順序だろう．$\zeta(s)$ のとき，結論は発散であった．ところが，$L(s, \chi)$ に対するこの問題は，現代の数論で最も重要ともいえる未解決問題なのである．「オイラー積の収束」という一見単純にみえる問題が，実は解かれていないのだ．

$\zeta(s)$ が $\mathrm{Re}(s) < 1$ で発散した理由は，定理 3.11 の証明をよく見直してみると，$s=1$ に極が存在することにある．仮に収束すると仮定すれば，極の存在に矛盾することから証明がなされる．ところが，$L(s, \chi)$ の場合，$s=1$ に極を持たないので，この証明方法は使えない．$L(s, \chi)$ のオイラー積は，収束する可能性もある（もちろん絶対収束ではないが）ということだ．そして，仮に収束すれば，それはすなわち，その s に対して $L(s, \chi) \neq 0$ が示されたことになる．$\mathrm{Re}(s) < 1$ なる $s \in \mathbb{C}$ に対して L 関数の非零が証明されるということは，リーマン予想に直結する一大事だ．この収束の問題は，リーマン予想をも含む大問題なのである．これについては，第 6 章「深いリーマン予想」で詳述する．

5.3 解析接続と関数等式

前節ではディリクレ L 関数の解析接続を $\mathrm{Re}(s) > 0$ まで行ったが，全平面への解析接続は，リーマン・ゼータ関数と同様の方法でできる．本書ではリーマン・ゼータ関数の解析接続を何通りもの方法で示した．ディリクレ L についてこれらのすべてを再録するのは冗長であるから，ここではリーマンの第二積分表示（定理 3.16）を利用する方法のみを述べる．第二積分表示とは，収束性の極めて良い項（e^{-n^2} 型の項）から作られるテータ級数 $\vartheta(x)$ を用いたゼータ関数の積分表示であった．

χ を法 N ($N \geq 2$) のディリクレ指標とするとき，指標付きテータ級数を次の 2 つの記号で定義する．

$$\widetilde{\vartheta}(x, \chi) = \sum_{n=-\infty}^{\infty} \chi(n) e^{-\frac{\pi n^2 x}{N}},$$

$$\vartheta(x, \chi) = \sum_{n=1}^{\infty} \chi(n) e^{-\frac{\pi n^2 x}{N}}. \tag{5.5}$$

$\widetilde{\vartheta}(x, \chi)$ と $\vartheta(x, \chi)$ の関係は，$\chi(-1)$ の値によって異なる．今，$\chi(-1)^2 = \chi((-1)^2) = \chi(1) = 1$ より $\chi(-1) = \pm 1$ である．$\chi(-1) = 1$ のときは，$\pm n$ に対する 2 項が等しくなるので，直ちに

$$\widetilde{\vartheta}(x, \chi) = 2\vartheta(x, \chi) \tag{5.6}$$

が成り立つ．$\chi(-1) = -1$ のとき，$\pm n$ の 2 項が互いに -1 倍となり打ち消し合ってしまい，これだけでは意味のある関係式が導き出せない．そこで補助的なテータ関数

$$\widetilde{\vartheta}_1(x, \chi) = \sum_{n=-\infty}^{\infty} n\chi(n) e^{-\frac{\pi n^2 x}{N}},$$

$$\vartheta_1(x, \chi) = \sum_{n=1}^{\infty} n\chi(n) e^{-\frac{\pi n^2 x}{N}} \tag{5.7}$$

を用いる．これに関して (5.6) に類似の関係式

$$\widetilde{\vartheta}_1(x, \chi) = 2\vartheta_1(x, \chi)$$

が成り立つ.

以下,ディリクレ指標 χ を,$\chi(-1) = 1$ のとき**偶指標**,$\chi(-1) = -1$ のとき**奇指標**と呼ぶ.以下にみるように,ディリクレ L 関数の積分表示や関数等式は,ディリクレ指標の偶奇によって形が異なる.そこで,**完備ディリクレ L 関数**を,次のように置く.

$$\widehat{L}(s,\chi) = \begin{cases} \left(\frac{\pi}{N}\right)^{-\frac{s}{2}} \Gamma\left(\frac{s}{2}\right) L(s,\chi) & (\chi(-1) = 1 \text{ のとき}) \\ \left(\frac{\pi}{N}\right)^{-\frac{s+1}{2}} \Gamma\left(\frac{s+1}{2}\right) L(s,\chi) & (\chi(-1) = -1 \text{ のとき}). \end{cases} \quad (5.8)$$

次の定理は,リーマンの第二積分表示(定理 3.16)に類似の表示が,ディリクレ L 関数に対して成り立つことを主張している.

定理 5.6 (ディリクレ L の積分表示) ディリクレ指標 χ の法を N と置く.(5.5), (5.7), (5.8) の記号の下で,

$$\widehat{L}(s,\chi) = \begin{cases} \displaystyle\int_0^\infty \vartheta(x,\chi) x^{\frac{s}{2}-1} dx & (\chi(-1) = 1 \text{ のとき}), \\ \displaystyle\int_0^\infty \vartheta_1(x,\chi) x^{\frac{s+1}{2}-1} dx & (\chi(-1) = -1 \text{ のとき}) \end{cases}$$

が成り立つ[1].

証明 $\chi(-1) = 1$ のとき,

---

[1] 右辺の被積分関数の x の指数の中で,-1 を分ける形に記しているのは,$x^{-1}dx$ が乗法に関する不変測度(定数倍で不変,かつ $x \to \frac{1}{x}$ で (-1) 倍)であり,これを利用して次のようにガンマ関数との関係が暗算で容易にみてとれるからである(本文では $a = \frac{\pi n^2}{N}$).

$$\int_0^\infty e^{-ax} x^{s-1} dx = a^{-s} \int_0^\infty e^{-ax} (ax)^s \frac{dx}{x} = a^{-s} \Gamma(s).$$

$$\int_0^\infty e^{-\frac{\pi n^2 x}{N}} x^{\frac{s}{2}-1} dx = \left(\frac{\pi}{N}\right)^{-\frac{s}{2}} \Gamma\left(\frac{s}{2}\right) n^{-s}$$

の両辺に $\chi(n)$ を掛けて $n = 1, 2, 3, \ldots$ にわたる和を取ると，定理の積分表示を得る．

$\chi(-1) = -1$ のとき,

$$\int_0^\infty n e^{-\frac{\pi n^2 x}{N}} x^{\frac{s+1}{2}-1} dx = \left(\frac{\pi}{N}\right)^{-\frac{s+1}{2}} \Gamma\left(\frac{s+1}{2}\right) n^{-s}$$

の両辺に $\chi(n)$ を掛けて $n = 1, 2, 3, \ldots$ にわたる和を取ると，定理の積分表示を得る． ∎

以下,

$$e_N(m) = e^{\frac{2\pi i}{N}m}$$

と置く．$\chi(n)$ を $\mathrm{mod}\, N$ のディリクレ指標とするとき，**ガウスの和** $\tau(\chi)$ を次式で定義する.

$$\tau(\chi) = \sum_{m=1}^N \chi(m) e_N(m).$$

補題 5.7 $\chi(n)$ を法 N の原始的ディリクレ指標とするとき，任意の $n \in \mathbb{Z}$ に対して次式が成立する．

$$\chi(n)\tau(\overline{\chi}) = \sum_{h=1}^N \overline{\chi(h)} e_N(nh).$$

証明 n が N と互いに素であるとき，$m \equiv nh \pmod{N}$ と置き換えて次のように計算できる.

$$\chi(n)\tau(\overline{\chi}) = \sum_{m=1}^N \overline{\chi(m)} \chi(n) e_N(m) = \sum_{h=1}^N \overline{\chi(h)} e_N(nh).$$

よって，$(n, N) = 1$ のとき補題は成り立つ．

$(n, N) = k > 1$ とする．$n = kn_1$, $N = kN_1$ （ただし $(n_1, N_1) = 1$）と表せる．このとき，補題の左辺は 0 であるから，右辺が 0 であることを示せばよい．

$$（右辺） = \sum_{h=1}^{N} \overline{\chi(h)} e_N(nh) = \sum_{h=1}^{N} \overline{\chi(h)} e_{N_1}(n_1 h).$$

ここで，$h = uN_1 + v$ $(0 \leq u < k_1, \quad 1 \leq v \leq N_1)$ と置き換え，

$$（右辺） = \sum_{v=1}^{N_1} \sum_{u=0}^{k_1-1} \overline{\chi(uN_1 + v)} e_{N_1}(n_1 v)$$
$$= \sum_{v=1}^{N_1} e_{N_1}(n_1 v) S(v) \quad \left(S(v) = \sum_{u=0}^{k_1-1} \overline{\chi(uN_1 + v)} \right)$$

となる．以下，$S(v) = 0$ を示す．

今，$(c, N) = 1$ かつ $c \equiv 1 \pmod{N_1}$ なる $c \in \mathbb{Z}$ があったとすると，

$$\overline{\chi}(c) S(v) = \sum_{u=0}^{k_1-1} \overline{\chi}(c(uN_1 + v)) = \sum_{u=0}^{k_1-1} \overline{\chi}(uN_1 + v)) = S(v)$$

より，$(\chi(c) - 1)S(v) = 0$ となる．したがって，このような $c \in \mathbb{Z}$ で $\chi(c) \neq 1$ なるものが存在すれば，$S(v) = 0$ が証明される．このような c の存在は，次のようにして示される．

χ の導手が N であるから，N より小さな数である N_1 は導手ではない．したがって，$c_1 \equiv c_2 \pmod{N_1}$ なる 2 数 $c_1, c_2 \in \mathbb{Z}$ が存在して，両者とも N と互いに素でありながら $\chi(c_1) \neq \chi(c_2)$ が成り立つ．このとき，$c = c_1 c_2^{-1}$ と置けば，この c は上の条件を満たす．よって，$S(v) = 0$ であり，証明が終わる．■

定理 5.8 （ガウスの和の絶対値） $\chi(n)$ を法 N の原始的ディリクレ指標とするとき，

$$|\tau(\chi)| = \sqrt{N}$$

が成り立つ．

証明 今示した補題の両辺の絶対値を 2 乗し，$1 \leq n \leq N$ にわたらせて和を取ると，

$$\sum_{n=1}^{N}|\chi(n)\tau(\overline{\chi})|^2 = \sum_{n=1}^{N}\left|\sum_{h=1}^{N}\overline{\chi(h)}e_N(nh)\right|^2$$

$$= \sum_{h_1=1}^{N}\sum_{h_2=1}^{N}\overline{\chi(h_1)}\chi(h_2)\sum_{n=1}^{N}e_N(n(h_1-h_2))$$

$$= \sum_{h_1=1}^{N}\sum_{h_2=1}^{N}\overline{\chi(h_1)}\chi(h_2) \times \begin{cases} N & (h_1 \equiv h_2 \pmod{N}) \\ 0 & (その他の場合) \end{cases}$$

$$= N\sum_{h=1}^{N}|\chi(h)|^2 = N\varphi(N).$$

一方,左辺は

$$\sum_{n=1}^{N}|\chi(n)\tau(\overline{\chi})|^2 = \varphi(N)|\tau(\overline{\chi})|^2$$

となるから,両辺を $\varphi(N)$ で割ると $|\tau(\overline{\chi})|^2 = N$ となり,証明が終わる. ■

補題 5.9 $\chi(n)$ を法 N の原始的ディリクレ指標とする.

(1) $\chi(-1) = 1$ のとき, $\tau(\overline{\chi})\tau(\chi) = N$ が成り立つ.

(2) $\chi(-1) = -1$ のとき, $\tau(\overline{\chi})\tau(\chi) = -N$ が成り立つ.

証明 (1) $\chi(-1) = 1$ とする. $n = -m$ と置くと, $\overline{\chi}(-m) = \overline{\chi}(m)$ が成り立つので,

$$\overline{\tau(\chi)} = \sum_{n=1}^{N}\overline{\chi}(n)e^{-2\pi i\frac{n}{N}} = \sum_{m=1}^{N}\overline{\chi}(-m)e^{2\pi i\frac{m}{N}}$$

$$= \sum_{m=1}^{N}\overline{\chi}(m)e^{2\pi i\frac{m}{N}} = \tau(\overline{\chi}).$$

一方,定理 5.8 より $|\tau(\chi)|^2 = \overline{\tau(\chi)}\tau(\chi) = N$ であるから,補題の結論を得る.

(2) (1) と同様の計算により,今度は $\overline{\chi}(-m) = -\overline{\chi}(m)$ であるから,

$$\overline{\tau(\chi)} = -\tau(\overline{\chi})$$

5.3 解析接続と関数等式

が成り立つ．よって，再び定理 5.8 より結論を得る． ■

定理 5.10 （指標付きテータ変換公式） $\chi(n)$ を法 N $(N \geq 2)$ の原始的ディリクレ指標とする．

(1) $\chi(-1) = 1$ のとき，次式が成り立つ．
$$\vartheta(x, \chi) = \frac{\tau(\chi)}{\sqrt{Nx}} \vartheta\left(\frac{1}{x}, \overline{\chi}\right).$$

(2) $\chi(-1) = -1$ のとき，次式が成り立つ．
$$\vartheta_1(x, \chi) = -i \frac{\tau(\chi)}{\sqrt{Nx^3}} \vartheta_1\left(\frac{1}{x}, \overline{\chi}\right).$$

証明 先ほどみたように $\widetilde{\vartheta} = 2\vartheta$ および $\widetilde{\vartheta}_1 = 2\vartheta_1$ が，偶奇指標のそれぞれの場合に成り立つので，ϑ, ϑ_1 の代わりに $\widetilde{\vartheta}, \widetilde{\vartheta}_1$ に対する同じ形の式を示せばよい．

(1) 補題 5.7 より，
$$\tau(\overline{\chi})\widetilde{\vartheta}(x, \chi) = \sum_{n=-\infty}^{\infty} \tau(\overline{\chi})\chi(n) e^{-\frac{\pi n^2 x}{N}}$$
$$= \sum_{n=-\infty}^{\infty} \sum_{h=1}^{N} \overline{\chi(h)} e_N(nh) e^{-\frac{\pi n^2 x}{N}}$$
$$= \sum_{h=1}^{N} \overline{\chi(h)} \sum_{n=-\infty}^{\infty} e^{2\pi i \frac{nh}{N} - \frac{\pi n^2 x}{N}}.$$

例 2.6 で得た関係式 (2.31) を $\alpha = \frac{h}{N}$ とし，x のところに $\frac{x}{N}$ を代入して用いると，
$$\tau(\overline{\chi})\widetilde{\vartheta}(x, \chi) = \sum_{h=1}^{N} \overline{\chi(h)} \sum_{k=-\infty}^{\infty} e^{-\pi (k+\frac{h}{N})^2 \frac{N}{x}} \sqrt{\frac{N}{x}}$$
$$= \sqrt{\frac{N}{x}} \sum_{h=1}^{N} \overline{\chi(h)} \sum_{k=-\infty}^{\infty} e^{-\frac{\pi}{xN}(Nk+h)^2}.$$

$l = kN + h$ と置けば, $\chi(l) = \chi(h)$ より,

$$\tau(\overline{\chi})\widetilde{\vartheta}(x,\chi) = \sqrt{\frac{N}{x}} \sum_{l=-\infty}^{\infty} \overline{\chi(l)} e^{-\frac{\pi l^2}{xN}} = \sqrt{\frac{N}{x}} \widetilde{\vartheta}\left(\frac{1}{x}, \overline{\chi}\right).$$

よって, 補題 5.9 より,

$$\widetilde{\vartheta}(x,\chi) = \frac{1}{\tau(\overline{\chi})} \sqrt{\frac{N}{x}} \widetilde{\vartheta}\left(\frac{1}{x}, \overline{\chi}\right) = \frac{\tau(\chi)}{\sqrt{Nx}} \widetilde{\vartheta}\left(\frac{1}{x}, \overline{\chi}\right).$$

(2) 補題 5.7 より,

$$\widetilde{\vartheta}_1(x,\chi) = \sum_{n=-\infty}^{\infty} n\chi(n) e^{-\frac{\pi n^2 x}{N}}$$

$$= \sum_{n=-\infty}^{\infty} n \left(\frac{1}{\tau(\overline{\chi})} \sum_{h=1}^{N} \overline{\chi(h)} e_N(nh)\right) e^{-\frac{\pi n^2 x}{N}}$$

$$= \frac{1}{\tau(\overline{\chi})} \sum_{h=1}^{N} \overline{\chi(h)} \sum_{n=-\infty}^{\infty} n e^{2\pi i \frac{nh}{N} - \frac{\pi n^2 x}{N}}.$$

ここで, 例 2.6 の関係式 (2.31) の両辺を α で微分して得られる以下の等式を用いる.

$$-\sum_{n\in\mathbb{Z}} (n+\alpha) e^{-\pi \frac{(n+\alpha)^2}{x}} = ix^{\frac{3}{2}} \sum_{n\in\mathbb{Z}} n e^{2\pi i n\alpha - \pi x n^2}. \tag{5.9}$$

$\alpha = \frac{h}{N}$ とし, x のところに $\frac{x}{N}$ を代入して用いると,

$$\widetilde{\vartheta}_1(x,\chi) = \frac{i}{\tau(\overline{\chi})} \left(\frac{N}{x}\right)^{\frac{3}{2}} \sum_{h=1}^{N} \overline{\chi(h)} \sum_{n=-\infty}^{\infty} \left(n+\frac{h}{N}\right) e^{-\pi(n+\frac{h}{N})^2 \frac{N}{x}}$$

$$= \frac{-i\tau(\chi)}{x^{\frac{3}{2}} \sqrt{N}} \sum_{l=-\infty}^{\infty} \overline{\chi(l)} l e^{-\frac{\pi l^2}{xN}} \qquad (l = nN + h)$$

$$= \frac{-i\tau(\chi)}{x^{\frac{3}{2}} \sqrt{N}} \widetilde{\vartheta}_1\left(\frac{1}{x}, \overline{\chi}\right). \qquad \blacksquare$$

5.3 解析接続と関数等式

定理 5.11 (ディリクレ L の解析接続と関数等式)　χ を法 N $(N \geq 2)$ の原始的ディリクレ指標とする．ディリクレ L 関数 $L(s, \chi)$ は全複素平面上に解析接続される．また，完備ディリクレ L 関数を (5.8) で定義するとき，以下の関数等式が成り立つ．

(1)　$\chi(-1) = 1$ のとき，
$$\widehat{L}(s, \chi) = \frac{\tau(\chi)}{\sqrt{N}} \widehat{L}(1-s, \overline{\chi}).$$

(2)　$\chi(-1) = -1$ のとき，
$$\widehat{L}(s, \chi) = \frac{-i\tau(\chi)}{\sqrt{N}} \widehat{L}(1-s, \overline{\chi}).$$

証明　以下，χ の偶奇のそれぞれに対して関数等式を証明する．解析接続は関数等式を証明する過程で示せる．

(1) 偶指標の場合．定理 5.6 と定理 5.10 より

$$\begin{aligned}
\widehat{L}(s, \chi) &= \int_0^\infty \vartheta(x, \chi) x^{\frac{s}{2}-1} dx \\
&= \int_0^1 \vartheta(x, \chi) x^{\frac{s}{2}-1} dx + \int_1^\infty \vartheta(x, \chi) x^{\frac{s}{2}-1} dx \\
&= \int_1^\infty \vartheta(x^{-1}, \chi) x^{-\frac{s}{2}-1} dx + \int_1^\infty \vartheta(x, \chi) x^{\frac{s}{2}-1} dx \\
&= \frac{\tau(\chi)}{\sqrt{N}} \int_1^\infty \vartheta(x, \overline{\chi}) x^{-\frac{s}{2}-\frac{1}{2}} dx + \int_1^\infty \vartheta(x, \chi) x^{\frac{s}{2}-1} dx.
\end{aligned}$$

ここで得た右辺の広義積分は，任意の $s \in \mathbb{C}$ に対して収束するので，これによって $\widehat{L}(s, \chi)$ すなわち $L(s, \chi)$ の解析接続が得られる．さらに，これは次のように変形できる．

$$\begin{aligned}
\widehat{L}(s, \chi) &= \frac{\tau(\chi)}{\sqrt{N}} \left(\frac{\sqrt{N}}{\tau(\chi)} \int_1^\infty \vartheta(x, \chi) x^{-\frac{1-s}{2}-\frac{1}{2}} dx + \int_1^\infty \vartheta(x, \overline{\chi}) x^{\frac{1-s}{2}-1} dx \right) \\
&= \frac{\tau(\chi)}{\sqrt{N}} \widehat{L}(1-s, \overline{\chi}).
\end{aligned}$$

(2) 奇指標の場合．同様に定理 5.6 と定理 5.10 より

$$\begin{aligned}
\widehat{L}(s,\chi) &= \int_0^\infty \vartheta_1(x,\chi) x^{\frac{s+1}{2}-1} dx \\
&= \int_0^1 \vartheta_1(x,\chi) x^{\frac{s+1}{2}-1} dx + \int_1^\infty \vartheta_1(x,\chi) x^{\frac{s+1}{2}-1} dx \\
&= \int_1^\infty \vartheta_1(x^{-1},\chi) x^{-\frac{s+1}{2}-1} dx + \int_1^\infty \vartheta_1(x,\chi) x^{\frac{s+1}{2}-1} dx \\
&= \frac{-i\tau(\chi)}{\sqrt{N}} \int_1^\infty \vartheta_1(x,\overline{\chi}) x^{-\frac{s}{2}} dx + \int_1^\infty \vartheta_1(x,\chi) x^{\frac{s+1}{2}-1} dx \\
&= \frac{-i\tau(\chi)}{\sqrt{N}} \left(\int_1^\infty \vartheta_1(x,\overline{\chi}) x^{\frac{(1-s)+1}{2}-1} dx + \frac{-i\tau(\overline{\chi})}{\sqrt{N}} \int_1^\infty \vartheta_1(x,\chi) x^{-\frac{1-s}{2}} dx \right) \\
&= \frac{-i\tau(\chi)}{\sqrt{N}} \widehat{L}(1-s,\overline{\chi}).
\end{aligned}$$ ∎

注意 定理 5.11 の χ から誘導された任意のディリクレ指標 $\widetilde{\chi}$ に対し，その法を M と置くと $L(s,\widetilde{\chi}) = L(s,\chi) \prod_{p|M} \left(1 - \frac{\chi(p)}{p^s}\right)$ が成り立つことから，定理 5.11 の非原始的な指標への一般化を得られる．

定理 5.12 (ディリクレ L の自明零点) $L(s,\chi)$ は以下の零点を持ち，いずれも一位である．

(1) $\chi(-1) = 1$ のとき，$s = -2n$ $(n = 0, 1, 2, \ldots)$．
(2) $\chi(-1) = -1$ のとき，$s = -2n - 1$ $(n = 0, 1, 2, \ldots)$．

証明 $\chi(-1) = 1$ のとき，定理 5.11(1) の関数等式の右辺は，$s = -2n$ $(n = 0, 1, 2, \ldots)$ のとき $1 - s = 1 + 2n$，すなわち定理 5.5 で得たオイラー積の収束域内の値になるので，非零かつ正則である．一方，左辺はガンマ因子 $\Gamma\left(\frac{s}{2}\right)$ が一位の極を持つので，$L(s,\chi)$ が一位の零点を持つことがわかる．

$\chi(-1) = -1$ のとき，定理 5.11(2) を用いて同様に示される． ∎

定理 5.13 (ディリクレ L の位数とアダマール積) $L(s,\chi)$ は位数 1 の整関数であり，以下のアダマール積表示を持つ．

$$\widehat{L}(s,\chi) = e^{A+Bs} \prod_{\rho} \left(1 - \frac{s}{\rho}\right) e^{\frac{s}{\rho}}.$$

ただし，A, B は χ による定数である.

証明 位数については，定理 3.24 と同様に証明できる．ただし，定理 3.24 で用いたオイラー・マクローリンの定理の代わりに，部分和の公式を用いて得られる式 (5.3) を用いる．一つ異なる点は，$L(s,\chi)$ のオイラー積表示から得られる評価は

$$\log L(s,\chi) = \sum_{p:\text{素数}} \sum_{m=1}^{\infty} \frac{\chi(p^m)}{p^{ms}m} = O(2^{-s}) \qquad (s = \sigma \to \infty)$$

と，O 記号を用いて上から押さえられることである．$\zeta(s)$ のときは，主要項が 2^{-s} であることが確定していたので，上式は 2^{-s} に漸近的に等しいとしていたが，今度は χ によって主要項が異なる．しかし，最悪でも 2^{-s} で押さえられる状況に変わりはないので，証明には支障がない．また，アダマール積の証明は，定理 3.25 と同様である． ∎

$\zeta(s)$ のときと同様，$L(s,\chi)$ に対しても，領域 $0 < \mathrm{Re}(s) < 1$ を**臨界領域**，そこに属する零点を**非自明零点**と呼ぶ．

5.4 指標付き明示公式とディリクレの素数定理

第 4 章でリーマン・ゼータ関数に対して示した $\psi(x)$ の明示公式を，本節ではディリクレ L 関数に対して示し，応用としてディリクレの素数定理を得る．$\psi(x), \psi_0(x)$ にディリクレ指標を付けた関数 $\psi(x,\chi)$ を以下で定義する．

$$\psi(x,\chi) = \sum_{\substack{p,m \\ p^m \leq x}} \chi(p^m) \log p = \sum_{n \leq x} \chi(n) \Lambda(n),$$

$$\psi_0(x,\chi) = \sum_{\substack{p,m \\ p^m \leq x}}{}' \chi(p^m) \log p = \sum_{n \leq x}{}' \chi(n) \Lambda(n).$$

以下の定理では，$x \to \infty, T \to \infty$ に関する挙動の他に，$N \to \infty$ に関する挙動も扱う．N に関する漸近式の意味は「各 N に対して χ は一通りに定まら

ないが，各 N に対する χ の選び方によらずその漸近式が満たされる」ということである．

定理 5.14 （指標付き ψ の明示公式 1） $\chi(n)$ を法 N ($N \geq 2$) の原始的ディリクレ指標であるとする．$x \geq 2$ かつ $T \geq 2$ とするとき，次式が成り立つ．

(1)

$$\psi_0(x,\chi) = -\sum_{\substack{\rho \\ |\gamma| \leq T}} \frac{x^\rho}{\rho} - \frac{\log(x-1)}{2} - \frac{\chi(-1)}{2}\log(x+1) + C(\chi) + R(x,T,\chi). \tag{5.10}$$

ただし

$$C(\chi) = \frac{L'}{L}(1,\overline{\chi}) + \log\frac{N}{2\pi} - \gamma \qquad (\text{γ はオイラーの定数}) \tag{5.11}$$

と置き，記号 $\langle x \rangle = \min_{n \in \mathbb{Z} \setminus \{x\}} |x - n|$ を用いて $R(x,T,\chi)$ は次式を満たす．

$$R(x,T,\chi) = O\left((\log x)\min\left\{\frac{x}{T\langle x \rangle}, 1\right\} + \frac{x}{T}(\log xNT)^2\right). \tag{5.12}$$

(2) とくに，$x \geq T$ のとき，次式が成り立つ．

$$\psi(x,\chi) = -\sum_{\substack{\rho \\ |\gamma| \leq T}} \frac{x^\rho}{\rho} + O\left(\frac{x(\log xN)^2}{T}\right) \qquad (T \to \infty). \tag{5.13}$$

証明 定理 4.8 の証明とほぼ同様である．相違点は，素数にわたる項の分子の $\log p$ が $\chi(p^m)\log p$ となることだが，$|\chi(p^m)| \leq 1$ であることから，同じ評価が成り立つ．$L(s,\chi)$ が $s = 1$ で正則であるから，定理 4.8 の主要項の x は今の場合は出現しない．他のすべての項は全く同じ変形が可能であり，同様の評価が成り立つ． ∎

ディリクレの素数定理を示すには，非原始的な指標をも扱う必要がある．次の定理で，明示公式を非原始的な指標に拡張する．以下，ディリクレ指標 χ に

5.4 指標付き明示公式とディリクレの素数定理

対して

$$E_0(\chi) = \begin{cases} 1 & (\chi \text{の導手が} 1 \text{であるとき}) \\ 0 & (\chi \text{の導手が} 2 \text{以上であるとき}) \end{cases}$$

と置く．N を法とするディリクレ指標 χ が，導手 K の原始的な指標 χ^* から誘導されているとき，

$$\psi_0(x, \chi^*) - \psi_0(x, \chi) = \sum_{p|N,\, p\nmid K} \sideset{}{'}\sum_{k:\, 1 < p^k \leq x} \chi^*(p^k) \log p$$

$$= O\left(\sum_{p|N,\, p\nmid K} \left[\frac{\log x}{\log p} \right] \log p \right) = O\left(\left(1 + \log \frac{N}{K}\right) \log x \right) \tag{5.14}$$

が成り立つ．この誤差項に ψ_0 と ψ の差は吸収されて

$$\psi(x, \chi) - \psi_0(x, \chi) = O((1 + \log N) \log x) \tag{5.15}$$

が成り立つ．

定理 5.15（**指標付き ψ の明示公式 2**）　$\chi(n)$ は，N を法とするディリクレ指標であるとする．$x \geq 2$ かつ $T \geq 2$ とするとき，次式を満たすような関数 $E_1(x, \chi)$, $E_2(x, T, \chi)$ が存在する[2]．

$$\psi(x, \chi) = E_0(\chi)x - \sum_{\substack{\rho \\ |\gamma| \leq T}} \frac{x^\rho}{\rho} + E_1(x, \chi) + E_2(x, T, \chi). \tag{5.16}$$

$$\int_2^x 1 |dE_1(u, \chi)| = O\left((\log xN)^2\right). \tag{5.17}$$

$$E_2(x, T, \chi) = O\left(\log x + \frac{x}{T}(\log xTN)^2\right). \tag{5.18}$$

$$\int_2^x |E_2(u, T, \chi)| du = O\left(\frac{x^2}{T}(\log xTN)^2\right). \tag{5.19}$$

---

[2] (5.17) の左辺はスティルチェス積分である．これについては文献 [32]: 第 IV 章．§17「有界変動関数とスチルチェス積分」を参照．

証明 はじめに、χ の導手が K $(K \geq 2)$ のときに示す。χ が、K を法とする原始的な指標 χ^* から誘導されるとする（K は N の 2 以上の約数である）。以下のように $E_1(x, \chi)$, $E_2(x, T, \chi)$ を置く。

$$E_1(x, \chi) = \psi_0(x, \chi) - \psi_0(x, \chi^*) - \frac{\log(x-1)}{2} - \frac{\chi(-1)}{2}\log(x+1) + C(\chi^*), \quad (5.20)$$

$$E_2(x, T, \chi) = \psi(x, \chi) - \psi_0(x, \chi) + R(x, T, \chi^*). \tag{5.21}$$

ただし、記号 $C(\chi)$, $R(x, T, \chi)$ は (5.10)-(5.12) で定義した。すると、定理 5.14 により、(5.16) は成り立つ。(5.14) より、

$$\int_2^x 1 |dE_1(u, \chi)| = O\left(\sum_{p|N,\, p\nmid K} \left[\frac{\log x}{\log p}\right] \log p\right) = O((\log x)(\log N))$$

であるから、(5.17) が成り立つ。また (5.12) より (5.18) が成り立つ。以下に (5.19) を示す。x が素数べきのときを除き、常に $\psi(x, \chi) - \psi_0(x, \chi) = 0$ であるから、$\psi(x, \chi) - \psi_0(x, \chi)$ の項は (5.19) に寄与しない。次に、

$$\int_2^x \min\left\{1, \frac{u}{T\langle u \rangle}\right\} du$$

$$\leq \sum_{1 \leq n \leq x+1} \int_{n-\frac{1}{2}}^{n+\frac{1}{2}} \min\left\{1, \frac{u}{T\langle u \rangle}\right\} du$$

$$\leq \sum_{1 \leq n \leq x+1} \left(\int_{n-\frac{1}{2}}^{n-\frac{n}{T}} \frac{u}{T(n-u)} du + \int_{n-\frac{n}{T}}^{n+\frac{n}{T}} du + \int_{n+\frac{n}{T}}^{n+\frac{1}{2}} \frac{u}{T(u-n)} du\right)$$

$$= \sum_{1 \leq n \leq x+1} \frac{2n}{T}\left(1 + \log \frac{T}{2n}\right) = O\left(\frac{x^2}{T} \log T\right)$$

であるから、(5.19) が成り立つ。

最後に、χ の導手が 1 であるときに示す。このとき、(4.8) で定義した $R(x, T)$ を用いて、以下のように置く。

$$E_1(x, \chi) = \psi_0(x, \chi) - \psi_0(x) - \log 2\pi - \frac{1}{2}\log\left(1 - \frac{1}{x^2}\right),$$

$$E_2(x,T,\chi) = \psi(x,\chi) - \psi_0(x,\chi) + R(x,T).$$

(4.8) および (4.9) を用いて，先ほどと同様にして (5.17)-(5.19) が示される．■

ディリクレの素数定理，あるいは算術級数定理の目標は，N で割って a 余る素数の個数 $\pi(x,N,a)$ を知ることである．リーマン・ゼータ関数のときは，$\psi(x)$ を経由して $\pi(x)$ が求められた．$\pi(x,N,a)$ に対しても，同様に定義した関数

$$\psi(x,N,a) = \sum_{\substack{p^m \leq x \\ p^m \equiv a \pmod{N}}} \log p = \sum_{\substack{n \leq x \\ n \equiv a \pmod{N}}} \Lambda(n)$$

が役立ちそうである．だが，この関数は一見したところ $\chi(n)$ と無関係にみえる．上の明示公式から求めた $\psi(s,\chi)$ はどのように役立つのだろうか．それには，ディリクレ指標の性質を知る必要がある．そこで，以下にディリクレ指標に関する基本定理を述べる．

定理 5.16 (指標の和（n にわたる）) N を法とするディリクレ指標 χ の導手を K と置くと，次式が成り立つ．

$$\sum_{n=1}^{N} \chi(n) = \begin{cases} 0 & (K \geq 2) \\ \varphi(N) & (K = 1). \end{cases}$$

証明 $K=1$ のときは，N と互いに素なすべての n に対して $\chi(n)=1$ なので，左辺の和の値は $\varphi(N)$ となり定理は成り立つ．

以下，$K \geq 2$ とする．導手が 2 以上なので，$\chi(a) \neq 0, 1$ なる $a \in \mathbb{Z}$ が存在する．$(a,N)=1$ だから，等式

$$\sum_{n=1}^{N} \chi(n) = \sum_{n=1}^{N} \chi(an)$$

は，n と an が共に N と互いに素なすべての剰余類をわたることから，成り立つ．よって，

$$\sum_{n=1}^{N}\chi(n)=\sum_{n=1}^{N}\chi(an)=\sum_{n=1}^{N}\chi(a)\chi(n)=\chi(a)\sum_{n=1}^{N}\chi(n)$$

より，

$$(\chi(a)-1)\sum_{n=1}^{N}\chi(n)=0.$$

$\chi(a)\neq 1$ より，結論を得る． ∎

定理 5.17（指標のアーベル群） 任意の自然数 N に対し，N を法とするディリクレ指標全体は有限アーベル群をなす．

証明 そのようなディリクレ指標が有限個しかないことは，各値 $\chi(n)$ が 0 または 1 の $\varphi(N)$ 乗根のいずれかであることからわかる．二つのディリクレ指標 χ_1, χ_2 に対し，それらの積を $(\chi_1\chi_2)(n) := \chi_1(n)\chi_2(n)$ によって定義すると，これはまたディリクレ指標になる．この積が交換法則および結合法則を満たすことは，複素数値の積が各法則を満たすことからわかる．この積に関する単位元としては，$(n,N)=1$ なる任意の n に対して $\chi_0(n)=1$ なる指標 χ_0 を取ればよい．χ_0 は，どの指標と積を取っても，その指標の値を変えない．また，この積に関する逆元は，指標 $\chi(n)$ に対してその複素共役の値を取る指標 $\overline{\chi}(n) := \overline{\chi(n)}$ である．なぜならば，$(\chi\overline{\chi})(n) = \chi(n)\overline{\chi(n)} = 1 = \chi_0(n)$ が $(n,N)=1$ なる任意の n に対して成り立ち，$(n,N)>1$ なるときはやはり $(\chi\overline{\chi})(n) = \chi(n)\overline{\chi(n)} = 0 = \chi_0(n)$ が成り立つので，結局，$\chi\overline{\chi} = \chi_0$ となるからである． ∎

定理 5.18（指標の和（χ にわたる）） 固定した a に対し，N を法とするすべてのディリクレ指標 χ をわたらせた値の和は，以下のようになる．

$$\sum_{\chi \bmod N}\chi(a)=\begin{cases}0 & (a\not\equiv 1\pmod{N})\\ \varphi(N) & (a\equiv 1\pmod{N}).\end{cases}$$

5.4 指標付き明示公式とディリクレの素数定理

証明 $a \not\equiv 1 \pmod{N}$ のとき,まず,N を法とするディリクレ指標 χ^* で,$\chi^*(a) \neq 1$ なるものが存在することを示す.

今,$a \not\equiv 1 \pmod{N}$ より,N の素因数分解を $N = 2^{\nu_0} \prod_{j=1}^{J} p_j^{\nu_j}$ (ただし $p_1, p_2, \ldots, p_J$ は相異なる奇素数) とする.乗法群を直積分解する同型写像を一つ取り

$$\eta : (\mathbb{Z}/N\mathbb{Z})^\times \longrightarrow (\mathbb{Z}/2^{\nu_0}\mathbb{Z})^\times \times (\mathbb{Z}/p_1^{\nu_1}\mathbb{Z})^\times \times (\mathbb{Z}/p_2^{\nu_2}\mathbb{Z})^\times \times \cdots \times (\mathbb{Z}/p_J^{\nu_J}\mathbb{Z})^\times$$

とし,

$$\eta(n) = \left(g_0^{\eta_0(n)}(g_0')^{\eta_0'(n)}, g_1^{\eta_1(n)}, g_2^{\eta_2(n)}, \ldots, g_J^{\eta_J(n)}\right)$$

と置く.ただし,g_0, g_0' は $(\mathbb{Z}/2^{\nu_0}\mathbb{Z})^\times$ の一組の生成系であり,$\nu_0 = 1, 2$ のときは一元生成なので $g_0' = 1$ と置く.また,g_j $(j \geq 1)$ は乗法群 $(\mathbb{Z}/p_j^{\nu_j}\mathbb{Z})^\times$ の生成元である.今,仮定より,少なくとも一つの $j \geq 0$ に対して $a \not\equiv 1 \pmod{p_j^{\nu_j}}$ が成り立つ.以下,このような j を一つ固定する.$j \geq 1$ のとき,

$$\chi^*(n) = \exp\left(\frac{2\pi i \eta_j(n)}{\varphi(p_j^{\nu_j})}\right) \qquad \left(n \in (\mathbb{Z}/N\mathbb{Z})^\times\right)$$

が,求めるディリクレ指標である.$j = 0$ のときは,$\eta = \eta_0(n), \eta_0'(n)$ のうち少なくとも一方は 0 でないので,0 でない方を,$j \geq 1$ のときの χ^* の定義式中の $\eta_j(n)$ の代わりに用いて χ^* を定義すればよい.その際,分母の $\varphi(p_j^{\nu_j})$ は,g_0 または g_0' の位数に置き換える.以上で N を法とするディリクレ指標 χ^* で,$\chi^*(a) \neq 1$ なるものの存在が示された.

前定理より,χ が N を法とするすべてのディリクレ指標 χ をわたるとき,$\chi^*\chi$ もまた同じ集合を動く.よって,

$$\sum_{\chi \bmod N} \chi(a) = \sum_{\chi \bmod N} (\chi^*\chi)(a) = \sum_{\chi \bmod N} \chi^*(a)\chi(a) = \chi^*(a) \sum_{\chi \bmod N} \chi(a).$$

したがって,

$$(1 - \chi^*(a)) \sum_{\chi \bmod N} \chi(a) = 0.$$

$\chi^*(a) \neq 1$ より，結論を得る．

$a \equiv 1 \pmod{N}$ のときは，すべての χ に対して $\chi(a) = \chi(1) = 1$ となるので，χ の個数が $\varphi(N)$ に等しいことを示せばよい．そのために，次の二重和を二通りの方法で計算する．まず，和の順序を交換してから計算すると定理 5.16 より

$$\sum_{n=1}^{N} \sum_{\chi \bmod N} \chi(n) = \sum_{\chi \bmod N} \sum_{n=1}^{N} \chi(n) = \varphi(N).$$

次に，和の順序をそのままで計算すると，この証明の前半で示したように，$n \not\equiv 1 \pmod{N}$ のときは χ にわたる和が 0 になるので，$n \equiv 1 \pmod{N}$ の場合のみが値を持ち，

$$\sum_{n=1}^{N} \sum_{\chi \bmod N} \chi(n) = \sum_{\chi \bmod N} \chi(1) = \sum_{\chi \bmod N} 1$$

となるが，これは今求めている χ の個数に他ならない．以上より，χ の個数は $\varphi(N)$ に等しい． ∎

これで，ディリクレ指標を導入し考察した $\psi(x, \chi)$ と，ディリクレの素数定理（算術級数定理）で目標とする $\psi(x, N, a)$ との関係を述べる準備が整った．以下にその関係を命題として述べる．なお，$\zeta(s)$ のときは，これら二つの関数は同一であったから，この命題は不要だった．これは本章で初めて遭遇する新たな現象である．

命題 5.19（$\psi(x, \chi)$ と $\psi(x, N, a)$ の関係）

$$\psi(x, N, a) = \frac{1}{\varphi(N)} \sum_{\chi \bmod N} \psi(x, \chi) \overline{\chi(a)}.$$

証明 右辺の有限和を定理 5.18 を用いて計算すると，

$$\sum_{\chi \bmod N} \psi(x, \chi) \overline{\chi(a)} = \sum_{\chi \bmod N} \left(\sum_{n \leq x} \chi(n) \Lambda(n) \right) \overline{\chi(a)}$$

5.4 指標付き明示公式とディリクレの素数定理

$$= \sum_{n \leq x} \Lambda(n) \sum_{\chi \bmod N} \chi(n)\overline{\chi(a)} = \sum_{n \leq x} \Lambda(n) \sum_{\chi \bmod N} \chi(na^{-1})$$

$$= \varphi(N) \sum_{\substack{n \leq x \\ n \equiv a \pmod N}} \Lambda(n) = \varphi(N)\psi(x, N, a). \quad \blacksquare$$

<u>定理 5.20</u> (ディリクレの素数定理) N と a は自然数で，互いに素であるとする．

(1) $\quad \psi(x, N, a) \sim \dfrac{x}{\varphi(N)} \quad (x \to \infty).$

(2) $\quad \pi(x, N, a) \sim \dfrac{x}{\varphi(N) \log x} \quad (x \to \infty).$

証明 はじめに，$\psi(x, N, a)$ の不定積分に関する漸近式

$$\int_0^x \psi(t, N, a) dt \sim \frac{1}{\varphi(N)} \frac{x^2}{2} \quad (x \to \infty)$$

を示す．定理 5.15 と命題 5.19 より，N を固定したとき

$$\int_0^x \psi(t, N, a) dt = \frac{1}{\varphi(N)} \left(\frac{x^2}{2} - \sum_{\chi \bmod N} \overline{\chi(a)} \sum_{\substack{\rho:\ L(\rho, \chi) = 0 \\ |\gamma| \leq T}} \frac{x^{\rho+1}}{\rho(\rho+1)} \right)$$

$$+ O\left(x(\log x)^2 + \frac{x^2 (\log xT)^2}{T} \right) \quad (x, T \to \infty)$$

が成り立つ．これは任意の $T \geq 2, x \geq 2$ に対して成り立つので，とくに $T \to \infty$ とすると，誤差項は $o(x^2)$ $(x \to \infty)$ となる．あとは右辺の級数をみればよい．級数の各項において $\mathrm{Re}(\rho) < 1$ より，零点の個数に関する事実（次に示す定理 5.21）により以下の ρ にわたる和が収束することを用い

$$\sum_{\substack{\rho \\ |\gamma| \leq T}} \frac{x^{\rho+1}}{\rho(\rho+1)} = o\left(x^2 \sum_{\substack{\rho \\ |\gamma| \leq T}} \frac{1}{|\rho(\rho+1)|} \right) = o(x^2)$$

となる．これで，定理 5.21 を仮定した上で

$$\int_0^x \psi(t, N, a)dt \sim \frac{1}{\varphi(N)} \frac{x^2}{2} \quad (x \to \infty)$$

が示された．

この結論から (2) を導く過程は，定理 4.9(2) の証明と全く同様である．以上より，本定理の証明は定理 5.21 の証明に帰着された． ∎

ディリクレ指標 χ に対し，$N(T,\chi)$ を，$L(s,\chi)$ の零点で

$$0 < \mathrm{Re}(s) < 1, \quad -T \le \mathrm{Im}(s) \le T$$

を満たすものの個数の $\frac{1}{2}$ 倍とする．ただし m 位の零点は m 個と数える．$L(s,\chi)$ の零点は必ずしも実軸対称に分布していないため，このように定義した $N(T,\chi)$ が，リーマン・ゼータの場合の $N(T)$ の対応物となる．

定理 5.20 を証明するためには $N(T,\chi)$ の $T \to \infty$ に関する挙動があれば十分だが，証明の過程で導手 $N \to \infty$ に関する挙動も同時に得られるので，ここではそれも含めて示しておく．

定理 5.21 ディリクレ指標 χ の導手を N $(N \ge 2)$ とするとき，次式が成り立つ．

$$N(T,\chi) = \frac{T \log T}{2\pi} + \frac{\log N - (1 + \log 2\pi)}{2\pi} T + O(\log TN) \quad (T, N \to \infty).$$

証明 はじめに，χ が原始的な指標である場合に示す．証明の方針は定理 4.5 と同様であるが，$L(s,\chi)$ の零点が実軸上に存在し得るので，それを避けるために偏角の定義ならびに積分路を以下のように修正して構成する．まず，記号 $S(T,\chi)$ を，

$$S(T,\chi) = \frac{\Delta \arg L(\frac{1}{2} + iT, \chi)}{\pi}$$

と置く．ただし $\Delta \arg L(\frac{1}{2} + iT, \chi)$ は，コの字型を逆に辿る経路（図 5.1 の太線の矢印）

5.4 指標付き明示公式とディリクレの素数定理

$$\frac{1}{2}+i\varepsilon \to 2+i\varepsilon \to 2+iT \to \frac{1}{2}+iT$$

に沿って連続的に複素数 s を動かしたときの，偏角 $\arg s$ の変動において $\varepsilon \to 0$ とした極限値と定義する．

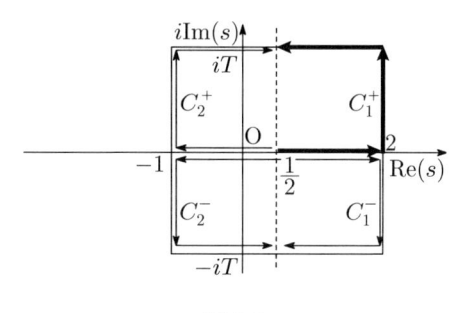

図 5.1

指標の偶奇に応じて記号 δ_χ を

$$\delta_\chi = \begin{cases} 0 & (\chi \text{ が偶指標のとき}) \\ 1 & (\chi \text{ が奇指標のとき}) \end{cases}$$

とおけば，完備 L 関数は

$$\widehat{L}(s,\chi) = \left(\frac{\pi}{N}\right)^{-\frac{s+\delta_\chi}{2}} \Gamma\left(\frac{s+\delta_\chi}{2}\right) L(s,\chi)$$

と書ける．次の二つの事実を示す．

(I) $N(T,\chi) = \dfrac{T\log T}{2\pi} + \dfrac{\log N - (1+\log 2\pi)}{2\pi}T$
$\qquad -\dfrac{1}{8} + \delta_\chi\left(\dfrac{1}{4} + \dfrac{1}{2\pi}\log\dfrac{N}{\pi}\right) + \dfrac{S(T,\chi)+S(T,\overline{\chi})}{2} + O\left(\dfrac{1}{T}\right)$
$\qquad\qquad\qquad\qquad\qquad\qquad\qquad\qquad\qquad\qquad (T\to\infty).$

(II) $S(T,\chi) = O(\log T + \log N) \qquad (T, N \to \infty).$

(I) の証明：積分路 C^+ を，4 頂点

$$2+i\varepsilon, \qquad 2+iT, \qquad -1+iT, \qquad -1+i\varepsilon$$

を反時計まわりに一周する経路と置き，C^+ のうち $\mathrm{Re}(s) \geq \frac{1}{2}$ の部分を C_1^+，また C_1^+ を直線 $\mathrm{Re}(s) = \frac{1}{2}$ に関して対称移動した積分路を C_2^+ と置く（図 5.1）．さらに，C^+, C_1^+, C_2^+ を実軸に関して対称移動した積分路を C^-, C_1^-, C_2^- と置くと，定理 4.5 と同様にして，十分小さな $\varepsilon > 0$ に対し

$$2N(T, \chi) = \frac{1}{2\pi i} \left(\int_{C^+} \frac{\widehat{L}'}{\widehat{L}}(s, \chi) ds - \int_{C^-} \frac{\widehat{L}'}{\widehat{L}}(s, \chi) ds \right) \tag{5.22}$$

となる．なお，定理 4.5 では完備ゼータを正則化した関数 $\xi(s)$ を用いていたが，今の場合，$N \geq 2$ より完備 L 関数 $\widehat{L}(s)$ が整関数であるから，$\widehat{L}(s)$ をそのまま用いた．

以下の計算は定理 4.5 の証明とほぼ同様である．

$$\int_{C_1^+} \frac{\widehat{L}'}{\widehat{L}}(s, \chi) ds$$

$$= \left[\log L(s, \chi) + \log \Gamma\left(\frac{s + \delta_\chi}{2}\right) + \frac{s}{2} \log \frac{N}{\pi} \right]_{\frac{1}{2} + i\varepsilon}^{\frac{1}{2} + iT}$$

$$= \log L\left(\frac{1}{2} + iT, \chi\right) - \log L\left(\frac{1}{2} + i\varepsilon, \chi\right)$$

$$+ \log \Gamma\left(\frac{1}{4} + \frac{\delta_\chi}{2} + \frac{iT}{2}\right) - \log \Gamma\left(\frac{1}{4} + \frac{\delta_\chi}{2} + \frac{i\varepsilon}{2}\right) + i\frac{T - \varepsilon}{2} \log \frac{N}{\pi},$$

$$-\int_{C_1^-} \frac{\widehat{L}'}{\widehat{L}}(s, \overline{\chi}) ds$$

$$= -\log L\left(\frac{1}{2} - iT, \overline{\chi}\right) + \log L\left(\frac{1}{2} - i\varepsilon, \overline{\chi}\right)$$

$$- \log \Gamma\left(\frac{1}{4} + \frac{\delta_{\overline{\chi}}}{2} - \frac{iT}{2}\right) + \log \Gamma\left(\frac{1}{4} + \frac{\delta_{\overline{\chi}}}{2} - \frac{i\varepsilon}{2}\right) + i\frac{T - \varepsilon}{2} \log \frac{N}{\pi}$$

を辺々加えたとき，実部は打ち消し合って 0 となり，虚部は 2 倍になるので，(5.22) の右辺第一項の積分は

$$\int_{C^+} \frac{\widehat{L}'}{\widehat{L}}(s, \chi) ds = \int_{C_1^+} \frac{\widehat{L}'}{\widehat{L}}(s, \chi) ds - \int_{C_2^+} \frac{\widehat{L}'}{\widehat{L}}(s, \chi) ds$$

5.4 指標付き明示公式とディリクレの素数定理

$$
\begin{aligned}
&= \int_{C_1^+} \frac{\widehat{L}'}{\widehat{L}}(s,\chi)ds - \int_{C_1^-} \frac{\widehat{L}'}{\widehat{L}}(1-s,\chi)(-ds) \\
&= \int_{C_1^+} \frac{\widehat{L}'}{\widehat{L}}(s,\chi)ds - \int_{C_1^-} \frac{\widehat{L}'}{\widehat{L}}(s,\overline{\chi})ds \\
&= 2i\,\mathrm{Im}\left(\int_{C_1^+} \frac{\widehat{L}'}{\widehat{L}}(s,\chi)ds\right) \\
&= 2i\Delta\arg\widehat{L}\left(\frac{1}{2}+iT,\chi\right). \quad (5.23)
\end{aligned}
$$

同様にして

$$
\int_{C^-} \frac{\widehat{L}'}{\widehat{L}}(s,\chi)ds = 2i\Delta\arg\widehat{L}\left(\frac{1}{2}+iT,\overline{\chi}\right). \quad (5.24)
$$

(5.23)(5.24) を (5.22) に代入して,

$$
\begin{aligned}
2N(T,\chi) &= \frac{1}{2\pi i}\cdot 2i\left(\Delta\arg\widehat{L}\left(\frac{1}{2}+iT,\chi\right)+\Delta\arg\widehat{L}\left(\frac{1}{2}+iT,\overline{\chi}\right)\right) \\
&= \frac{1}{\pi}\left(\Delta\arg\widehat{L}\left(\frac{1}{2}+iT,\chi\right)+\Delta\arg\widehat{L}\left(\frac{1}{2}+iT,\overline{\chi}\right)\right).
\end{aligned}
$$

よって, $\delta_\chi = \delta_{\overline{\chi}}$ より

$N(T,\chi)$

$$
\begin{aligned}
&= \frac{1}{2\pi}\left(\Delta\arg L\left(\frac{1}{2}+iT,\chi\right)+\Delta\arg\Gamma\left(\frac{1}{4}+\frac{\delta_\chi}{2}+i\frac{T}{2}\right)-\frac{(T+\delta_\chi)}{2}\log\frac{\pi}{N}\right. \\
&\quad\left.+\Delta\arg L\left(\frac{1}{2}+iT,\overline{\chi}\right)+\Delta\arg\Gamma\left(\frac{1}{4}+\frac{\delta_{\overline{\chi}}}{2}+i\frac{T}{2}\right)-\frac{(T+\delta_{\overline{\chi}})}{2}\log\frac{\pi}{N}\right) \\
&= \frac{T}{2\pi}\log T+\frac{\log N-(1+\log 2\pi)}{2\pi}T-\frac{1}{8}+\delta_\chi\left(\frac{1}{4}+\frac{1}{2\pi}\log\frac{N}{\pi}\right) \\
&\quad+\frac{S(T,\chi)+S(T,\overline{\chi})}{2}+O\left(\frac{1}{T}\right) \quad (T\to\infty).
\end{aligned}
$$

これで (I) が示された.

次に (II) を示す．$L(s,\chi)$ が $\zeta(s)$ と同様のアダマール積表示を持ち，$\zeta(s)$ と同等の（またはより良い）評価を持つことから，定理 4.5 と同じ証明が適用できる．唯一異なる点は，完備ゼータ $\widehat{\zeta}(s)$ の因子 $\pi^{-s/2}$ が，$L(s,\chi)$ では $\left(\frac{\pi}{N}\right)^{-(s+\delta_\chi)/2}$ と N の寄与を含むようになったことである（δ_χ を含むことは評価に影響しない）．これによって，証明中で用いていた完備ゼータの対数微分の表示（補題 4.4）の形が，以下のように N を含むようになる．

$$\frac{L'(s,\chi)}{L(s,\chi)} = \sum_{|t-\gamma_n|\leq 1} \frac{1}{s-\rho_n} + O(\log|t| + \log N) \quad (|t|, N \to \infty).$$

証明中で用いていた定理 4.1 も，証明はアダマール積表示の対数微分を取る方法によっていたので，指標付きの場合は $\log N$ の寄与が出て

$$N(T+1,\chi) - N(T,\chi) = O(\log T + \log N) \quad (T, N \to \infty).$$

となる．これで (II) が証明され，χ が原始的である場合の証明を終わる．

次に，χ が原始的でない場合，χ が M を法とするディリクレ指標であり，N を法とする原始的な指標 χ^* から誘導されるとすると，L 関数どうしの間に

$$L(s,\chi) = L(s,\chi^*) \prod_{p|M} \left(1 - \frac{\chi^*(p)}{p^s}\right)$$

の関係がある．右辺の p にわたる有限積の因子は $\mathrm{Re}(s) = 0$ 上にのみ零点を持つので，$N(T,\chi) = N(T,\chi^*)$ となる．よって結論を得る． ∎

これで，本章の目標であった「ディリクレの素数定理」の証明が完成した．前章の「素数定理」同様，ここでも重要であるはずの「L 関数の零点」が表面上は影を潜めている．これは素数定理と全く同様の事情による．本来，$\pi(x, N, a)$ は $L(s,\chi)$ の零点を用いて完全に表され，それは誤差項の無いピッタリとした表示である．

しかし，現状では零点が未解明であるため，項の具体的な大きさを求める際，零点を用いた表示のままでは何も新たな情報をもたらさないのである．そこで，素数定理の場合同様，仮に零点の解明が進んだ場合にわかることを，以下に定理の形で述べる．

5.4 指標付き明示公式とディリクレの素数定理

定理 5.22 (Θ付きディリクレ素数定理)　N と a は自然数で互いに素であるとし,N によって定まる実数 $\Theta = \Theta_N$ を

$$\Theta := \sup_{\substack{\rho,\,\chi \bmod N \\ L(\rho,\chi)=0}} \operatorname{Re}(\rho)$$

と置く.ただし,sup は ρ と χ の両方をわたらせた上限であり,このうち χ は N を法とするディリクレ指標の全体をわたる.

(1)
$$\psi(x, N, a) = \frac{1}{\varphi(N)} x + O\left(x^\Theta (\log x)^2\right) \qquad (x \to \infty). \qquad (5.25)$$

(2)
$$\pi(x, N, a) = \frac{1}{\varphi(N)} \operatorname{li}(x) + O\left(x^\Theta \log x\right) \qquad (x \to \infty). \qquad (5.26)$$

証明　定理 4.10 と同様である.$\psi(x)$ に関する明示公式 (4.10) を用いていたところを,代わりに $\psi(x, N, a)$ に関する明示公式 (5.13) を用いればよい.　■

$\Theta = \Theta_N$ についても,リーマン予想と同様の予想がある.

ディリクレ L のリーマン予想[3] (**ピルツ**[4] **(1884)**)　任意の自然数 N に対し,

$$\Theta_N = \frac{1}{2}.$$

---

[3] この予想は従来,Generalized Riemann Hypothesis の訳語で「一般化されたリーマン予想」と呼ばれ GRH と略記されていた.しかし,最近ではディリクレ L 関数に限らず,より広汎なゼータ関数や L 関数に対してリーマン予想の類似が成り立つと信じられているため,GRH を Grand Riemann Hypothesis (大リーマン予想) の意とする傾向が,欧米を中心にみられる.一方,本書ではディリクレ L 関数に限定して述べる主旨から,大リーマン予想の名称はやや大げさであると思えたので,敢えて本文のような呼称とした.

[4] 初出は文献 [28]: A. Piltz, *"Über die Häufigkeit der Primzahlen in Arithmetischen Progressionen und über Verwandte Gesetze"* (等差数列中の素数の分布と関連する法則について),Neuenhahn, Jena, 1884.

これはすなわち，「すべてのディリクレ指標に対するディリクレ L 関数のすべての非自明零点の実部が $\frac{1}{2}$ であること」を意味する．この予想は $N=1$ の場合にリーマン予想を含むので，当然未解決である．本書初版刊行時点（2015年10月）における最良の結果は $\Theta_N \leq 1$ であり，その改善には至っていない．

前章の末尾（定理 4.11）で述べたように，素数定理には「逆」が成り立つ．ここでは，ディリクレの素数定理に関して，その事実を紹介しておく．

定理 5.23 $N \geq 2$ とする．N と互いに素な任意の自然数 a と，ある $\alpha \in \mathbb{R}$ に対し，次の (1) と (2) は同値である．

(1)
$$\psi(x,N,a) = \frac{1}{\varphi(N)}x + O\left(x^\alpha (\log x)^2\right) \qquad (x \to \infty).$$

(2) N を法とする任意のディリクレ指標 χ に対し，
$$L(s,\chi) \neq 0 \qquad (\mathrm{Re}(s) > \alpha).$$

証明 まず，条件 (1) を仮定して (2) を示す．

$$\begin{aligned}\psi(x,\chi) &= \sum_{n \leq x} \chi(n)\Lambda(n) \\ &= \sum_{a \in (\mathbb{Z}/N\mathbb{Z})^\times} \chi(a) \sum_{\substack{n \leq x \\ n \equiv a \,(\mathrm{mod}\ N)}} \Lambda(n) = \sum_{a \in (\mathbb{Z}/N\mathbb{Z})^\times} \chi(a)\psi(x,N,a).\end{aligned}$$

が成り立つ．よって，仮定 (1) より，$\psi(x,\chi)$ の $x \to \infty$ における挙動について主要項ならびに誤差項が，仮定 (1) の右辺と同じ（かまたはそれ以下の）オーダーとなる．あとは，定理 4.11 の証明と同様にして，L 関数の非零性が示される．

逆に，条件 (2) の下で (1) が成り立つことは，定理 5.22 で示した．∎

第6章 ◇ 深いリーマン予想

6.1 リーマン予想を支持する結果（ボーア・ランダウの定理）

　零点の実部の上限 Θ（あるいは Θ_N）の評価は初期の自明な不等式 $\Theta \leq 1$ から一歩も進展していないにもかかわらず，$\zeta(s)$, $L(s,\chi)$ のいずれについても，リーマン予想 $\Theta = \frac{1}{2}$ は真であると広く信じられている．その根拠としては，数値計算の結果や理論的に証明された定理でリーマン予想を支持する事実が豊富に存在することが挙げられる．

　またそれに加え，数論ひいては数学の理論の全貌を見渡してみえてくる均衡や，人間に本来的にそなわっている美に対する直感が，リーマン予想の成立を信じさせる背景にあることも確かであろう．ここではそれらのすべてを伝えることはできないが，以下，説明可能な範囲で，リーマン予想が正しいと思われる理由の例を挙げる．

例 6.1（数値計算）　2001 年，ヴァン・デ・ルーンは，実軸に近い方から数えて最初の 100 億個の非自明零点がすべて $\mathrm{Re}(s) = \frac{1}{2}$ の線上にあることを示した[1]．また，ウェデニウスキーによって企画された不特定多数の人々が参加する計算プロジェクト（スクリーン・セーバー型のプログラム）が，最初の 9000 億個の零点が線上にあることを確かめたとしている（2004 年）．オドリツコは，虚部が約 $10^{20}, 10^{21}$ の零点の近くの何百万個もの零点を計算し，それらがすべてリーマン予想を満たすことを確かめている．これらの結果はウェブサイトで公表されている．

例 6.2（零点の実部と虚部の確率論的な関係）　大雑把な表現だが「ほとんどすべての零点が，$\mathrm{Re}(s) = \frac{1}{2}$ の線の非常に近くにある」ことが証明されている．正確には，以下のように記述される．$\zeta(s)$ の零点を $\rho = \beta + i\gamma$ と置くとき，99% 以上の零点が $|\beta - \frac{1}{2}| \leq \frac{8}{\log |\gamma|}$ を満たす．すなわち，$\gamma \to \pm\infty$ とすると，$\beta = \frac{1}{2}$ に左右から漸近

---

[1] この結果は未出版である．正規に出版された結果は「15億個」であり，出典は文献 [25]：J. van de Lune, H.J.J. te Riele, D.T. Winter, *"On the zeros of the Riemann zeta function in the critical strip. IV"*（臨界領域内のリーマン・ゼータ関数の零点について IV），Mathematics of Computation, **46** (1986), pp. 667-681.

する曲線の間に 99% 以上の零点が集中して存在している.

例 6.3（リーマン予想を満たす零点の割合） 多くの零点が $\mathrm{Re}(s) = \frac{1}{2}$ の線上に存在することが証明されている．セルバーグは非自明零点全体のうちある正のパーセントが，レヴィンソンは 33% 以上が存在することを証明し，コンリー[2]はそれを 40% にまで改良した．

例 6.4（ボーア・ランダウの定理） これも大雑把に表現すると「$\zeta(s)$ と $L(s,\chi)$ のほとんどすべての非自明零点は，臨界線 $\mathrm{Re}(s) = \frac{1}{2}$ の "近傍" に存在している」となる．正確な記述ならびに証明は，以下を参照．

以下，本節では，ボーア・ランダウの定理とその証明[3]を解説する．

補題 6.1 $0 < r < R, A > 0$ とする．$F(z) = F(u+vi)$ を，円板 $|z| \leq R$ において正則な関数であって $|F(0)| > A$ となるものとする．さらに，$F(z)$ の円板 $|z| \leq r$ 内の零点の個数を n とする．このとき，n によらない定数 $K > 0$ が存在して，次の不等式が成立する．

$$n < K \iint_{|z| \leq R} |F(z)|^2 dudv.$$

証明 $n = 0$ なら証明することはないので，以下，$n > 0$ とする．$|z| \leq r$ における零点を $z_1, \ldots, z_n$ とすると，イエンゼン（Jensen）の公式[4]により

$$\log \frac{\rho^n |F(0)|}{|z_1 \cdots z_n|} \leq \frac{1}{2\pi} \int_0^{2\pi} \log |F(\rho e^{\varphi i})| d\varphi$$

が成り立つ．ここで，

---

[2] 出典は文献 [5]：J.B. Conrey, *"More than two fifths of the zeros of the Riemann zeta functions are on the critical line"*（リーマン・ゼータ関数の零点の 2/5 以上は臨界線上にある），J. reine angew. Math., **399** (1989), pp.1-26.

[3] 出典は文献 [3]：H. Bohr and E. Landau, *"Ein Satz über Dirichletsche Reihen mit Anwendung auf die ζ-Funktion und die L-Funktionen"*（ディリクレ級数に関するある定理とゼータ関数および L 関数への応用），Rendiconti del Circolo Matematico di Palermo, **37** (1914), pp. 269-272. であるが，1913 年 11 月 14 日に論文が投稿された記録が残っているので，定理の発見は 1913 年（またはそれ以前）と推察される．

[4] 文献 [1] 第 5 章 §3.1.

6.1 リーマン予想を支持する結果（ボーア・ランダウの定理）

$$\frac{r+R}{2} \leq \rho \leq R$$

である．したがって，

$$2\log\frac{\rho^n A}{r^n} \leq \frac{1}{2\pi}\int_0^{2\pi} \log(|F(\rho e^{\varphi i})|^2)d\varphi$$

$$\leq \log\left(\frac{1}{2\pi}\int_0^{2\pi} |F(\rho e^{\varphi i})|^2 d\varphi\right)$$

となる．よって

$$\frac{\rho^{2n}A^2}{r^{2n}} \leq \frac{1}{2\pi}\int_0^{2\pi}\left|F(\rho e^{\varphi i})\right|^2 d\varphi < \int_0^{2\pi}\left|F(\rho e^{\varphi i})\right|^2 d\varphi.$$

したがって

$$\frac{A^2}{r^{2n}}\int_{\frac{r+R}{2}}^R \rho^{2n+1}d\rho < \int_{\frac{r+R}{2}}^R \rho d\rho \int_0^{2\pi}\left|F(\rho e^{\varphi i})\right|^2 d\varphi$$

$$< \iint_{|z|<R} |F(z)|^2 du dv$$

を得る．ここで，左辺は

$$左辺 > \frac{A^2}{r^{2n}}\frac{R-r}{2}\left(\frac{r+R}{2}\right)^{2n+1}$$

$$= A^2\left(\frac{R^2-r^2}{4}\right)\left(1+\frac{R-r}{2r}\right)^{2n}$$

$$> A^2\left(\frac{R^2-r^2}{4}\right)\cdot 2n\left(\frac{R-r}{2r}\right)$$

と評価できるので，補題 6.1 は証明された． ∎

補題 6.2 複素数列 a_m $(m=1,2,3,\ldots)$ に対し，級数

$$f(s) = \sum_{m=1}^\infty \frac{a_m}{m^s}$$

は $\mathrm{Re}(s) > 0$ において収束するとする．このとき，$0 < \varepsilon < \frac{1}{2}$ と $E > 1$ に対して

$$\iint_{\substack{\frac{1}{2}+\varepsilon \leq \sigma \leq E \\ -T \leq t \leq T}} |f(\sigma + ti)|^2 d\sigma dt = O(T) \qquad (T \to \infty)$$

が成立する．

証明 $\frac{1}{2} + \varepsilon \leq \alpha \leq E$ に対して一様に

$$\int_{-T}^{T} |f(\alpha + ti)|^2 dt = O(T)$$

となることを示せばよい．ここでは，もっと正確に，

$$\lim_{T \to \infty} \frac{1}{2T} \int_{-T}^{T} |f(\alpha + ti)|^2 dt = \sum_{m=1}^{\infty} \frac{|a_m|^2}{m^{2\alpha}}$$

$$\left(\leq \sum_{m=1}^{\infty} \frac{|a_m|^2}{m^{1+2\varepsilon}} \right)$$

となることを示す．

$$g(s) = \sum_{m=1}^{\infty} \frac{\overline{a_m}}{m^s}$$

とおこう．すると

$$f(\varepsilon + ti) g(2\alpha - \varepsilon - ti) = \sum_{m=1}^{\infty} \frac{\overline{a_m}}{m^{2\alpha - \varepsilon}} m^{ti} f(\varepsilon + ti)$$

より

$$\frac{1}{2T} \int_{-T}^{T} f(\varepsilon + ti) g(2\alpha - \varepsilon - ti) dt - \sum_{m=1}^{\infty} \frac{|a_m|^2}{m^{2\alpha}}$$

$$= \sum_{m=1}^{\infty} \frac{\overline{a_m}}{m^{2\alpha - \varepsilon}} \left(\frac{1}{2T} \int_{-T}^{T} m^{ti} f(\varepsilon + ti) dt - \frac{a_m}{m^{\varepsilon}} \right)$$

となる．

$$\lim_{T \to \infty} \left(\frac{1}{2T} \int_{-T}^{T} m^{ti} f(\varepsilon + ti) dt - \frac{a_m}{m^{\varepsilon}} \right) = 0$$

6.1 リーマン予想を支持する結果（ボーア・ランダウの定理）

が m について一様に成り立つこと，さらに不等式

$$\left|\frac{\overline{a_m}}{m^{2\alpha-\varepsilon}}\right| \leq \frac{|a_m|}{m^{1+\varepsilon}}$$

に注意すると，

$$\lim_{T\to\infty}\frac{1}{2T}\int_{-T}^{T} f(\varepsilon+ti)g(2\alpha-\varepsilon-ti)dt = \sum_{m=1}^{\infty}\frac{|a_m|^2}{m^{2\alpha}}$$

が α について一様に成り立つことがわかる．

したがって，補題を示すには

$$\lim_{T\to\infty}\frac{1}{2T}\left(\int_{-T}^{T} f(\varepsilon+ti)g(2\alpha-\varepsilon-ti)dt - \int_{-T}^{T} f(\alpha+ti)g(\alpha-ti)dt\right) = 0$$

が $\frac{1}{2}+\varepsilon \leq \alpha \leq E$ について一様に成立することを示せばよい．そのためには，図 6.1 の積分路に対してコーシーの定理を用いる．

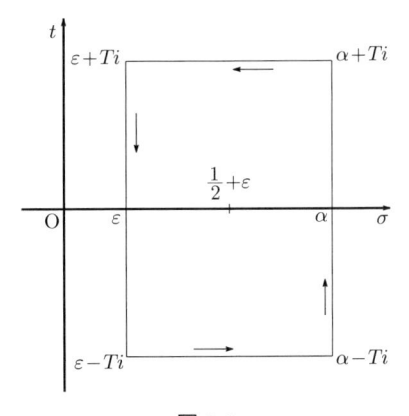

図 6.1

上記の積分は左側と右側の積分に対応している．また，上側と下側の積分に対しては

$$f(s)g(2\alpha-s) = o(T)$$

が α と σ について一様に成立することを示しておけば十分である．任意の固定

された $\delta > 0$ に対し, α と $\sigma > 0$ について一様に,

$$f(s) = O(T^{\max(1-\sigma,0)+\delta}),$$
$$g(2\alpha - s) = O(T^{\max(1-2\alpha+\sigma,0)+\delta})$$

となることから,

$$f(s)g(2\alpha - s) = O(T^{\max(2-2\alpha,1-\sigma,1-2\alpha+\sigma,0)+2\delta})$$
$$= o(T)$$

とわかる. ∎

定理 6.3 (ボーア・ランダウの定理 1) 複素数列 a_m ($m = 1, 2, 3, \ldots$) に対し, 級数

$$f(s) = \sum_{m=1}^{\infty} \frac{a_m}{m^s}$$

は $\mathrm{Re}(s) > 0$ で収束していて, 恒等的に 0 ではないものとする. 各 $\delta > 0$ に対して,

$$\sigma \geq \frac{1}{2} + \delta, \quad -T \leq t \leq T$$

における零点の個数を $N(T, \delta)$ と置くと, $N(T, \delta) = O(T)$ が成り立つ.

証明 $\sigma' > 1$ を次の 3 つの条件を満たすようにとる.

- $f(s) \neq 0$ が $\mathrm{Re}(s) \geq \sigma'$ において成立.
- $|f(\sigma' + ti)| > A = A(\sigma') > 0$ がすべての実数 t に対して成立.
- ある $\tau \in \mathbb{Z}$ に対し, $\frac{1}{2} + \frac{\delta}{2} + (\tau + \frac{1}{2})i$ は, $s_0 = \sigma' + (\tau + \frac{1}{2})i$ を中心として 2 点

$$\frac{1}{2} + \delta + \tau i, \quad \frac{1}{2} + \delta + (\tau + 1)i$$

を通る円 $|s - s_0| = r$ の外側にある.

6.1 リーマン予想を支持する結果（ボーア・ランダウの定理）

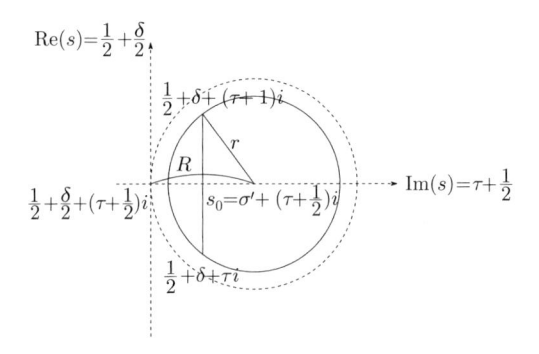

図 6.2

いま，$R = \sigma' - \left(\frac{1}{2} + \frac{\delta}{2}\right) > r$ とおこう．

円板 $\{s \mid |s - s_0| \leq r\}$ に含まれる領域

$$\left\{s = \sigma + it \;\middle|\; \frac{1}{2} + \delta \leq \sigma \leq \sigma', \quad \tau < t \leq \tau + 1\right\}$$

における零点の個数 $n(\tau)$ に対し，補題 6.1 によって

$$n(\tau) < K \iint_{|s-s_0| \leq R} |f(\sigma + ti)|^2 d\sigma dt$$
$$< K \iint_{\substack{\frac{1}{2} + \frac{\delta}{2} \leq \sigma \leq \sigma' + R \\ \tau + \frac{1}{2} - R \leq t \leq \tau + \frac{1}{2} + R}} |f(\sigma + ti)|^2 d\sigma dt$$

を得る．したがって，

$$\tau = -[T] - 1, \ldots, [T]$$

に対して和を取ると，補題 6.2 を用いることによって

$$N(T) = O\left(\iint_{\substack{\frac{1}{2} + \frac{\delta}{2} \leq \sigma \leq \sigma' + R \\ -T - \frac{1}{2} - R \leq t \leq T + \frac{1}{2} + R}} |f(\sigma + ti)|^2 d\sigma dt\right)$$
$$= O\left(T + \frac{1}{2} + R\right)$$
$$= O(T)$$

となる． ∎

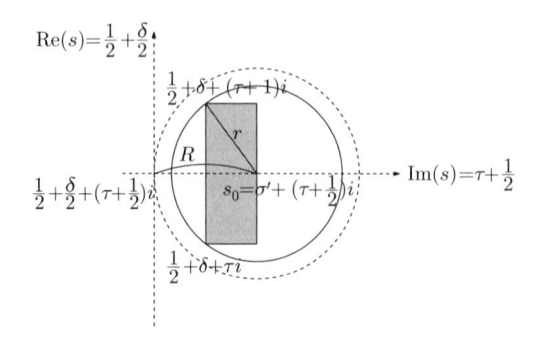

図 6.3

系 6.4（ボーア・ランダウの定理 2）　リーマン・ゼータ関数 $\zeta(s)$ またはディリクレ L 関数 $L(s,\chi)$ の非自明零点 $s = \sigma + it$ について，以下のことが成り立つ．$0 < \sigma < 1$, $-T \le t \le T$ における零点の個数の $\frac{1}{2}$ 倍を $N(T)$ とし，各 $\delta > 0$ に対して $\frac{1}{2} - \delta < \sigma < \frac{1}{2} + \delta$, $-T \le t \le T$ における零点の個数の $\frac{1}{2}$ 倍を $N_\delta(T)$ と置くと

$$\lim_{T \to \infty} \frac{N_\delta(T)}{N(T)} = 1.$$

証明　自然数 $N \ge 1$ に対して，χ を法 N の原始的ディリクレ指標とする．$N \ne 1$ なら，定理 5.4 より

$$L(s,\chi) = \sum_{m=1}^{\infty} \frac{\chi(m)}{m^s}$$

は $\sigma > 0$ において収束するから，定理 6.3 の仮定が成り立つ．また，$N = 1$ のときは，

$$(1 - 2^{1-s})\zeta(s) = (1 - 2^{1-s}) \prod_{p:\text{素数}} \left(1 - p^{-s}\right)^{-1}$$

$$= \sum_{n=1}^{\infty} \frac{1}{n^s} - 2 \sum_{n=1}^{\infty} \frac{1}{(2n)^s}$$

$$= \sum_{n=1}^{\infty} \frac{(-1)^{n-1}}{n^s}$$

は $\sigma > 0$ において収束する．よって各 $\sigma > 0$ に対して，定理 6.3 が使えて，$L(s, \chi)$ の

$$\sigma \geq \frac{1}{2} + \delta, \quad -T \leq t \leq T$$

における零点の個数は $O(T)$ となる．一方，定理 5.21 より，

$$0 < \sigma < 1, \quad -T \leq t \leq T$$

における零点の個数は漸近的に $\frac{1}{\pi} T \log T$ である．以上で系が示された． ∎

今示した事実は，$\zeta(s)$ や $L(s, \chi)$ の零点が直線 $\sigma = \frac{1}{2}$ の近傍に存在していることを表している．

したがって，$\zeta(s)$ や $L(s, \chi)$ 一般に対して，$\frac{1}{100} < \sigma < \frac{99}{100}$ に無限個の零点が存在することが示された．実際，より強く，$\frac{49}{100} < \sigma < \frac{51}{100}$ に無限個の零点が存在することがわかった．さらに，この幅をいくらでも狭めることができるのだ．

この状況をみて「リーマン予想が証明されているのではないか」と思う読者もいるかも知れないが，残念ながらそれは違う．定理の δ は任意に取れるといっても，最初に決めて固定しなければならない．この固定された δ に対し，零点の虚部は限りなく大きく動く．したがって，この定理の下であっても，臨界線 $\mathrm{Re}(s) = \frac{1}{2}$ に漸近するような零点の列（リーマン予想の反例）は存在し得る．リーマン予想の証明には，そのような列の非存在を示す必要がある．

とはいえ，ボーア・ランダウの定理がリーマン予想の成立を信じさせる一つの根拠になっていることは間違いないであろう．

6.2 オイラー積の収束

5.2 節でみたように，ディリクレ L 関数のオイラー積の絶対収束域は $\mathrm{Re}(s) > 1$ であるが，絶対収束と限らない一般の収束域は未解明である．そこで，つぎの予想を設ける．

オイラー積収束予想 導手が2以上のディリクレ指標 χ に対するディリクレ L 関数のオイラー積は，$\mathrm{Re}(s) > \frac{1}{2}$ において収束する．

当然，$\frac{1}{2} < \mathrm{Re}(s) \leq 1$ においては，オイラー積が仮に収束しても，絶対収束ではない．だが無限積は収束すれば非零であるから，仮にこの予想が正しければ，$\mathrm{Re}(s) > \frac{1}{2}$ において $L(s, \chi) \neq 0$ となり，リーマン予想が成り立つことがわかる．したがって，オイラー積収束予想はリーマン予想を強めた形と言える．つまり，リーマン予想の主張する「$\mathrm{Re}(s) > \frac{1}{2}$ における非零」をより詳しく「オイラー積が収束するような非零」としたのがオイラー積収束予想である．

現代では，計算機を用いて具体的なディリクレ指標に対して L 関数のオイラー積が収束するかどうか，様子を確認できる．小さい方から数千個，数万個の素数を取ったオイラー積の有限部分積を $\frac{1}{2} < \mathrm{Re}(s) < 1$ 内のいろいろな s に対して計算し，積に入れる素数を増やしていくと，後述の数値例が示すように，有限部分積の値が $L(s,\chi)$ の値に近づく様子が見てとれる．

リーマン予想を支持する数値計算といえば，例6.1で触れたように何億個もの零点を実際に計算するものがこれまで主流だが，この方法では，いったいどこまで計算したらリーマン予想を確信できるのか正直なところよくわからない．一千億個の零点がリーマン予想を満たしていることがわかったとしても，無数の中の一千億個が果たして多いのか少ないのか，判断は難しい．一千億一個目には反例が見つかるかもしれない．

これに対し，オイラー積収束予想は数値計算によってより確からしく支持される．$L(s,\chi)$ のオイラー積の有限部分積の極限値が，$\mathrm{Re}(s) > \frac{1}{2}$ において解析接続によって定義される $L(s,\chi)$ の本来の値に近づくことが観察できるからである．そのような数値計算例は，現代ではしかるべきソフトウェアを用いていくらでも容易に得ることができる．

そこで次に，オイラー積収束予想における収束域を広げ，境界線上 $\mathrm{Re}(s) = \frac{1}{2}$ ではどうなっているかを考えてみると，ここでもやはり収束していそうであることがみてとれる．ただし，ディリクレ指標 χ によって極限値が異なるので，以下に計算例を挙げて説明する．

次図は，例 5.7 で定義した導手 7 のディリクレ指標 χ_1 に対し，$s = \frac{1}{2} + it$ におけるディリクレ L 関数

$$L(s, \chi_1) = \prod_{p \neq 7}(1 - \chi_1(p)p^{-s})^{-1}$$

を解析接続した関数値の実部 $\mathrm{Re}(L(\frac{1}{2} + it, \chi_1))$ を太線で表し，オイラー積に参加する素数を小さい方から 10 個，100 個，1000 個として計算した有限部分オイラー積の値の実部を，それぞれ破線，一点鎖線，実線で表し，横軸を t にとり描いたものである[5]．

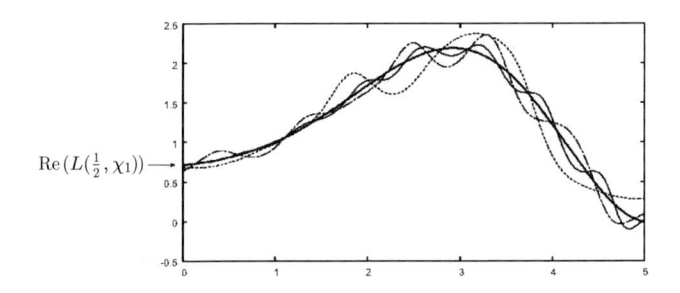

図 6.4 $L(\frac{1}{2} + it, \chi_1)$ の有限部分オイラー積（χ_1 は導手 7 で $\chi_1^2 \neq 1$）

これをみると，グラフが破線，一点鎖線，実線となるにつれて，オイラー積の値が解析接続した値である太線に近づいていくことがみてとれる．このグラフは $\mathrm{Re}(s) = \frac{1}{2}$ 上での様子を表しているが，$\frac{1}{2} < \mathrm{Re}(s) \leq 1$ においてもこの傾向は同様であり，1 に近づくほど速くきれいに収束するグラフを数値計算によって得ることができる．いずれもオイラー積の素数を小さい方から順に掛けていった極限値が L 関数の解析接続した値に収束する様子が現れている．

ただし，$\mathrm{Re}(s) = \frac{1}{2}$ で $t = 0$（すなわち縦軸上）の場合に限り，もう一つ別のパターンがみられる．次図は，例 5.7 で与えた導手 7 のディリクレ指標 χ_3 に対して先ほどと同様のグラフを描いたものである．

---

[5] 本節の数値データならびにグラフは文献 [13]: T. Kimura, S. Koyama and N. Kurokawa, *"Euler products beyond the boundary"*, Letters in Mathematical Physics, **104** (2014), pp. 1-19 より引用した．

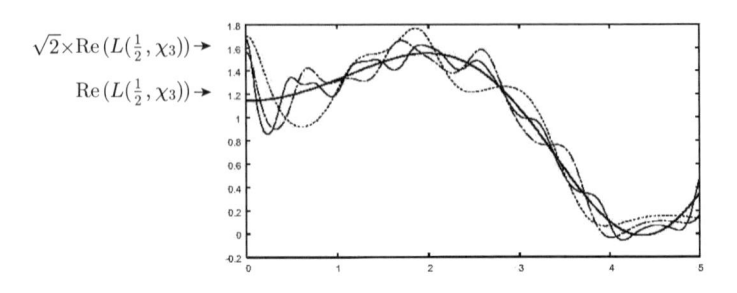

図 6.5 $L(\frac{1}{2}+it,\chi_3)$ の有限部分オイラー積 (χ_3 は導手 7 で $\chi_3^2 = 1$)

この図をみると,$t \neq 0$(すなわち縦軸以外)においては先ほどと同様にオイラー積の値が解析接続された関数値に近づいていく様子がみられるが,一点 $t = 0$(縦軸上)においてのみ,ジャンプがみられる.そこでは破線,一点鎖線,実線が,太線 $L(\frac{1}{2},\chi_3)$ ではなくその $\sqrt{2}$ 倍である $\sqrt{2}L(\frac{1}{2},\chi_3)$ に近づいていくようにみえる.

これと同じ傾向は,様々なディリクレ指標について計算機を用いて容易に確かめることができる.その結果,次の予想に到達する.

深いリーマン予想(その 1)[$L(s,\chi)$,**零点以外の場合**] ディリクレ指標 χ の導手が 2 以上であるとする.$\mathrm{Re}(s) = \frac{1}{2}$ かつ $L(s,\chi) \neq 0$ なる任意の複素数 s に対してオイラー積が収束し,次式が成り立つ.

$$\lim_{x \to \infty} \prod_{p \leq x}(1 - \chi(p)p^{-s})^{-1} = L(s,\chi) \times \begin{cases} \sqrt{2} & (s = \frac{1}{2} \text{ かつ } \chi^2 = 1) \\ 1 & (\text{その他の場合}) \end{cases}.$$

後ほど示すように,$\mathrm{Re}(s) = \frac{1}{2}$ かつ $L(s,\chi) \neq 0$ なる「一つの複素数 s」に対して上式の収束が言えれば,この予想が成り立つので(定理 6.8),予想の「任意の複素数」を「ある複素数」に変えても,命題は同値である.また,ここで,オイラー積の収束は絶対収束ではないため,左辺を素数全体にわたる無限

積として直接記述してはいけないことに注意せよ．積の順序を小さな素数から順に掛けるように指定する必要があるので，いったん $p \leq x$ で積をとってから $x \to \infty$ の極限値をとる必要がある．また，右辺の条件にある $\chi^2 = 1$ における 1 は自明な指標を表す．$\chi^2 = 1$ とはすなわち，指標 χ の値域が $\{0, \pm 1\}$ であることを意味する．先ほどの二例では，$\chi_1^2 \neq 1$ および $\chi_3^2 = 1$ であった．したがって，χ_1 のときは図 6.4 でみたように $\mathrm{Re}(s) = \frac{1}{2}$ 上のすべての点で例外なくオイラー積の値が L 関数値に近づいていったが，χ_3 のときは図 6.5 でみたように，一点 $s = \frac{1}{2}$ だけが例外であり，その点においてのみ L 関数値の $\sqrt{2}$ 倍に近づいていた状況が，予想に合致している．

　この予想を「深いリーマン予想[6]」と呼ぶ理由は，これが，リーマン予想よりも論理的により「深い」真実を表しているからであり，数学の予想に対してよく用いられる「強い予想」や「予想の強形」などの用語と同じ意味合いである．第 5 章でみたように，$L(s, \chi)$ に対するリーマン予想が成り立てば，評価式

$$\psi(x, \chi) = O\left(x^{\frac{1}{2}}(\log x)^2\right) \qquad (x \to \infty)$$

が成り立つ．逆に，この評価式がリーマン予想と同値であることも定理 5.23 でみた．一方，次節（定理 6.8）で証明するように，深いリーマン予想は，これよりも少し良い次の評価式と同値である．

$$\psi(x, \chi) = o\left(x^{\frac{1}{2}} \log x\right) \qquad (x \to \infty).$$

ここでなされている誤差項の改善は，$\log x$ の指数が 2 から 1 に下がったことと，大文字の O から小文字の o に変わったことの二点である．なお，$f(x) = o(g(x)) \ (x \to \infty)$ とは，

$$\lim_{x \to \infty} \frac{f(x)}{g(x)} = 0$$

---

[6] 文献によっては「深リーマン予想」と呼ぶものもある．いずれにしても英語では the Deep Riemann Hypothesis であり，DRH と略記される．

が成り立つことと定義する．左辺の分数が有界であることが $f(x) = O(g(x))$ の定義であったことと比較すると，確かに改善になっている．

さて，「深いリーマン予想」は臨界線上での挙動に関する予想だから，s が $L(s,\chi)$ の非自明零点となることもあり得る．上で述べた予想では，こうした場合を除外していた．当然，零点においてはオイラー積は発散するから，上と同じ形の予想は成り立たない．だが，発散の度合いを込めて補正することにより，深いリーマン予想は $\mathrm{Re}(s) = \frac{1}{2}$ なる任意の点 s に以下のように拡張される．

深いリーマン予想（その2）[$L(s,\chi)$, 零点を含む場合]　ディリクレ指標 χ の導手が2以上であるとする．$\mathrm{Re}(s) = \frac{1}{2}$ 上の複素数 s に対し，$L(s,\chi)$ の s における零点の位数を m とするとき，次式が成り立つ．

$$\lim_{x \to \infty} \left((\log x)^m \prod_{p \leq x} (1 - \chi(p)p^{-s})^{-1} \right)$$
$$= \frac{L^{(m)}(s,\chi)}{e^{m\gamma} m!} \times \begin{cases} \sqrt{2} & (s = \frac{1}{2} \text{ かつ } \chi^2 = 1 \text{ の場合}) \\ 1 & (\text{その他の場合}) \end{cases}.$$

ただし，γ は1.8節で定義したオイラーの定数である．

$m = 0$ のとき，これは「深いリーマン予想（その1）」に一致する．また，深いリーマン予想（その1）を述べた際に注意したように，$\mathrm{Re}(s) = \frac{1}{2}$ 上の複素数 s は「任意の s」「ある s」のどちらに解釈しても同値な命題となり，同一の予想となる．

本節で述べてきたような，臨界領域内においてゼータ関数の非零性を，一歩突き詰めてオイラー積の収束性としてみなす着想の起源は，1914年のラマヌジャン（文献[29]内の数式(359)）に遡る．ここで，文献[29]の出版年が「1997年」となっていることは説明を要する．ラマヌジャンが著したこの論文は，

1914 年にロンドン数学会誌に出版される予定であったが，第一次大戦下での紙や物資の不足によって印刷時に一部のページが削除された．数式 (359) は，その削除された部分に含まれていたため，公表されぬまま 80 年以上が経過した．そして 1997 年に創刊された「Ramanujan Journal」誌の第 1 巻として，ようやく日の目をみたのである．ラマヌジャンの業績がこうした数奇な経緯を辿ったことで，人類のゼータ研究におけるオイラー積の重要性への認識不足が長期にわたって生じてしまったであろうことは，想像に難くない．

　そうした中でも，臨界領域の境界線上の研究が全くなされてこなかったわけではない．楕円曲線の L 関数に関する 1965 年のバーチ・スウィンナートン-ダイヤー予想（文献 [2]）などは有名である．また，1982 年にゴールドフェルドは，楕円曲線の L 関数のオイラー積が中心点においてある挙動を取れば，その L 関数がリーマン予想の類似を満たすことを証明した[7]．ここで中心点とは関数等式の中心のことであり，ゴールドフェルドの論文で扱われている楕円曲線の L 関数の場合は $s=1$ を指すが，本書で扱うリーマン・ゼータ関数やディリクレ L 関数の場合に置き換えると $s=\frac{1}{2}$ に相当する．したがって「深いリーマン予想」の直接的な起源はゴールドフェルドにあると言える．ゴールドフェルドの業績は，後にクオとマーティ（文献 [15]），コンラッド（文献 [4]）によって拡張され，これらの成果が現在「深いリーマン予想」の論拠となっている．ただし，彼らの業績が出揃った時点でも，まだ予想の命名はなされていなかった．それどころか，予想としての認知もほとんどなされていなかったと思われる．「深いリーマン予想」の命名は 2011 年頃に黒川信重によって見出されたものである（文献 [18, 19, 20]）．

　本書では，この黒川による命名によってリーマン予想研究におけるオイラー積の重要性がより明確に認識されたことを重く見て，敢えて「深いリーマン予想」に一章を割き，解説を行なっている．また，本章では，従来のリーマン予想と深いリーマン予想の関連を解説する手段として「オイラー積収束予想」を命名し，導入した．

---

[7] 文献 [9]: D. Goldfeld, *"Sur les produits partiels eulériens attachés aux courbes elliptiques"* （楕円曲線の付随する部分オイラー積について），C. R. Acad. Sci. Paris Sér. I Math., **294** (1982), pp.471-474.

6.3 素数定理の誤差項との関連

第5章では，ディリクレ L 関数に関するリーマン予想が成り立てば，素数定理の誤差項が改善される事実をみた（定理 5.22, 5.23）．本節では，これが深いリーマン予想の下でさらに改善できることを紹介する．

第4章，第5章でみたように，素数定理の誤差項はゼータ関数の零点にわたる和

$$\sum_{\substack{\rho \\ |\gamma| \leq T}} \frac{x^\rho}{\rho}$$

で与えられる．リーマン予想が未解決の現状では，零点 ρ の実部 $\operatorname{Re}(\rho)$ がこの和の $x \to \infty$ における挙動を支配するが，後ほど定理 6.7 で示すように，深いリーマン予想が成り立てばリーマン予想も成り立つので，本節では，リーマン予想が成り立つような状況下でこの和を考えればよい．リーマン予想の下では $\rho = \frac{1}{2} + i\gamma \, (\gamma \in \mathbb{R})$ とおけるから，

$$\sqrt{x} \sum_{\substack{\rho \\ |\gamma| \leq T}} \frac{x^{i\gamma}}{\rho}$$

の大きさが問題となる．この級数の構造を大まかにみてみると，まず分母は，零点の個数 $N(T)$ のオーダーが $T \log T$ であること（定理 4.5）から，$N(T)$ は T の 1 乗に近い増え方をすると見てよく，n 番目の分母の大きさ $|\rho|$ は n の 1 乗に近い増え方をする．これに対し，分子は $e^{i\gamma \log x}$ と表せ，これは絶対値が 1 で偏角 $\gamma \log x$ の複素数となる．正の γ の列を小さい方から並べると，n 番目の γ は n の 1 乗に近い増え方をする．したがって，各 x に対して，$x^{i\gamma}$ は単位円周上で比較的等間隔に近くプロットされた点列（角度の間隔はほぼ $\log x$ の定数倍）となる．等間隔に近いということは，この和に相当な打ち消し合いが起きていることを意味する．この打ち消し合いをいかにして抽出するかが，素数定理の誤差項の改善の可否を決定するのだ．

6.3 素数定理の誤差項との関連

このように,複素数の偏角がばらつくことで級数の和の値に生ずる打ち消し合いを抽出する問題を「指数和の問題」と呼ぶ.これは解析数論の一分野であり,素数やゼータの零点に関連した様々な点列に対して指数和の評価を行い,自明でない成果を挙げる研究が世界中の至る所で行われてきた.

本節では,それらの膨大な研究成果の中から,深いリーマン予想を素数定理の誤差項に関連付けるのに役立つ結果を紹介していく.次の定理は,ギャラガーによって1970年に発見された一般的な補題である.補題の内容は初見ではわかりにくいかもしれないが,補題の結論の式の左辺は偏角のばらつきを含む指数和 $S(t)$ の t をわたらせた二乗平均であり,これが右辺によって偏角のばらつきを含まない形で押さえられている点に注目しよう.

補題 6.5(ギャラガーの補題[8]) $\mathbb{R}$ の離散部分集合を A とし,複素数列 $c(\nu)$ $(\nu \in A)$ が与えられ,級数

$$S(t) = \sum_{\nu \in A} c(\nu) e^{2\pi i \nu t}$$

が絶対収束するとする.このとき,任意の $\theta \in (0,1)$ に対し,

$$\int_{-T}^{T} |S(t)|^2 dt \leq \left(\frac{\pi \theta}{\sin(\pi\theta)}\right)^2 \int_{-\infty}^{\infty} \left| \frac{T}{\theta} \sum_{x \leq \nu \leq x + \frac{\theta}{T}} c(\nu) \right|^2 dx$$

が成り立つ.

証明 $\delta = \frac{\theta}{T}$ と置き,

$$C_\delta(x) = \frac{1}{\delta} \sum_{|\nu - x| \leq \frac{1}{2}\delta} c(\nu)$$

と置くと,示すべき式の右辺の積分は,$x - \frac{\delta}{2}$ を x と置き換えることにより

---

[8] 出典は文献 [7] P.X. Gallagher, *"A large sieve density estimate near $\sigma = 1$"*($\sigma = 1$ の近くにおける大篩による密度の評価),Inventiones Mathematicae, **11** (1970), pp.329-339.

$$\int_{-\infty}^{\infty} |C_\delta(x)|^2 dx$$

と表せる.

$$F_\delta(x) = \begin{cases} \delta^{-1} & (|x| \leq \frac{\delta}{2}) \\ 0 & (その他の場合). \end{cases}$$

と置くと,

$$C_\delta(x) = \sum_{\nu \in A} c(\nu) F_\delta(x - \nu)$$

が成り立つ. このフーリエ逆変換 $\check{C}_\delta(t)$ を計算すると,

$$\check{C}_\delta(t) = \int_{-\infty}^{\infty} C_\delta(x) e^{2\pi i x t} dx$$
$$= \int_{-\infty}^{\infty} \sum_{\nu \in A} c(\nu) F_\delta(x - \nu) e^{2\pi i x t} dx$$
$$= \sum_{\nu \in A} c(\nu) \int_{-\infty}^{\infty} F_\delta(x - \nu) e^{2\pi i x t} dx$$
$$= \sum_{\nu \in A} c(\nu) \int_{-\infty}^{\infty} F_\delta(x) e^{2\pi i (x + \nu) t} dx$$
$$= \sum_{\nu \in A} c(\nu) e^{2\pi i \nu t} \int_{-\infty}^{\infty} F_\delta(x) e^{2\pi i x t} dx = S(t) \widehat{F}_\delta(t).$$

ここで, $F_\delta(x)$ のフーリエ逆変換は

$$\check{F}_\delta(t) = \int_{-\infty}^{\infty} F_\delta(x) e^{2\pi i x t} dx = \frac{1}{\delta} \int_{-\frac{\delta}{2}}^{\frac{\delta}{2}} e^{2\pi i x t} dx$$
$$= \frac{1}{\delta} \left[\frac{e^{2\pi i x t}}{2\pi i t} \right]_{-\frac{\delta}{2}}^{\frac{\delta}{2}} = \frac{\sin(\pi \delta t)}{\pi \delta t}$$

であり, 積分区間の $|t| < T$ においては $|\delta t| \leq \theta$ である. 関数

6.3 素数定理の誤差項との関連

$$y = \frac{\sin(\pi x)}{\pi x}$$

は偶関数であり，区間 $0 \leq x \leq \theta$ で単調減少し，値域は $1 \geq y \geq \frac{\sin(\pi \theta)}{\pi \theta}$ であるから，

$$\frac{\sin(\pi\theta)}{\pi\theta} \leq \widehat{F}_\delta(t) \leq 1$$

を満たす．

仮定より C_δ は有界で可積分だから，とくに二乗可積分である．よって，フーリエ解析におけるプランシェレルの定理により，L^2 ノルムはフーリエ変換の L^2 ノルムに等しく，

$$\int_{-\infty}^{\infty} |C_\delta(x)|^2 dx = \int_{-\infty}^{\infty} |S(t)\widehat{F}_\delta(t)|^2 dt \geq \int_{-T}^{T} |S(t)\widehat{F}_\delta(t)|^2 dt$$
$$\geq \left(\frac{\sin(\pi\theta)}{\pi\theta}\right)^2 \int_{-T}^{T} |S(t)|^2 dt.$$

補題は示された． ∎

リーマン予想が成り立つとしたとき，素数定理の誤差項は第4章（定理4.10）でみたように，$\psi(x)$ に関しては

$$O\left(\sqrt{x}(\log x)^2\right) \qquad (x \to \infty)$$

であったが，補題6.5を用いてギャラガーは，このリーマン予想の下での誤差項を部分的に改善した．この「部分的に」の意味を説明するため，一つ新しい概念を定義する．

2以上の実数全体の集合の部分集合 E が，**有限な対数測度を持つ**とは，積分値

$$\int_E \frac{dx}{x}$$

が有限となることであると定義する．

E のルベーグ測度 $\int_E dx$ が有限ならば対数測度も有限である．逆に，たとえば $E = E_a = \{x \in \mathbb{R} \,|\, x \geq a\}$ $(a \geq 2)$ のように，十分大きなすべての実数を含むような集合は，有限な対数測度を持たない．一方，次の例のように，ルベーグ測度が無限大の集合でも有限な対数測度を持つことはあり得る．

例 6.5
$$E = \bigcup_{n=1}^{\infty} \{x \in \mathbb{R} \,|\, n^2 + 4n \leq x \leq n^2 + 4n + 4\}$$

は，長さ 4 の区間の無限個の合併だからルベーグ測度は無限大であるが，有限な対数測度を持つ．実際，

$$\int_E \frac{dx}{x} = \sum_{n=1}^{\infty} \int_{n^2+4n}^{n^2+4n+4} \frac{dx}{x} = \sum_{n=1}^{\infty} \Big[\log x\Big]_{n^2+4n}^{n^2+4n+4}$$
$$= \sum_{n=1}^{\infty} \log \frac{n^2 + 4n + 4}{n^2 + 4n} = \log \prod_{n=1}^{\infty} \frac{n^2 + 4n + 4}{n^2 + 4n}.$$

log の中身は例 2.2 で扱った収束無限積の逆数であるから，右辺は $\log 6$ となり有限である．

このように，「有限な対数測度を持つ」は「有限なルベーグ測度を持つ」を少し広げた概念である．ギャラガーは，リーマン予想の下での素数定理の $\psi(x)$ に関する誤差項 $O\left(\sqrt{x}(\log x)^2\right)$ が，ある有限な対数測度を持つ集合 E を除いて $O\left(\sqrt{x}(\log \log x)^2\right)$ に改善できることを示した．これを次の定理として述べる．

定理 6.6 （ギャラガーの定理[9]）　リーマン予想が成り立つと仮定すると，ある有限な対数測度を持つ集合 E が存在して，次が成り立つ．

$$\psi(x) = x + O\left(\sqrt{x}(\log \log x)^2\right) \qquad (x \to \infty, \, x \notin E).$$

また，導手が 2 以上のディリクレ指標を χ とするときディリクレ L 関数 $L(s, \chi)$ に対するリーマン予想が成り立つと仮定すると，ある有限な対数測度を持つ集

---
[9] 出典は文献 [8]: P.X. Gallagher, *"Some consequences of the Riemann hypothesis"*（リーマン予想からのいくつかの帰結），Acta Arithmetica, **37** (1980), pp.339-343.

合 E_χ が存在して，次が成り立つ．

$$\psi(x,\chi) = O\left(\sqrt{x}(\log\log x)^2\right) \qquad (x \to \infty,\ x \notin E_\chi).$$

証明 はじめに，定理の前半，すなわち χ が自明の場合を示す．以下，T は x に近い数（すなわち $x = O(T)$ かつ $T = O(x)$ が成り立つ）と仮定する．定理 4.8(2) より，

$$\psi(x) = x - \sum_{\substack{\rho \\ |\gamma| \leq T}} \frac{x^\rho}{\rho} + O\left((\log T)^2\right) \qquad (x \to \infty)$$

が成り立つ．これより，$\psi(x)$ を評価するには級数

$$\sum_{\substack{\rho \\ |\gamma| \leq T}} \frac{x^\rho}{\rho}$$

を評価すればよい．今，リーマン予想を仮定しているので，$2 \leq Y \leq T$ なる 2 数 Y, T に対し，$x = Te^{2\pi u}$ によって変数 x から u へ変数変換すると，$dx = 2\pi Te^{2\pi u}du = 2\pi x du$ より

$$\int_T^{eT} \left| \sum_{\substack{\rho \\ Y<|\gamma|\leq T}} \frac{x^\rho}{\rho} \right|^2 \frac{dx}{x^2} = \int_T^{eT} \left| \sum_{\substack{\rho \\ Y<|\gamma|\leq T}} \frac{x^{i\gamma}}{\rho} \right|^2 \frac{dx}{x}$$

$$= 2\pi \int_0^{\frac{1}{2\pi}} \left| \sum_{\substack{\rho \\ Y<|\gamma|\leq T}} \frac{(Te^{2\pi u})^{i\gamma}}{\rho} \right|^2 du$$

$$= 2\pi \int_0^{\frac{1}{2\pi}} \left| \sum_{\substack{\rho \\ Y<|\gamma|\leq T}} \frac{T^{i\gamma}}{\rho} e^{2\pi i \gamma u} \right|^2 du$$

$$= 2\pi \int_{-\frac{1}{4\pi}}^{\frac{1}{4\pi}} \left| \sum_{\substack{\rho \\ Y<|\gamma|\leq T}} \frac{(T\sqrt{e})^{i\gamma}}{\rho} e^{2\pi i \gamma v} \right|^2 dv \quad (6.1)$$

が成り立つ．ただし，最後の変形では $u = v + \frac{1}{4\pi}$ とおいた．

ここで補題 6.5 を $T = \theta = \frac{1}{4\pi}$ および $\nu = \gamma = \mathrm{Im}(\rho)$

$$c(\gamma) = \begin{cases} \frac{(T\sqrt{e})^{i\gamma}}{\rho} & (Y < |\gamma| \leq T) \\ 0 & (その他の場合) \end{cases}$$

として適用すると，

$$(6.1) \leq 2\pi \left(\frac{\pi\theta}{\sin(\pi\theta)}\right)^2 \int_{-\infty}^{\infty} \left| \sum_{t \leq \nu \leq t+1} c(\nu) \right|^2 dt$$

$$\leq 2\pi \left(\frac{\pi\theta}{\sin(\pi\theta)}\right)^2 \int_{-\infty}^{\infty} \left(\sum_{\substack{t < \gamma \leq t+1 \\ Y < |\gamma| \leq T}} \frac{1}{|\rho|} \right)^2 dt.$$

最後の和で，t の条件は

$$Y - 1 \leq t \leq T \quad または \quad -T - 1 \leq t \leq -Y$$

である．また，和に参加する γ の個数は定理 4.1 より $O(\log t)$ であり，$\frac{1}{\rho} = O(t^{-1})$ $(t \to \infty)$ であるから，最後の被積分関数は $O\left(\frac{(\log t)^2}{t^2}\right)$ となる．したがって，

$$\int_T^{eT} \left| \sum_{\substack{\rho \\ Y < |\gamma| \leq T}} \frac{x^\rho}{\rho} \right|^2 \frac{dx}{x^2} = O\left(\int_{Y-1}^{T+1} \frac{(\log t)^2}{t^2} dt \right) \quad (Y \to \infty).$$

が成り立つ．この定積分は容易に計算できて，

$$\int_T^{eT} \left| \sum_{\substack{\rho \\ Y < |\gamma| \leq T}} \frac{x^\rho}{\rho} \right|^2 \frac{dx}{x^2} = O\left(\frac{(\log Y)^2}{Y}\right) \quad (Y \to \infty)$$

となる．

6.3 素数定理の誤差項との関連

とくに $T = e^Y$ のとき

$$\int_{e^Y}^{e^{Y+1}} \left| \sum_{\substack{\rho \\ Y < |\gamma| \leq e^Y}} \frac{x^\rho}{\rho} \right|^2 \frac{dx}{x^2} = O\left(\frac{(\log Y)^2}{Y}\right) \qquad (Y \to \infty)$$

となる．集合

$$E_Y = \left\{ x \in \left[e^Y, e^{Y+1}\right] \ : \ \left| \sum_{\substack{\rho \\ Y < |\gamma| \leq e^Y}} \frac{x^\rho}{\rho} \right| \geq \sqrt{x}(\log \log x)^2 \right\}$$

の対数測度を M_Y とすると，

$$\int_{E_Y} \left| \sum_{\substack{\rho \\ Y < |\gamma| \leq e^Y}} \frac{x^\rho}{\rho} \right|^2 \frac{dx}{x^2} \geq \int_{E_Y} \left(\sqrt{x}(\log \log x)^2\right)^2 \frac{dx}{x^2}$$

$$\geq \left(\log \log e^Y\right)^4 \int_{E_Y} \frac{dx}{x} = (\log Y)^4 M_Y.$$

よって，

$$M_Y = \frac{1}{(\log Y)^4} \times O\left(\frac{(\log Y)^2}{Y}\right) = O\left(\frac{1}{Y(\log Y)^2}\right).$$

これより，集合

$$E = \bigcup_{Y=2}^{\infty} E_Y$$

の対数測度は

$$M = \sum_{Y=2}^{\infty} M_Y = O\left(\int_2^\infty \frac{1}{x(\log x)^2} dx\right) = O(1)$$

で有限となる．E の定義より，$x \notin E$ なる任意の x について

$$\left| \sum_{\substack{\rho \\ Y < |\gamma| \leq e^Y}} \frac{x^\rho}{\rho} \right| < \sqrt{x}(\log \log x)^2$$

が成り立つ．よって定理の前半が示された．

定理の後半（χ が自明でない場合）は，定理 4.8 の代わりに定理 5.14 から議論を始めれば，全く同様に証明できる． ■

次に，深いリーマン予想が正しければリーマン予想も正しいことを示す．

定理 6.7 (**DRH**$\Longrightarrow$**RH**)　χ を導手が 2 以上のディリクレ指標とする．$\mathrm{Re}(s) = \frac{1}{2}$ 上のある複素数 s_0 に対し，極限値

$$\lim_{x \to \infty} \left((\log x)^{m_0} \prod_{p \leq x} (1 - \chi(p) p^{-s_0})^{-1} \right)$$

が存在するとする．このとき，$L(s, \chi)$ はリーマン予想を満たす．ただし，$L(s, \chi)$ の $s = s_0$ における零点の位数を m_0 とする．

とくに，$L(s, \chi)$ が深いリーマン予想を満たすとき，$L(s, \chi)$ はリーマン予想を満たす．

証明の概要　ここでは $L(s_0, \chi) \neq 0$ の場合に証明し，一般の場合は概要を述べるにとどめる．

$L(s_0, \chi) \neq 0$ のとき，定理の仮定が満たされているにも関わらず，$L(s, \chi)$ がリーマン予想を満たさないとする．このとき，$L(s, \chi)$ の零点 $s = \rho$ で $0 < \mathrm{Re}(\rho) < 1$, $\mathrm{Re}(\rho) \neq \frac{1}{2}$ なるものが存在する．

はじめに $\frac{1}{2} < \mathrm{Re}(\rho) < 1$ の場合に示す．$s = \rho$ においてオイラー積は発散するが，一方，深いリーマン予想が成り立つことから，$\mathrm{Re}(s) = \frac{1}{2}$ で $L(s, \chi)$ の零点以外の点において，オイラー積が収束している．定理 3.11 の証明でみたように，オイラー積は発散する点を越えてそれより左側の点で収束することはない（注意 3.12 の解説を参照）．したがって，これは矛盾である．

あとは $0 < \mathrm{Re}(\rho) < \frac{1}{2}$ の場合に示せばよい．このとき，$L(s, \chi)$ の関数等式から $1 - \rho$ は $L(s, \overline{\chi})$ の零点である．また，$\overline{L(s, \chi)} = L(\overline{s}, \overline{\chi})$ であることに注意すると，$\overline{1 - \rho}$ は $L(s, \chi)$ の零点であり，かつその実部は $\frac{1}{2} < \mathrm{Re}\left(\overline{1 - \rho}\right) < 1$

を満たす．よって，この零点について上の議論を適用すれば，$L(s_0, \chi) \neq 0$ の場合の証明が完了する．

また，$L(s_0, \chi) = 0$ の場合は，部分和の公式を用いて仮定からオイラー積が $\mathrm{Re}(s) > \frac{1}{2}$ で収束することを計算すればよい． ∎

いよいよ，本節の目標である「深いリーマン予想」と「素数定理の誤差項」の関連を述べる．今示した定理 6.7 により，次の定理に現れる極限値の存在の仮定の下では，リーマン予想の成立を仮定して証明を進めてよい．

定理 6.8 (コンラッド[10])　ディリクレ指標 χ の導手が 2 以上であるとする．$\mathrm{Re}(s) = \frac{1}{2}$ 上の複素数 s に対し，$L(s, \chi)$ の s における零点の位数を m とする．極限値

$$\lim_{x \to \infty} \left((\log x)^m \prod_{p \leq x} (1 - \chi(p) p^{-s})^{-1} \right)$$

に関し，次の (1), (2), (3) は同値である．

(1) 上の極限値が任意の $s \in \{s \in \mathbb{C} \mid \mathrm{Re}(s) = \frac{1}{2}\}$ に対して存在し，非零である．

(2) 上の極限値がある $s \in \{s \in \mathbb{C} \mid \mathrm{Re}(s) = \frac{1}{2}\}$ に対して存在し，非零である．

(3) 次の評価式が成り立つ．

$$\psi(x, \chi) = o(\sqrt{x} \log x) \qquad (x \to \infty).$$

証明の概要　(1)⟹(2) は自明である．これよりまず (2)⟺(3) を示す．極限をとる式の対数は，

[10) 出典は文献 [4]: K. Conrad, *"Partial Euler products on the critical line"*（臨界線上の部分オイラー積），Canadian Journal of Mathematics, **57** (2005) pp. 267-297. この論文でコンラッドは，仮に極限値が存在すれば，その値が前節の「深いリーマン予想」で述べた値に一致することをも証明している．

$$\log\left((\log x)^m \prod_{p\leq x}(1-\chi(p)p^{-s})^{-1}\right)$$
$$= m\log\log x + \sum_{p\leq x}\log(1-\chi(p)p^{-s})^{-1}$$
$$= m\log\log x + \sum_{p\leq x}\sum_{k=1}^{\infty}\frac{\chi(p)^k}{kp^{ks}}. \qquad (6.2)$$

ここで, p のわたる範囲を $p\leq x$ から $n=p^k\leq x$ に変えても, 極限値が存在する仮定は変わらないので, (6.2) を次式に置き換えて $x\to\infty$ の極限を考えても, 命題は同値である.

$$m\log\log x + \sum_{1\leq n\leq x}\frac{\chi(n)\Lambda(n)}{(\log n)n^s} = m\log\log x + \sum_{1\leq n\leq x}\frac{b_n}{n^{\frac{1}{2}}}. \qquad (6.3)$$

ただし, $s=\frac{1}{2}+it$ かつ $b_n=\frac{\chi(n)\Lambda(n)}{n^{it}\log n}$ と置いた. ここで, さらに

$$c_n = \frac{n^{it}b_n\log n}{n^{\frac{1}{2}}} = \frac{\chi(n)\Lambda(n)}{n^{\frac{1}{2}}}$$

と置けば, 今の目標は, (6.3) の収束と評価式

$$\psi(x,\chi) = \sum_{n\leq x}\chi(n)\Lambda(n) = \sum_{n\leq x}n^{\frac{1}{2}}c_n = o(\sqrt{x}\log x)$$

の同値性を示すことである.

以下, $t=0$, すなわち $s=\frac{1}{2}$ の場合に次を示す[11].

$$\lim_{x\to\infty}\left(\sum_{n\leq x}\frac{b_n}{\sqrt{n}} + m\log\log x\right) \text{ が収束} \iff \psi(x,\chi) = o(\sqrt{x}\log x).$$

後ほど示す補題 6.9 と補題 6.10 により, 以下の二つの事実が成り立つ.

---

[11] コンラッドの原論文では広汎な L 関数の族を扱っているため, $t\neq 0$ の場合はその族に属する他の L 関数で $t=0$ と置いたものになっており, $t=0$ の場合を示すことですべての場合の証明がされている.

(A) $$\sum_{n\leq x}\frac{b_n\log n}{\sqrt{n}}+m\log x=\frac{1}{\sqrt{x}}\sum_{n\leq x}b_n\log n+O(1)\qquad(x\to\infty)$$
$$=\frac{1}{\sqrt{x}}\psi(x,\chi)+O(1)\qquad(x\to\infty).$$

(B) ある関数 $g(x)$ に対して
$$\sum_{n\leq x}\frac{b_n\log n}{\sqrt{n}}+m\log x=g(x)+O(1)\qquad(x\to\infty)$$

ならば，ある定数 A が存在して，自然数 x に対し

$$\sum_{n\leq x}\frac{b_n}{\sqrt{n}}+m\log\log x$$
$$=\frac{g(x)}{\log x}+\sum_{n=2}^{x-1}\left(\frac{g(n)}{n(\log n)^2}+O\left(\frac{C(n)}{n^2(\log n)^2}\right)\right)+A+o(1)$$
$$(x\to\infty).$$

ただし，$C(n)$ は次式で定義する．

$$C(n)=\sum_{k=1}^{n}\frac{b_k\log k}{\sqrt{k}}.$$

事実 (A) より，(B) の $g(x)$ は

$$g(x)=\frac{\psi(x,\chi)}{\sqrt{x}}$$

とできる．これは自明に $g(x)=O(\sqrt{x})$ を満たす．したがって $C(n)=O(\sqrt{n})$ であるから，

$$\sum_{n=2}^{\infty}\frac{C(n)}{n^2(\log n)^2}$$

は絶対収束する．したがって，(B) から次の同値が成り立つ．

$$\lim_{x\to\infty}\left(\sum_{n\leq x}\frac{b_n}{\sqrt{n}}+m\log\log x\right) \text{が存在}$$
$$\iff \lim_{x\to\infty}\left(\frac{\psi(x,\chi)}{\sqrt{x}\log x}+\sum_{2\leq n\leq x}\frac{\psi(n,\chi)}{n\sqrt{n}(\log n)^2}\right)\text{が存在}. \quad (6.4)$$

ここで，さらに部分和の方法を用いることによって容易に次の事実が示せる．

(C) 複素数列 c_n が

$$\frac{1}{x}\sum_{n\leq x}c_n=O(\sqrt{x})\qquad(x\to\infty)$$

を満たすならば，

$$\sum_{n=2}^{\infty}\frac{c_n}{n\sqrt{n}(\log n)^2}$$

は絶対収束する．

また，のちに示す補題 6.11 により，次の事実が成り立つ．

(D) $$\frac{1}{x}\sum_{n\leq x}\psi(n,\chi)=O(\sqrt{x})\qquad(x\to\infty).$$

(D) より，$c_n=\psi(n,\chi)$ として (C) を適用すれば，(6.4) は

$$\lim_{x\to\infty}\left(\sum_{n\leq x}\frac{b_n}{\sqrt{n}}+m\log\log x\right)\text{が存在}\quad\iff\quad \lim_{x\to\infty}\frac{\psi(x,\chi)}{\sqrt{x}\log x}\text{が存在}$$

となる．ところがギャラガーの定理（定理 6.6）により，ある対数測度有限な E 上の x を除いて $\psi(x,\chi)=O\left(\sqrt{x}(\log\log x)^2\right)$ であるから，上式の右側の極限値のうち，下極限が

$$\liminf_{x\to\infty}\frac{\psi(x,\chi)}{\sqrt{x}\log x}=0$$

を満たす．よって，上式の右側の極限値が存在するとすれば，その値は 0 である．したがって，

$$\lim_{x\to\infty}\left(\sum_{n\leq x}\frac{b_n}{\sqrt{n}}+m\log\log x\right)\text{ が存在}\iff \lim_{x\to\infty}\frac{\psi(x,\chi)}{\sqrt{x}\log x}=0$$

$$\iff \psi(x,\chi)=o(\sqrt{x}\log x)$$

となり，(2)$\iff$(3) が示された．

あとは (2)$\implies$(1) を示せばよい．上の証明で (2) を仮定した際，t が変わっても，それに応じて b_n を変えれば，同値命題の (3) が得られる．(3) は t に無関係で (2) と同値であるから，t によらず，定理の極限値の存在は変わらない．よって (1) が成り立つ． ∎

上の証明中で用いた事実 (A)，(B)，(D) を以下に示す．

<u>補題 6.9</u>（定理 6.8 の証明中の (A)） 定理の仮定と記号の下で，

$$\sum_{n\leq x}\frac{b_n\log n}{\sqrt{n}}+m\log x=\frac{1}{\sqrt{x}}\sum_{n\leq x}b_n\log n+O(1)\qquad (x\to\infty).$$

証明 ペロンの公式（定理 2.4）により，

$$-\frac{1}{2\pi i}\int_{(c)}\frac{L'(s,\chi)}{L(s,\chi)}\frac{x^s}{s-a}ds=x^a\sum_{n\leq x}{}'\frac{b_n\log n}{n^a}$$

が $a=\frac{1}{2}, a=0$ に対して成り立つ．ただし，$\sum'$ は，x が整数のときに端点 $n=x$ の項は $\frac{1}{2}$ 倍することを意味する．$a=\frac{1}{2}, a=0$ とした 2 式を辺々引くと

$$-\frac{1}{2\pi i}\int_{(c)}\frac{L'(s,\chi)}{L(s,\chi)}\frac{x^s}{2s(s-\frac{1}{2})}ds=\sqrt{x}\sum_{n\leq x}\frac{b_n\log n}{\sqrt{n}}-\sum_{n\leq x}b_n\log n. \qquad (6.5)$$

ここで，左辺の積分を留数計算によって計算する．まず，$L(s,\chi)$ の $s=0$ における零点の位数を c と置くと，

$$\mathop{\mathrm{Res}}_{s=0}\left(\frac{L'(s,\chi)}{L(s,\chi)}\frac{x^s}{2s(s-\frac{1}{2})}\right) = -c\log x - d \qquad (d\text{ は定数}).$$

次に，$L(s,\chi)$ の $s=\frac{1}{2}$ における零点の位数を c' と置くと，ある定数 d' を用いて

$$\mathop{\mathrm{Res}}_{s=\frac{1}{2}}\left(\frac{L'(s,\chi)}{L(s,\chi)}\frac{x^s}{2s(s-\frac{1}{2})}\right) = c'\sqrt{x}\log x + d'\sqrt{x}.$$

また，$L(s,\chi)$ の非自明零点 ρ にわたる和

$$\sum_\rho \frac{1}{|\rho|^2} \qquad (\text{重複度の分だけ並べて加える})$$

は収束するから，

$$\sum_{\substack{\rho:\,L(\rho,\chi)=0 \\ \rho\neq\frac{1}{2}}} \mathop{\mathrm{Res}}_{s=\rho}\left(\frac{L'(s,\chi)}{L(s,\chi)}\frac{x^s}{2s(s-\frac{1}{2})}\right) = O\left(\sqrt{x}\right).$$

さらに，$L(s,\chi)$ の自明零点は $\mathrm{Re}(s)\leq 0$ の範囲に等差数列で存在し，これらの寄与の和は絶対収束し，$x\to\infty$ において $O(1)$ となる．

以上より，すべての留数の寄与を考慮に入れると，(6.5) より

$$-c'\sqrt{x}\log x + O\left(\sqrt{x}\right) = \sqrt{x}\sum_{n\leq x}\frac{b_n\log n}{\sqrt{n}} - \sum_{n\leq x}b_n\log n \qquad (x\to\infty)$$

となる．両辺を $\sqrt{x}$ で割って結論を得る． ∎

<u>補題 6.10</u>（定理 6.8 の証明中の (B)） 定理の仮定と記号の下で，ある関数 $g(x)$ に対して

$$\sum_{n\leq x}\frac{b_n\log n}{\sqrt{n}} + m\log x = g(x) + O(1) \qquad (x\to\infty)$$

ならば，ある定数 m' が存在して，自然数 x に対し

$$\sum_{n \leq x} \frac{b_n}{\sqrt{n}} + m \log \log x$$
$$= \frac{g(x)}{\log x} + \sum_{n=2}^{x-1} \left(\frac{g(n)}{n(\log n)^2} + O\left(\frac{C(n)}{n^2(\log n)^2} \right) \right) + m' + o(1)$$
$$(x \to \infty).$$

ただし,$C(n)$ は次式で定義する.

$$C(n) = \sum_{k=1}^{n} \frac{b_k \log k}{\sqrt{k}}.$$

証明 部分和の方法により,適当な定数 m', m'' を用いて次のように計算できる.

$$\sum_{n=2}^{x} \frac{b_n}{\sqrt{n}}$$
$$= \frac{C(x)}{\log x} + \sum_{n=2}^{x-1} C(n) \left(\frac{1}{\log n} - \frac{1}{\log(n+1)} \right)$$
$$= -m + \frac{g(x)}{\log x} + O\left(\frac{1}{\log x} \right) + \sum_{n=2}^{x-1} C(n) \left(\frac{1}{n(\log n)^2} + O\left(\frac{1}{n^2(\log n)^2} \right) \right)$$
$$= \frac{g(x)}{\log x} + \sum_{n=2}^{x-1} \left(\frac{-m}{n \log n} + \frac{g(n)}{n(\log n)^2} + O\left(\frac{C(n)}{n^2(\log n)^2} \right) \right) + m'' + o(1)$$
$$= -m \log \log x + \frac{g(x)}{\log x} + \sum_{n=2}^{x-1} \left(\frac{g(n)}{n(\log n)^2} + O\left(\frac{C(n)}{n^2(\log n)^2} \right) \right) + m' + o(1)$$
$$(x \to \infty). \quad \blacksquare$$

補題 6.11(定理 6.8 の証明中の **(D)**)

$$\frac{1}{x} \sum_{n \leq x} \psi(n, \chi) = O(\sqrt{x}).$$

証明 (6.5) と同様にして,

$$-\frac{1}{2\pi i}\int_{(c)}\frac{L'(s,\chi)}{L(s,\chi)}\frac{x^s}{s(s+1)}ds = \sum_{n\leq x}\left(1-\frac{n}{x}\right)b_n\log n$$

が成り立つ．この式の右辺を部分和の方法で変形すると

$$-\frac{1}{2\pi i}\int_{(c)}\frac{L'(s,\chi)}{L(s,\chi)}\frac{x^s}{s(s+1)}ds = \frac{1}{x}\sum_{n\leq x}\psi(n,\chi)+O(1)$$

となる．一方，左辺を留数計算で表示すると，留数の和が絶対収束するので，

$$\frac{1}{x}\sum_{n\leq x}\psi(n,\chi) = \operatorname*{Res}_{s=0}+\operatorname*{Res}_{s=-1}+\sum_{\substack{L(\rho,\chi)=0\\\rho\neq 0,-1}}\frac{x^\rho}{\rho(\rho+1)}+O(1).$$

ただし，$\operatorname{Res}_{s=0}$, $\operatorname{Res}_{s=-1}$ は，$s=0,-1$ における被積分関数の留数を表し，右辺の和における ρ は $L(s,\chi)$ の $0,-1$ 以外のすべての零点をわたり，零点の重複度分だけ並べて和を取るものとする．すぐにわかるように

$$\operatorname*{Res}_{s=0}=O(\log x)\qquad(x\to\infty),$$

$$\operatorname*{Res}_{s=-1}=O\left(\frac{\log x}{x}\right)\qquad(x\to\infty)$$

であり，ρ にわたる和のうち自明零点からなる部分和は，$O(1)$ $(x\to\infty)$ である．また非自明零点からなる部分和は，リーマン予想によって $O(\sqrt{x})$ である．以上で補題が示された． ∎

6.4 $\zeta(s)$ の深いリーマン予想

前節までに紹介した「深いリーマン予想」は「ディリクレ指標 χ の導手が 2 以上」という前提を設けていた．このとき，$L(s,\chi)$ は全平面で正則となる．とくに，$s=1$ における極がないため，絶対収束域の境界線 $\operatorname{Re}(s)=1$ を左側に越えた領域 $\frac{1}{2}\leq\operatorname{Re}(s)<1$ においてもオイラー積が収束する可能性があり，それに注目したのが「深いリーマン予想」であった．

6.4 $\zeta(s)$ の深いリーマン予想

本節では，導手が1の場合，すなわち，最も重要であるリーマン・ゼータ関数に対して，深いリーマン予想がどのように記述されるのかをみる．この場合，ゼータ関数は $s=1$ で極を持つ．注意3.12からわかるように，オイラー積は極を越えて左側に収束域を延ばすことができないので，$\frac{1}{2} \leq \mathrm{Re}(s) < 1$ においてオイラー積は発散する．

前節で紹介したように，ディリクレ L 関数の「深いリーマン予想」は，素数の個数に関するより深い事実，すなわち，より精密な誤差項の評価式が成り立つことに対応していた．$\zeta(s)$ と $L(s, \chi)$ は $s=1$ における極の有無以外の性質，とくに非自明零点の挙動は類似していると予想されている．明示公式によれば素数定理の誤差項は非自明零点の寄与であるから，$\psi(x)$ は $\psi(x, \chi)$ と同程度の大きさの誤差項を持つと考えるのが自然だろう．すなわち，深いリーマン予想に相当する評価式として定理6.8(3)と同じ大きさの誤差項による評価

$$\psi(x) = x + o\left(\sqrt{x} \log x\right) \qquad (x \to \infty) \tag{6.6}$$

が成り立つべきであり，$\zeta(s)$ のオイラー積の性質でこの評価式と同値になるようなものを発見できれば，それが「リーマン・ゼータ関数についての深いリーマン予想」となるだろう．

そうした条件は，赤塚広隆によって2013年に発見[12]された．以下，本節では赤塚によって発見された定理の紹介を行う．赤塚の原論文は臨界線上の一般の複素数 s を扱っているが，ここではそれを $s = \frac{1}{2}$ に制限した定理を紹介する．それでも，上の(6.6)との同値性は示せるからである．

収束域外のオイラー積を扱うに当たり，注意2.34とその脚注の内容が重要になるので，ここでそれを再録する．そこで示した事実とは，

---

[12] 歴史的には，6.2節の末尾でみたように，$s = \frac{1}{2}$ における漸近式はラマヌジャン(1914)によって最初に見出されていたが，その後100年にわたり，この研究はほとんど注目されなかった．赤塚は，ラマヌジャンの見出した結果に証明をつけ，それを $\mathrm{Re}(s) = \frac{1}{2}$ 上に一般化し，さらに素数定理の精密化との関連やリーマン予想との関係を証明した．文献は H. Akatsuka, "The Euler Product of the Riemann-Zeta Function on the Critical Line"（臨界線上のリーマン・ゼータ関数のオイラー積），(未出版原稿, 2013年)．本書で紹介する $s = \frac{1}{2}$ の場合の結果は，赤塚氏の初期のノート "The Euler product for the Riemann zeta-function at the central point" (2012)からの引用である．ノートをご提供いただいた赤塚氏に深く感謝する．

$$\lim_{x\to\infty}\left(\sum_{p\leq x}\sum_{k=1}^{\infty}\frac{p^{-\frac{k}{2}}}{k}-\sum_{2\leq n\leq x}\frac{\Lambda(n)}{\sqrt{n}\log n}\right)=\log\sqrt{2} \qquad (6.7)$$

である．すなわち，$x\to\infty$ におけるオイラー積の発散の度合いをみるためには，オイラー積の対数から来る級数

$$\sum_{p\leq x}\sum_{k=1}^{\infty}\frac{p^{-\frac{k}{2}}}{k}$$

の代わりに，和の順序を入れ替えて自然数 n にわたる和とした

$$\sum_{2\leq n\leq x}\frac{\Lambda(n)}{\sqrt{n}\log n}$$

を考えても（$\sqrt{2}$ 倍を除き）同じ挙動になる．

では，この自然数にわたる和は，どのような挙動をとるのだろうか．それは，次の補題によって計算される．

<u>補題 6.12</u>　任意の $s\in\mathbb{C}$ と $x\geq 2$ に対し，次式が成り立つ．

$$\sum_{2\leq n\leq x}\frac{\Lambda(n)}{n^s\log n}=\int_2^x\frac{du}{u^s\log u}+\frac{\psi(x)-x}{x^s\log x}+\frac{2^{1-s}}{\log 2}$$
$$+s\int_2^x\frac{\psi(u)-u}{u^{s+1}\log u}du+\int_2^x\frac{\psi(u)-u}{u^{s+1}(\log u)^2}du.$$

<u>証明</u>　まず，スティルチェス積分[13]) を用いて

$$\sum_{2\leq n\leq x}\frac{\Lambda(n)}{n^s\log n}=\int_{\uparrow 2}^x\frac{d\psi(u)}{u^s\log u}=\int_2^x\frac{du}{u^s\log u}+\int_{\uparrow 2}^x\frac{d(\psi(u)-u)}{u^s\log u}$$

と変形し，右辺の最後の積分を部分積分で計算すれば，補題を得る．　■

今の目標はオイラー積の発散の様子を知ることであるから，$s=\frac{1}{2}$ においてオイラー積を最初の有限個の素数に制限した部分積

$$E(x)=\prod_{p\leq x}\left(1-p^{-\frac{1}{2}}\right)^{-1}$$

---

[13]) 文献 [32]: 第 IV 章．§17「有界変動関数とスチルチェス積分」．

に対する $\log E(x)$ の $x \to \infty$ における様子がわかればよく,それは補題の左辺の級数の $x \to \infty$ での挙動に等しい.そこで補題を用いるわけだが,補題の右辺の第 2 項は,もしリーマン予想が正しければ,定理 4.10 から分子が

$$\psi(x) - x = O\left(x^{\frac{1}{2}}(\log x)^2\right)$$

となる.このうち x の指数 $\frac{1}{2}$ は零点の実部であるから確定しており,真実を表わす最善の数値であることが確実である.一方,$(\log x)^2$ の部分は単に上から大雑把に押さえただけであり,真実からは遠いと考えられる.実際に,この部分が $(\log\log\log x)^2$ くらいであろうという予想[14]も提出されている.もしこれが正しければ,右辺の第二項は $x \to \infty$ で 0 に収束することになる.そして,右辺の他の項も,証明可能か否かは別にして,リーマン予想を仮定すれば収束していそうであると推察される.以上の考察から,補題の右辺の挙動はほとんど第一項が支配し,他の項は小さいだろうと考えられる.赤塚は,第一項を

$$I(x) := \int_2^x \frac{du}{u^{\frac{1}{2}} \log u}$$

と置き,目標とする値との差

$$R(x) := \log(E(x)) - I(x)$$

を,いくつかの大きな x に対して計算し,次表の結果を得た.

x	$\log(E(x))$	$I(x)$	$R(x)$
10^5	71.924832	71.268901	0.655930
10^6	178.317170	177.713028	0.604141
10^7	463.665015	463.064176	0.600838
10^8	1246.856554	1246.240586	0.615968
10^9	3434.639015	3434.012447	0.626568

---

[14] 文献 [26]: H.L. Montgomery, *"The zeta function and prime numbers"*(ゼータ関数と素数), Proceedings of the Queen's Number Theory Conference, 1979 (1980) pp.1-31, の 16 ページ.

赤塚はこれより，次の予想に至った．

予想 6.1（赤塚広隆 (2012)） 極限値

$$\lim_{x \to \infty} \left(\sum_{2 \leq n \leq x} \frac{\Lambda(n)}{n^{\frac{1}{2}} \log n} - \int_2^x \frac{du}{u^{\frac{1}{2}} \log u} \right) \tag{6.8}$$

が存在する．

定理 6.13（赤塚広隆 (2012)） 予想 6.1 が正しければ，次の二つの事項が成り立つ．

(A) $\zeta(s)$ に対するリーマン予想．
(B) 次式の左辺の極限値が存在して，右辺の値に等しい．

$$\lim_{x \to \infty} \frac{\prod_{p \leq x} \left(1 - p^{-\frac{1}{2}}\right)^{-1}}{\exp \left[\lim_{\varepsilon \downarrow 0} \left(\int_{1+\varepsilon}^x \frac{1}{u^{\frac{1}{2}} \log u} du - \log \frac{1}{\varepsilon} \right) \right]} = -\frac{e^\gamma}{\sqrt{2}} \zeta\left(\frac{1}{2}\right). \tag{6.9}$$

この定理の二つの主張のうち，(A) の方が (B) よりも弱いことに注意せよ．すなわち，(A) は，単にリーマン予想が予想 6.1 に含まれるという主張であるから，予想 6.1 をいわば弱めているに過ぎない．一方，(B) は予想 6.1 の極限値をより詳しく観察し，収束する場合の極限値を特定したものである．その意味で，(B) は予想 6.1 と同値であり，(A) と比べることにより，(B) はリーマン予想を強めた予想であると言える．これをのちに「深いリーマン予想」と呼ぶことになる．

この定理を証明するために，二つの補題を準備する．

補題6.14 予想6.1が正しいと仮定する．このとき，

$$\sum_{2 \leq n \leq x} \frac{\Lambda(n)}{n^s \log n} - \int_2^x \frac{du}{u^s \log u}$$

は $x \to \infty$ において，任意の $H > 0$ に対し，閉集合

$$S_H := \{s = \sigma + it \in \mathbb{C} : |t| \leq H(\sigma - \tfrac{1}{2})\}$$

上で一様に収束する．

証明 (6.8) の $x \to \infty$ における極限値を c と置く．また，

$$A(x) := \sum_{2 \leq n \leq x} \frac{\Lambda(n)}{n^{\frac{1}{2}} \log n} - \int_2^x \frac{du}{u^{\frac{1}{2}} \log u} - c \tag{6.10}$$

と置く．$\varepsilon > 0$ とする．$x \to \infty$ において $A(x) \to 0$ であるから，ある $X \geq 2$ が存在して，任意の $x \geq X$ に対して $|A(x)| \leq \varepsilon$ が成り立つ．$X \leq x \leq y$ となるような2数 x, y に対し，

$$\sum_{x < n \leq y} \frac{\Lambda(n)}{n^s \log n} = \int_x^y \frac{1}{u^{s-\frac{1}{2}}} dA(u) + \int_x^y \frac{du}{u^s \log u}$$

である．部分積分により

$$\int_x^y \frac{1}{u^{s-\frac{1}{2}}} dA(u) = \frac{A(y)}{y^{s-\frac{1}{2}}} - \frac{A(x)}{x^{s-\frac{1}{2}}} + \left(s - \frac{1}{2}\right) \int_x^y \frac{A(u)}{u^{s+\frac{1}{2}}} du. \tag{6.11}$$

よって，$s = \sigma + it \in S_H \setminus \{\tfrac{1}{2}\}$ に対し，

$$\left| \sum_{x < n \leq y} \frac{\Lambda(n)}{n^s \log n} - \int_x^y \frac{du}{u^s \log u} \right| \leq \frac{|A(y)|}{y^{\sigma-\frac{1}{2}}} + \frac{|A(x)|}{x^{\sigma-\frac{1}{2}}} + \left|s - \frac{1}{2}\right| \int_x^y \frac{|A(u)|}{u^{\sigma+\frac{1}{2}}} du$$

$$\leq 2\varepsilon + \varepsilon \left|s - \frac{1}{2}\right| \int_x^y \frac{du}{u^{\sigma+\frac{1}{2}}}$$

$$\leq \left(2 + \frac{|s - \frac{1}{2}|}{\sigma - \frac{1}{2}}\right) \varepsilon$$

が成り立つ. 今, $\sigma > \frac{1}{2}$ であり, $s \in S_H \setminus \{\frac{1}{2}\}$ より

$$|s - \tfrac{1}{2}| \leq (\sigma - \tfrac{1}{2}) + |t| \leq (1+H)(\sigma - \tfrac{1}{2})$$

であるから, $s \in S_H \setminus \{\frac{1}{2}\}$ に対し,

$$\left| \sum_{x < n \leq y} \frac{\Lambda(n)}{n^s \log n} - \int_x^y \frac{du}{u^s \log u} \right| \leq (3+H)\varepsilon.$$

(6.11) より, この不等式は $s = \frac{1}{2}$ に対しても成り立つ. ■

補題 6.15 $s > 1$ において, 次式が成り立つ.

$$\lim_{\varepsilon \downarrow 0} \left(\int_{1+\varepsilon}^\infty \frac{du}{u^s \log u} - \log \frac{1}{\varepsilon} \right) = -\gamma - \log(s-1).$$

証明 $u \mapsto e^v$ の変数変換を行い, 部分積分を用いると,

$$\int_{1+\varepsilon}^\infty \frac{du}{u^s \log u}$$
$$= \int_{\log(1+\varepsilon)}^\infty \frac{e^{-(s-1)v}}{v} dv$$
$$= -(1+\varepsilon)^{-(s-1)} \log\log(1+\varepsilon) + (s-1) \int_{\log(1+\varepsilon)}^\infty e^{-(s-1)v} \log v \, dv.$$

ここで,

$$-(1+\varepsilon)^{-(s-1)} \log\log(1+\varepsilon) - \log \frac{1}{\varepsilon}$$
$$= -(1+\varepsilon)^{-(s-1)} \log\left(\frac{1}{\varepsilon} \log(1+\varepsilon) \right) + ((1+\varepsilon)^{-(s-1)} - 1) \log \frac{1}{\varepsilon}$$
$$\to 0 \qquad (\varepsilon \downarrow 0)$$

であるから,

$$\lim_{\varepsilon \downarrow 0} \left(\int_{1+\varepsilon}^\infty \frac{du}{u^s \log u} - \log \frac{1}{\varepsilon} \right) = (s-1) \int_0^\infty e^{-(s-1)v} \log v \, dv$$

$$= \int_0^\infty e^{-w} \log \frac{w}{s-1} dw$$
$$= \Gamma'(1) - \log(s-1)$$
$$= -\gamma - \log(s-1).$$

∎

定理 6.13 の証明　はじめに (A) を示す．

$$F(s) = \sum_{n=2}^\infty \frac{\Lambda(n)}{n^s \log n} - \int_2^\infty \frac{du}{u^s \log u}$$

と置く．この無限和と広義積分は，$\mathrm{Re}(s) > 1$ において広義一様絶対収束するから，$F(s)$ は $\mathrm{Re}(s) > 1$ において正則である．補題 6.15 より，

$$F(s) = \log((s-1)\zeta(s)) + \gamma + \lim_{\varepsilon \downarrow 0} \left(\int_{1+\varepsilon}^2 \frac{du}{u^s \log u} - \log \frac{1}{\varepsilon} \right) \quad (6.12)$$

が成り立つ．一方，定義から $F(s)$ は，$\mathrm{Re}(s) > 1$ において

$$F(s) = \lim_{x \to \infty} \left(\sum_{2 \leq n \leq x} \frac{\Lambda(n)}{n^s \log n} - \int_2^x \frac{du}{u^s \log u} \right) \quad (6.13)$$

とも書ける．補題 6.14 より $F(s)$ は $\mathrm{Re}(s) > \frac{1}{2}$ に解析接続される．このことと (6.12) より，$\log((s-1)\zeta(s))$ は $\mathrm{Re}(s) > \frac{1}{2}$ において正則である．すなわち，$\zeta(s)$ はリーマン予想を満たす．

次に (B) を示す．(6.12) より，$F(s)$ は領域

$$\{s \in \mathbb{C} : \mathrm{Re}(s) > 1\} \cup \{s \in \mathbb{C} : 0 < \mathrm{Re}(s) \leq 1, |\mathrm{Im}(s)| < 10\}$$

上で正則に解析接続される．とくに，

$$\lim_{\sigma \downarrow \frac{1}{2}} F(\sigma) = \log\left(-\frac{1}{2}\zeta\left(\frac{1}{2}\right)\right) + \gamma + \lim_{\varepsilon \downarrow 0} \left(\int_{1+\varepsilon}^2 \frac{du}{u^{\frac{1}{2}} \log u} - \log \frac{1}{\varepsilon} \right) \quad (6.14)$$

が成り立つ. 一方, (6.13) と補題 6.14 により, $F(s)$ は $\mathrm{Re}(s) > \frac{1}{2}$ 上への解析接続を持ち, $F(s)$ は任意の $H > 0$ に対して閉集合 S_H 上に連続に拡張される. したがって,

$$\lim_{\sigma \downarrow \frac{1}{2}} F(\sigma) = \lim_{x \to \infty} \left(\sum_{2 \leq n \leq x} \frac{\Lambda(n)}{n^{\frac{1}{2}} \log n} - \int_2^x \frac{du}{u^{\frac{1}{2}} \log u} \right) \qquad (6.15)$$

が成り立つ. (6.14), (6.15) より,

$$\log \left(-\frac{1}{2} \zeta \left(\frac{1}{2} \right) \right) + \gamma = \lim_{x \to \infty} \left(\sum_{2 \leq n \leq x} \frac{\Lambda(n)}{n^{\frac{1}{2}} \log n} - \lim_{\varepsilon \downarrow 0} \left(\int_{1+\varepsilon}^x \frac{du}{u^{\frac{1}{2}} \log u} - \log \frac{1}{\varepsilon} \right) \right)$$

となる. (6.7) を適用し, exp をとれば証明が完了する. ∎

最後に, 素数定理の誤差項との関連を述べる.

定理 6.16 (赤塚の定理) 予想 6.1 は, 次式と同値である.

$$\psi(x) - x = o(x^{\frac{1}{2}} \log x) \qquad (x \to \infty). \qquad (6.16)$$

証明 はじめに, 予想 6.1 を仮定して (6.16) を示す. 記号 c と $A(x)$ を (6.10) のように置く. するとまず,

$$A(x) = o(1) \qquad (x \to \infty)$$

が成り立つ. 部分積分により

$$\psi(x) = \int_2^x u^{\frac{1}{2}} \log u d \left(\int_2^u \frac{dv}{v^{\frac{1}{2}} \log v} \right) + \int_{\uparrow 2}^x u^{\frac{1}{2}} \log u dA(u)$$

$$= (x - 2) + \left(A(x) x^{\frac{1}{2}} \log x - \frac{1}{2} \int_2^x \frac{\log u}{u^{\frac{1}{2}}} A(u) du - \int_2^x \frac{A(u)}{u^{\frac{1}{2}}} du \right)$$

$$= x + o(x^{\frac{1}{2}} \log x) + O \left(\int_2^x \frac{\log u}{u^{\frac{1}{2}}} |A(u)| du \right) \qquad (x \to \infty) \qquad (6.17)$$

6.4 $\zeta(s)$ の深いリーマン予想

となる．最後の辺の最終項の積分は，積分区間を $x^{\frac{1}{2}}$ で分割すれば，各々の積分が次のように評価できる．

$$\int_2^{x^{\frac{1}{2}}} \frac{\log u}{u^{\frac{1}{2}}} |A(u)| du = O\left(\int_2^{x^{\frac{1}{2}}} \frac{\log u}{u^{\frac{1}{2}}} du\right) \quad (x \to \infty)$$
$$= O\left(x^{\frac{1}{4}} \log x\right) \quad (x \to \infty),$$

$$\int_{x^{\frac{1}{2}}}^x \frac{\log u}{u^{\frac{1}{2}}} |A(u)| du = o\left(\int_{x^{\frac{1}{2}}}^x \frac{\log u}{u^{\frac{1}{2}}} du\right) \quad (x \to \infty)$$
$$= o(x^{\frac{1}{2}} \log x) \quad (x \to \infty).$$

これらを (6.17) に代入して (6.16) を得る．

次に，(6.16) が正しいと仮定して予想 6.1 を示す．この証明では，リーマン予想を仮定してよい．なぜなら，リーマン予想は $\psi(x) - x = O(x^{\frac{1}{2}}(\log x)^2)$ と同値であるから，(6.16) が正しければリーマン予想も成り立つからである．

ここで，一つ補題を示す．

補題 6.17　リーマン予想が成り立つと仮定する．このとき，任意の $\alpha > 0$ に対し，

$$\int_2^x \frac{\psi(u) - u}{u^{\frac{3}{2}} (\log u)^\alpha} du$$

は，$x \to \infty$ において収束する．

補題 6.17 の証明　定理 4.8 より，$\psi(u)$ の明示公式は，$u \geq T \geq 2$ として，以下で与えられる．

$$\psi(u) - u = -\sum_{\substack{\rho = \frac{1}{2} + i\gamma, \\ |\gamma| \leq T}} \frac{u^\rho}{\rho} + O\left(\frac{u(\log u)^2}{T}\right).$$

よって，$2 \leq T \leq x \leq y$ に対し，

$$\int_x^y \frac{\psi(u)-u}{u^{\frac{3}{2}}(\log u)^\alpha} du = -\sum_{\substack{\rho=\frac{1}{2}+i\gamma, \\ |\gamma|\leq T}} \frac{1}{\rho} \int_x^y \frac{u^{\rho-\frac{3}{2}}}{(\log u)^\alpha} du + O\left(\frac{1}{T}\int_x^y \frac{(\log u)^2}{u^{\frac{1}{2}}(\log u)^\alpha} du\right)$$

$$(T \to \infty). \quad (6.18)$$

が成り立つ. 右辺の第一項は, 部分積分により

$$\int_x^y \frac{u^{\rho-\frac{3}{2}}}{(\log u)^\alpha} du = \frac{1}{\rho-\frac{1}{2}}\left(\frac{y^{\rho-\frac{1}{2}}}{(\log y)^\alpha} - \frac{x^{\rho-\frac{1}{2}}}{(\log x)^\alpha}\right) + \frac{\alpha}{\rho-\frac{1}{2}} \int_x^y \frac{u^{\rho-\frac{1}{2}}}{(\log u)^{\alpha+1}} du.$$

リーマン予想と $x \leq y$ より,

$$\left|\int_x^y \frac{u^{\rho-\frac{3}{2}}}{(\log u)^\alpha} du\right| \leq \frac{3}{|\rho-\frac{1}{2}|(\log x)^\alpha}.$$

よって, 系 4.2(2) より得られる $\sum_\rho |\rho|^{-2}$ の収束性を用いると,

$$\left|\sum_{\substack{\rho=\frac{1}{2}+i\gamma, \\ -T\leq\gamma\leq T}} \frac{1}{\rho}\int_x^y \frac{u^{\rho-\frac{3}{2}}}{(\log u)^\alpha} du\right| \leq \frac{3}{(\log x)^\alpha} \sum_{\substack{\rho=\frac{1}{2}+i\gamma, \\ -T\leq\gamma\leq T}} \frac{1}{|\rho(\rho-\frac{1}{2})|}$$

$$= O\left(\frac{1}{(\log x)^\alpha}\right) \quad (x \to \infty). \quad (6.19)$$

次に, (6.18) の右辺の第二項は, 以下のようになる.

$$\frac{1}{T}\int_x^y \frac{(\log u)^2}{u^{\frac{1}{2}}(\log u)^\alpha} du$$
$$= \frac{1}{T}\int_x^y \frac{du}{u^{\frac{1}{2}}(\log u)^{\alpha-2}}$$
$$= O\left(\frac{y^{\frac{1}{2}}}{T}\max\left\{\frac{1}{(\log x)^{\alpha-2}}, \frac{1}{(\log y)^{\alpha-2}}\right\}\right) \quad (T \to \infty). \quad (6.20)$$

(6.19)(6.20) を (6.18) に代入し, $T \to \infty$ とすると,

$$\int_x^y \frac{\psi(u)-u}{u^{\frac{3}{2}}(\log u)^\alpha} du = O\left(\frac{1}{(\log x)^\alpha}\right) \quad (x \to \infty)$$

6.4 $\zeta(s)$の深いリーマン予想

より,
$$\int_x^y \frac{\psi(u)-u}{u^{\frac{3}{2}}(\log u)^\alpha}du \to 0 \quad (x \to \infty)$$
が成り立つ. これで補題 6.17 が示された. ∎

(6.16) を仮定した上での予想 6.1 の証明の続き 補題 6.12 で $s=\frac{1}{2}$ とする. 仮定 (6.16) より,
$$\lim_{x\to\infty}\frac{\psi(x)-x}{x^{\frac{1}{2}}\log x}=0$$
となることと補題 6.17 により,

$$\lim_{x\to\infty}\left(\sum_{2\leq n\leq x}\frac{\Lambda(n)}{n^{\frac{1}{2}}\log n}-\int_2^x\frac{du}{u^{\frac{1}{2}}\log u}\right)$$
$$=\frac{\sqrt{2}}{\log 2}+\frac{1}{2}\lim_{x\to\infty}\int_2^x\frac{\psi(u)-u}{u^{\frac{3}{2}}\log u}du+\lim_{x\to\infty}\int_2^x\frac{\psi(u)-u}{u^{\frac{3}{2}}(\log u)^2}du$$

が成り立つ. これで証明を終わる. ∎

以上が赤塚の研究である. この成果によって, $\zeta(s)$ に対する「深いリーマン予想」として, 以下の事実が成り立っているであろうことが, 推察される.

深いリーマン予想(その 3)[$\zeta(s)$の場合]

$$\lim_{x\to\infty}\frac{\prod_{p\leq x}(1-p^{-\frac{1}{2}})^{-1}}{\exp\left[\lim_{\varepsilon\downarrow 0}\left(\int_{1+\varepsilon}^x\frac{1}{u^{\frac{1}{2}}\log u}du-\log\frac{1}{\varepsilon}\right)\right]}=-\frac{e^\gamma}{\sqrt{2}}\zeta\left(\frac{1}{2}\right).$$

左辺の分子は, $\zeta(s)$ のオイラー積表示の $s=\frac{1}{2}$ における有限部分積であり, $x\to\infty$ の様子がオイラー積の発散の度合いを表すが, このときの振る舞いが分母の振る舞いに等しいだろうというのが, この予想の第一の主張である. そ

して第二の主張として，その比が右辺の値に等しいだろうというのが，この予想の中身である．

このうち第一の主張はオイラー積の発散の度合いを示しているので，予想 6.1 と同値な内容である．赤塚の定理 6.13 により，第一の主張における発散の度合いの見積もりが正しければ，第二の主張も自動的に成り立つ．

「深いリーマン予想」は，ここ数年で意識されてきた，最先端の研究が到達したばかりの概念である．この予想は，オイラー積という根本的な概念を用いてリーマン予想への認識を正すものであると位置付けられている．本書は，深いリーマン予想を解説した世界初の教科書である．本書を手にした読者の中から，将来，リーマン予想への進展を得る者が現れることを，願ってやまない．

参考文献

[1] L.V. アールフォルス（笠原乾吉・訳），『複素解析』，現代数学社，1982 年.
[2] B. J. Birch and H. P. F. Swinnerton-Dyer, "*Notes on elliptic curves* II" J. Reine Angew. Math., **218** (1965), pp.79-108.
[3] H. Bohr and E. Landau, "*Ein Satz uber Dirichletsche Reihen mit Anwendung auf die ζ-Funktion und die L-Funktionen*", Rendiconti del Circolo Matematico di Palermo, **37** (1914), pp.269-272.
[4] K. Conrad, "*Partial Euler products on the critical line*", Canadadian Journal of Mathematics, **57** (2005), pp.267-297.
[5] J.B. Conrey, "*More than two fifths of the zeros of the Riemann zeta functions are on the critical line*", J. reine angew. Math., **399** (1989), pp.1-26.
[6] T. Estermann, "*On certain functions represented by Dirichlet series*", Proc. London Math. Soc., **27** (1928), pp.435-448.
[7] P.X. Gallagher, "*A large sieve density estimate near $\sigma = 1$*", Inventiones Mathematicae, **11** (1970), pp. 329-339.
[8] P.X. Gallagher, "*Some consequences of the Riemann hypothesis*", Acta Arithmetica, **37** (1980), pp.339-343.
[9] D. Goldfeld, "*Sur les produits partiels eulériens attachés aux courbes elliptiques*", C. R. Acad. Sci. Paris Sér. I Math., **294** (1982), pp.471-474.
[10] J. Igusa, "*An introduction to the theory of local zeta functions*", AMS/IP Studies in Advanced Mathematics, **14**. American Mathematical Society, 2000.
[11] H. Iwaniec and E. Kowalski, "*Analytic Number Theory*", American Mathematical Society, 2004.
[12] A. A. Karatsuba and S. M. Voronin, "*The Riemann zeta function*", de Gruyter, 1992.
[13] 加藤和也・斎藤毅・黒川信重，『数論 I –Fermat の夢と類体論』，岩波書店，2005 年.
[14] 小山信也，『素数からゼータへ，そしてカオスへ』，日本評論社，2010 年.
[15] W. Kuo and R. Murty, "*On a conjecture of Birch and Swinnerton-Dyer*", Canad. J. Math., **57** (2005), pp.328-337.

- [16] 黒川信重，『Stirlingの公式の初等的証明』，数学セミナー，1972年6月号，日本評論社，p.72(NOTE).
- [17] 黒川信重，『オイラー探検』，シュプリンガー・ジャパン，2007年．(丸善出版より2012年に再版).
- [18] 黒川信重，『素数の問題：一歩先へ』，数学セミナー，2012年5月号，日本評論社．
- [19] 黒川信重，『リーマン予想の探求』，技術評論社，2012年．
- [20] 黒川信重，『リーマン予想の先へ』，東京図書，2013年．
- [21] N. Kurokawa, "On the meromorpy of Euler products (I), (II)", Proc. London Math. Soc., **53** (1986), pp.1-47, pp.209-236.
- [22] N. Kurokawa, "Analyticity of Dirichlet series over prime powers", Analytic number theory (Tokyo, 1988), pp.168-177, Lecture Notes in Math. **1434**, Springer, 1990.
- [23] 黒川信重・若山正人，『絶対カシミール元』，岩波書店，2002年．
- [24] E. Landau and A. Walfisz, "Über die Nichfortsetzbarkeit einiger durch Dirichletsche Reihen definierter Funktionen", Rend. Circ. Math. Palermo, **44** (1920), pp.82-86.
- [25] J. van de Lune, H.J.J. te Riele and D.T. Winter "On the zeros of the Riemann zeta function in the critical strip IV", Mathematics of Computation, **46** (1986), pp. 667-681.
- [26] H.L. Montgomery, "The zeta function and prime numbers", Proceedings of the Queen's Number Theory Conference, 1979 (1980), pp.1-31.
- [27] P. ナーイン（小山信也・訳），『オイラー博士の素敵な数式』，日本評論社，2008年．
- [28] A. Piltz, "Über die Häufigkeit der Primzahlen in Arithmetischen Progressionen und über Verwandte Gesetze", Neuenhahn, Jena, (1884).
- [29] S. Ramanujan (annotated by J.-L. Nicoloas and G. Robin), "Highly composite numbers", The Ramanujan Journal, **1** (1997), pp.119-153.
- [30] B. Riemann, "Ueber die Anzahl der Primzahlen unter einer gegebenen Grosse" Monatsberichte der Koniglich Preusischen Akadademie der Wissenschaften zu Berlin, 1859.
- [31] J.P. セール（彌永健一・訳），『数論講義』，岩波書店，1979年．
- [32] 杉浦光夫，『解析入門I』，東京大学出版会，1980年．
- [33] J. Tate, "Fourier analysis in number fields and Hecke's zeta-functions ", Princeton University, 1950.

あとがき

　本書の執筆依頼を受けたのは，今から三年半も前のことだ．その内容は以下のようなものだった．

- 素数定理と算術級数定理の証明を解説する．
- 証明を省略せず，すべて書き切る．
- 執筆期限を三年後とする（後日，半年間延長してもらい三年半とした）．

　ゼータ関数が注目されて人気の高い分野であるわりに，和書の入門書が少ない実情は，私も自分自身が勉強した経験から感じていた．素数定理と算術級数定理の両方を，証明を略さず，かつ初心者でも読めるように解説している教科書に，それまで出会ったことはなかった．

　もちろん，そういう本が出版されてこなかったことには，それなりの理由がある．第一の理由は，「証明を略さない」という条件が，整数論，とくにゼータ関数論という分野では，かなり厳しい制約であることだ．整数論においては，整数の不思議を解明するために代数学・幾何学・解析学のすべてを用いる．いわば，整数論は分野の名前でありながら，そこに用いる数学の分野には制限がない．したがって，self-contained な本を書こうとすれば，原稿は膨大になりがちだ．

　第二の理由として，ゼータの理論の発展が，今やあまりにも広く深くなってしまったことがある．ゼータ関数には多種多様なものが存在し，この分野の一線で活躍する研究者の多くは，リーマン・ゼータやディリクレ L だけでなく，保型 L やセルバーグ・ゼータなど，広汎な分野に精通している．そうした広い視野でみたときこそ，ゼータの真の美しさがみえてくる．それに触れずして，リーマン・ゼータとディリクレ L だけでゼータの魅力を伝えられるとは，とても思えない．——これが，普通の研究者の感覚だったと思われる．

しかし，考えてみれば，上の二つの理由は，いずれも執筆者側の都合である．数学の分野が広汎で勉強しにくいほど，そして，その先に真に美しい数学が横たわっているほど，なおさらその世界に導く教科書が必要なのだ．―― そうした考えのもと，私は本書の執筆を受諾した．

執筆期間の三年半のうち，最初の丸二年は，構想を練り，素数定理の証明に必要な事項の整理や文献の収集に費やした．いったん初稿を完成した後は，小野寺一浩氏（千葉工業大学助教）との議論を経ながら原稿の推敲を重ねた．小野寺氏には数々の誤植を正してもらったばかりでなく，数学的な不備を指摘してもらい，修正方法の提案もしてもらった．氏の協力なくしては本書の完成はあり得なかった．ここに深く感謝する．

第6章後半の「リーマン・ゼータ関数に関する深いリーマン予想」は，赤塚広隆氏（小樽商科大学准教授）の最新の研究で発見された事実を紹介した．氏の厚意で未出版のノートを提供してもらい，それを私が翻訳し多少解説を加える形で掲載させてもらった．赤塚氏には，これ以外にも，第3章の「オイラー積が臨界領域内で発散することの証明」に関し，未出版の原稿を送ってもらい，参考にさせてもらった．本書は「オイラー積の収束・発散に注目する」方針を全体に貫いており，そのことが本書の価値を高めていると自負するものであるが，この新しい方針の実現は，赤塚氏の協力なくしてはあり得なかったことをここに記し，赤塚氏に対し深く謝意を表したい．

また，本書の原稿は，草稿の段階で東京工業大学の黒川研究室の数論セミナーでテキストとして用いていただいた．セミナーをご指導いただいた黒川信重教授と佐藤孝和氏，さらに大学院生の齋藤明浩君には，しばしば重大な誤りを指摘していただき，おかげで多くの誤植やみっともない勘違いを修正することができた．また，晃華学園高校の岡諒子教諭，慶應義塾大学理工学部二年生の當麻美友さん，東洋大学理工学部四年生の田中亜実さん，鈴木清佳さん，三年生の安道健一郎君（学年はいずれも脱稿当時）には，一般の読者の眼で前半の章を精読してもらい，誤植やわかりにくい点などをご指摘いただいた．さらに，本書の脱稿後は，前述の小野寺氏の他，九州大学数理学研究院の金子研究室の大学院セミナーで未製本段階の原稿をテキストとして使っていただき，セ

ミナーメンバーの小山宏次郎君，井原庸介君，喜友名朝也君に数々の誤植を指摘していただいた．また，執筆中に参照したドイツ語の原著論文の読解に際し，ブリティッシュ・コロンビア大学の鈴木史花氏と Friedemann Queisser 氏にご助力をいただいた．以上のすべての方々のご助力のおかげで本書の完成に至ることができた．ここに深くお礼を申し上げる．

　最後に，本書の執筆を後押しして下さった東京工業大学の黒川信重教授に，心からの感謝の意を表したい．黒川教授は本書の執筆中の全期間を通じて折に触れて相談に乗って下さり，有益な助言を下さった．黒川教授の励ましがなければ，本書は完成しなかったであろう．

　以上，すべての方々への深い感謝の念をここに表し，結びとしたい．

2015年6月　　著者

索　引

──────── 英字 ────────

GRH　235
L 関数　200
RH　190
Θ 付きディリクレ素数定理　235

──────── あ行 ────────

赤塚広隆　272
アダマール積　160
アデール　152
アーベルの総和法　106
粗い素数定理　27
アルキメデス素点　152

井草ゼータ関数　181
位数　158
一般化されたリーマン予想　235

ヴァン・デ・ルーン　237
ウォリスの公式　89

オイラー　6, 7, 199
オイラー因子　152
オイラー積　7, 64
オイラーの関数　16
オイラーの定数　45
オイラー・マクローリンの定理　58, 59, 63
オドリツコ　237

──────── か行 ────────

解析接続　128, 137, 139, 143

ガウスの和　214
仮想指標　182
仮想指標環　182
関数等式　98
関数等式（対称型）　150
関数等式（非対称型）　153
完備ディリクレ L 関数　213
完備リーマン・ゼータ関数　150, 158
ガンマ因子　152
ガンマ関数　72

奇指標　213
ギャラガー　255, 256
ギャラガーの定理　256
局所ゼータ関数　181

偶指標　213
黒川信重　86, 180, 181, 184

原始的　200

コンリー　238

──────── さ行 ────────

指標付きテータ級数　212
指標付きテータ変換公式　217
指標付き ψ の明示公式　222, 223
自明零点　156

スターリングの公式　86, 88, 90, 93, 96, 97

素数　1
素点　152

―――――― た行 ――――――

対数積分　194
対数測度　255
大リーマン予想　235
互いに素　15
チェビシェフ　19, 27
テイト　152
ディリクレ　199
ディリクレL関数　200
ディリクレLのアダマール積　220
ディリクレLの位数　220
ディリクレLの解析接続　219
ディリクレLの関数等式　219
ディリクレLの自明零点　220
ディリクレLの積分表示　213
ディリクレLのリーマン予想　235
ディリクレ級数　64
ディリクレ指標　200
ディリクレの素数定理　38, 204, 229
テスト関数　102
テータ関数　148
テータ変換公式　150
導手　200

―――――― な行 ――――――

二項係数　138
二重級数　109
にせゼータ関数　181

―――――― は行 ――――――

バーゼル問題　6, 104
ハーディ・リトルウッド予想　38
非アルキメデス素点　152
非自明零点　160, 165, 221
ピルツ　235
非零領域　122, 164
フェルマー素数　37
深いリーマン予想　248, 250, 279

双子素数　15
部分和の公式　107, 108
フーリエ逆変換　49, 100
フーリエ変換　48, 100
平方剰余の相互法則　42
ベータ関数　72
ベルヌーイ数　63
ベルヌーイ多項式　62
ペロンの公式　49, 54, 57
ボーア　238
ポアソンの和公式　101
ボーア・ランダウの定理　242, 244
保型形式　150
保型性　150

―――――― ま行 ――――――

無限積　65
無限素点　152
メビウス関数　116
メビウス反転公式　117
メリン変換　48
メルセンヌ素数　37

―――――― や行 ――――――

有限素点　152
ユークリッド　1
ユニタリ　181, 182

―――――― ら行 ――――――

ランダウ　238
ランダウのo記号　15
リーマン・ゼータ関数　64
リーマンの第一積分表示　144
リーマンの第二積分表示　149
リーマン予想　190, 235
臨界領域　165, 221
ルジャンドルの2倍公式　99
レヴィンソン　238

Memorandum

Memorandum

Memorandum

著者略歴

小山 信也
こ やま しん や

1962年 新潟県生まれ
1986年 東京大学理学部数学科卒業
現　在 東洋大学理工学部教授
著　書 『素数からゼータへ，そしてカオスへ』（日本評論社），
　　　　『ABC予想入門』（PHP研究所，共著），
　　　　『リーマン予想のこれまでとこれから』（日本評論社，共著）ほか
訳　書 『オイラー博士の素敵な数式』（日本評論社，P. ナーイン著）

| 共立講座 数学の輝き6
素数とゼータ関数
(Primes and Zeta function)

2015年10月25日 初版1刷発行
2022年 9 月10日 初版3刷発行

検印廃止
NDC 413.5
ISBN 978-4-320-11200-1 | 著　者　小山信也 © 2015
発行者　南條光章
発行所　共立出版株式会社
　　　　〒112-0006
　　　　東京都文京区小日向 4-6-19
　　　　電話番号 03-3947-2511（代表）
　　　　振替口座 00110-2-57035
　　　　共立出版㈱ホームページ
　　　　www.kyoritsu-pub.co.jp
印　刷　啓文堂
製　本　ブロケード

　　　　一般社団法人
　　　　自然科学書協会
　　　　会員
Printed in Japan |

JCOPY <出版者著作権管理機構委託出版物>
本書の無断複製は著作権法上での例外を除き禁じられています．複製される場合は，そのつど事前に，出版者著作権管理機構（TEL：03-5244-5088，FAX：03-5244-5089，e-mail：info@jcopy.or.jp）の許諾を得てください．

「数学探検」「数学の魅力」「数学の輝き」の三部からなる数学講座

共立講座 数学の輝き 全40巻予定

新井仁之・小林俊行・斎藤 毅・吉田朋広 編

数学の最前線ではどのような研究が行われているのでしょうか？大学院に入ってもすぐに最先端の研究をはじめられるわけではありません。この「数学の輝き」では、「数学の魅力」で身につけた数学力で、それぞれの専門分野の基礎概念を学んでください。一歩一歩読み進めていけばいつのまにか視界が開け、数学の世界の広がりと奥深さに目を奪われることでしょう。現在活発に研究が進みまだ定番となる教科書がないような分野も多数とりあげ、初学者が無理なく理解できるように基本的な概念や方法を紹介し、最先端の研究へと導きます。

❶ 数理医学入門
鈴木 貴著　画像処理／生体磁気／逆源探索／細胞分子／細胞変形／粒子運動／熱動力学／他‥‥‥270頁・定価4400円

❷ リーマン面と代数曲線
今野一宏著　リーマン面と正則写像／リーマン面上の積分／有理型関数の存在／トレリの定理／他‥‥266頁・定価4400円

❸ スペクトル幾何
浦川 肇著　リーマン計量の空間と固有値の連続性／最小正固有値のチーガーとヤウの評価／他‥‥‥350頁・定価4730円

❹ 結び目の不変量
大槻知忠著　絡み目のジョーンズ多項式／組みひも群とその表現／絡み目のコンセビッチ不変量／他‥288頁・定価4400円

❺ K3曲面
金銅誠之著　格子理論／鏡映群とその基本領域／K3曲面のトレリ型定理／エンリケス曲面／他‥‥‥‥240頁・定価4400円

❻ 素数とゼータ関数
小山信也著　素数に関する初等的考察／リーマン・ゼータの基本／深いリーマン予想／他‥‥‥‥‥‥300頁・定価4400円

❼ 確率微分方程式
谷口説男著　確率論の基本概念／マルチンゲール／ブラウン運動／確率積分／確率微分方程式／他‥‥236頁・定価4400円

❽ 粘性解 —比較原理を中心に—
小池茂昭著　準備／粘性解の定義／比較原理／比較原理-再訪-／存在と安定性／付録／他‥‥‥‥216頁・定価4400円

❾ 3次元リッチフローと幾何学的トポロジー
戸田正人著　幾何構造と双曲幾何／3次元多様体の分解／他‥328頁・定価4950円

❿ 保型関数 —古典理論とその現代的応用—
志賀弘典著　楕円曲線と楕円モジュラー関数／超幾何微分方程式から導かれる保型関数／他‥‥‥‥‥288頁・定価4730円

⓫ D加群
竹内 潔著　D-加群の基本事項／ホロノミーD-加群の正則関数解／D-加群の様々な公式／偏屈層／他‥324頁・定価4950円

⓬ ノンパラメトリック統計
前園宜彦著　確率論の準備／統計的推測／順位に基づく統計的推測／統計的リサンプリング法／他‥‥252頁・定価4400円

⓭ 非可換微分幾何学の基礎
前田吉昭・佐古彰史著　数学的準備と非可換幾何の出発点／関数環の変形／代数構造の変形／他‥‥‥292頁・定価4730円

■主な続刊テーマ■
岩澤理論‥‥‥‥‥‥‥‥‥尾崎 学著
楕円曲線の数論‥‥‥‥‥小林真一著

【各巻：A5判・上製本・税込価格】

※続刊のテーマ，執筆者，価格等は予告なく変更される場合がございます

共立出版

www.kyoritsu-pub.co.jp
https://www.facebook.com/kyoritsu.pub